Abkürzung	Bedeutung
kult.	kultiviert
leg.	legit, gesammelt von
mont.	montan
N	Nord
niv.	nival
nom.	nomen, Name
O	Ost
p.p.	pro parte (zum Teil)
plan.	planar
prov.	provisorisch
rel.	relativ
S	Süd
s.	siehe
s.l.	sensu lato, im weiteren Sinne
s.str.	sensu stricto, im engeren Sinne
sect.	Sectio, Sektion
slt.	selten
sp.	species, Art
spp.	mehrere Arten, bzw. alle Arten (einer Gattung)
ssp.	subspecies, Unterart
subalp.	subalpin
subsp.	subspecies, Unterart
syn.	Synonym
var.	varietas, Varietät
verbr.	verbreitet
vgl.	vergleiche
vs.	versus, gegen, gegenüber
W	West
zerstr.	zerstreut

Stefan Eggenberg
Yann Fragnière
Gregor Kozlowski

Das illustrierte Pflanzen-Glossar

Haupt
NATUR

Stefan Eggenberg
Yann Fragnière
Gregor Kozlowski

Das illustrierte Pflanzen-Glossar

Ein visuelles Wörterbuch für die Feldbotanik

Haupt Verlag

Stefan Eggenberg studierte Pflanzensystematik und Vegetationsökologie und ließ sich zum Wissenschaftlichen Zeichner ausbilden. Er ist Direktor von Info Flora, dem nationalen Daten- und Informationszentrum der Schweizer Flora, und unterrichtet an der Universität Bern. Er ist Autor zahlreicher Bücher.

Yann Fragnière ist Biologe, arbeitet am Botanischen Garten der Universität Freiburg (CH), beim Amt für Wald und Natur (WNA) des Kantons Freiburg sowie im privaten Sektor.

Gregor Kozlowski ist Direktor des Botanischen Gartens der Universität Freiburg (CH). Er ist Professor am Departement für Biologie und unterrichtet Pflanzensystematik und Naturschutzbiologie. Er leitet eine Forschungsgruppe, die sich mit Biogeografie und Artenschutzfragen von gefährdeten Pflanzen beschäftigt. Er ist Autor zahlreicher wissenschaftlicher Artikel und Bücher.

1. Auflage: 2021
ISBN 978-3-258-08174-8

Zeitgleich erscheint eine französischsprachige Ausgabe unter dem Titel *Le glossaire illustré pour la botanique de terrain* im Haupt Verlag (ISBN 978-3-258-08176-2).

Umschlag, Gestaltung und Satz: Christine Rölke, Die Werkstatt Medien-Produktion GmbH
Illustrationen: Stefan Eggenberg (Glossar), Yann Fragnière (Tafeln)
Lektorat und Unterstützung beim Satz: Beat Bäumler, Conservatoire et Jardin botaniques de la Ville de Genève (CJB)

jardin botanique
BOTANISCHER GARTEN FREIBURG

UNI FR
UNIVERSITÉ DE FRIBOURG
UNIVERSITÄT FREIBURG

info flora

Conservatoire
et Jardin botaniques
Genève

Abbildungen Umschlag: farbige Illustrationen – Yann Fragnière (*Iris*, Blütenstände, *Vicia*, Nadelbüschel); Strichzeichnungen – Stefan Eggenberg (*Iris*, *Dianthus,* Knospe, *Taraxacum*, Blatt, *Campanula*).

Wir verwenden FSC-Papier. FSC sichert die Nutzung der Wälder gemäß sozialen, ökonomischen und ökologischen Kriterien.
Gedruckt in Deutschland

FSC www.fsc.org
MIX
Papier aus verantwortungsvollen Quellen
FSC® C013736

Diese Publikation ist in der Deutschen Nationalbibliografie verzeichnet: http://dnb.dnb.de.

Der Haupt Verlag wird vom Bundesamt für Kultur mit einem Strukturbeitrag für die Jahre 2021–2024 unterstützt.

Wir verlegen mit Freude und großem Engagement unsere Bücher. Daher freuen wir uns immer über Anregungen zum Programm und schätzen Hinweise auf Fehler im Buch, sollten uns welche unterlaufen sein. Falls Sie regelmäßig Informationen über die aktuellen Titel im Bereich Natur & Garten erhalten möchten, folgen Sie uns über Social Media oder bleiben Sie via Newsletter auf dem neuesten Stand.

www.haupt.ch

Inhaltsverzeichnis

Tafelverzeichnis

Morphologie der Wuchs- und Lebensformen

Systematik und Taxonomie

Ökologie

Farben

Vorwort

Die Pflanzenwelt ist ein Fest der Formen und Farben. In unzähligen Varianten haben sich Wuchsformen, Sprosse, Blätter und Blüten entwickelt, um sich in den verschiedensten Lebenssituationen zu behaupten. Mit sich wiederholenden Formen können Arten abgegrenzt und Verwandtschaften analysiert werden. Dazu sind aber fein beschreibende und unterscheidende Begriffe notwendig, also eine standardisierte, wissenschaftliche Sprache. Diese Sprache zu erlernen, zu üben und zu verbessern ist das Ziel des vorliegenden Werks. Um dieses Ziel zu erreichen, haben wir uns bemüht, neben den textlichen Erklärungen vor allem viele Illustrationen hinzuzufügen. Die Botanik ist eine ausgesprochen visuelle Wissenschaft und dieser Tatsache ist mit einem entsprechend reich illustrierten Glossar Rechnung zu tragen.

Beim Erscheinen des Exkursionsbandes für die *Flora Helvetica* wurde - nicht zuletzt aus Platzgründen - auf ein Glossar verzichtet. Ein solches Glossar ist aber für Lernende der Feldbotanik wichtig, denn die Florenwerke sind voll von Fachbegriffen, die korrekt interpretiert werden müssen, um die Pflanzenarten im Gelände bestimmen zu können. Hat man sich die Sprache jedoch einmal angeeignet, dann ist es nicht mehr notwendig, ein Glossar auf Exkursionen mitzuschleppen. Was lag daher näher, als ein eigenständiges, illustriertes Glossar zu schaffen, das Lernende noch im Feld begleitet, aber später als Nachschlagewerk in der eigenen Bibliothek verbleiben kann?

Das reich mit Tafeln versehene Werk illustriert auch Begriffe, die von Exkursionsleiterinnen und Exkursionsleitern oft im Feld erklärt werden müssen. Nicht zuletzt ist daher der Tafelteil auch ein didaktisches Hilfsmittel auf geführten Exkursionen.

Stefan Eggenberg, im März 2021

Einleitung

Dieses Buch ist in zwei Teile gegliedert. Die Tafeln im ersten Teil des Buches erklären die morphologischen Begriffe als Übersicht im inhaltlichen Kontext. Ohne Rücksicht auf die alphabetische Reihenfolge werden hier die verschiedenen Ausprägungen der Blätter, der Blüten und Sprosse usw. direkt nebeneinandergestellt. Diese Gruppierung zeigt auf, wie die Variabilität der Pflanzenorgane durch morphologische Fachbegriffe erfasst wird. Zum Lernen dieser Fachbegriffe ist es hilfreich, diese Übersichten zu studieren und die einzelnen Formen und Begriffe jeweils einander gegenüberzustellen.

Die beiden ersten Tafeln illustrieren allgemein verwendete morphologische Begriffe, die bei verschiedensten Pflanzenteilen zur Anwendung gelangen können. Auch Tafel 3 und 4 vergleichen Eigenschaften von Oberflächen und Behaarung, die im Prinzip irgendwo an der Pflanze auftreten können. Es folgen Tafelgruppen zu den drei Grundorganen der Pflanze Wurzel, Spross und Blatt, wobei für Letzteres zunächst die Formen der Laubblätter und anschließend die spezialisierten Blätter im Bereich der Blüten und Früchte dargestellt werden. Manche Begriffe sind einem bestimmten Bereich zugeordnet worden, können aber auch in anderen Bereichen angewendet werden. So werden viele Formen der Blütenblätter analog zu den Formen der Laubblätter benannt. Obschon der Formbegriff «verkehrt herzförmig» unter den Blattformen dargestellt wird, gibt es auch «verkehrt herzförmige» Blütenblätter oder «verkehrt herzförmige» Fruchtformen. Es gibt nicht nur «sternförmig ausgebreitete» Blüten, wie auf Tafel 20 dargestellt, sondern auch «sternförmig ausgebreitete» Früchte, die analog zu den dargestellten Blütenblättern gleichmäßig in alle Richtungen abgehen. Mit etwas Analogie lassen sich also Begriffe auch auf andere Organe übertragen. Auf den Tafeln 27 bis 32 werden Spezialformen ausgewählter Pflanzenfamilien dargestellt, die in der Feldbotanik oft verwendet werden. Neben den rein morphologischen Tafeln wurden auch einige Tafeln mit biologischen und ökologischen Inhalten hinzugefügt. Auch die hier illustrierten Fachbegriffe finden in der Feldbotanik, auf geführten Exkursionen und bei Schulungen immer wieder Verwendung. Somit sind die Tafeln auch als Lehrmittel und Kommunikationsmittel für unterwegs gedacht. Am Schluss des Tafelteils finden sich die Farbtafeln. Die Blütenfarbe «purpurn» wird in Florenwerken oft verwendet, ist aber im alltägli-

verkehrt herzförmig

sternförmig ausgebreitet

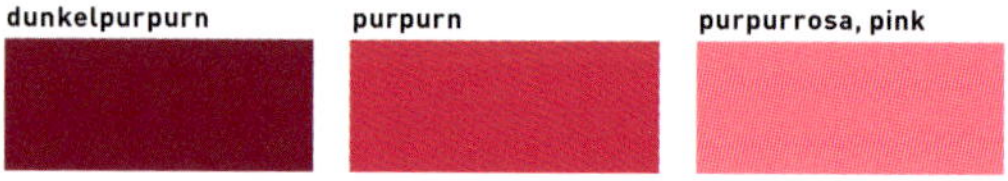

chen Sprachgebrauch wenig üblich. Um textlich erklärte Farbnuancen zu verstehen, haben wir daher die wichtigsten in Florenwerken verwendeten Farbbezeichnungen in Farbpaletten zusammengestellt, welche die Nuancen möglichst genau wiederzugeben versuchen. Dennoch sind die Farbnuancen immer mit gewisser Vorsicht zu genießen; die Wahrnehmung von Farben kann nicht nur von Betrachterin zu Betrachter individuell abweichen, sondern ist auch von umgebungsbedingten Einflüssen wie z. B. der Lichtart oder dem Umgebungslicht abhängig.

Im zweiten Teil des Buches, dem eigentlichen Pflanzen-Glossar, werden die Begriffe in alphabetischer Reihenfolge wie in einem Wörterbuch aufgelistet. Jeder Fachbegriff erhält eine Beschreibung als Text, der oft durch eine Illustration veranschaulicht wird. Gerade bei morphologischen Beschreibungen kann es sehr hilfreich sein, auch Bilder sprechen zu lassen.
Die Kombination aus Bild und Text erleichtert so das Verständnis sowie die korrekte und rasche Interpretation. Illustrierte Begriffe sind von einer gepunkteten Linie umgeben (vgl. Illustration rechts), sodass die Zugehörigkeit von Text und Bild auch bei größeren Illustrationen und bei Seitenumbrüchen gewährleistet ist. Oft weist ein blauer Pfeil in der Illustration auf die Form oder das Pflanzenorgan hin, das zum erläuterten Begriff passt. Ein Pfeil innerhalb des Erläuterungstextes zeigt an, dass der nachfolgende Begriff im Glossar ebenfalls erklärt wird (vgl. «⇨Kronblatt» in der obenstehenden Illustration). Bei mehrdeutigen Begriffen werden die einzelnen Deutungen durch in Klammern gesetzte Zahlen abgegrenzt (vgl. (1) und (2) in Illustration). Hinweise zu Gattungen oder Arten, welche die entsprechenden Merkmale aufweisen, helfen ebenfalls dabei, den Begriff zu verstehen. Ein Quadrat-Icon (◻) zeigt an, wenn die im Beispiel genannte Art oder Gattung selbst abgebildet ist. Verweise auf die Darstellung in den Tafeln runden die Beschreibung des Begriffs ab (vgl. «⇨TAFEL 30» in Illustration).

Helm (1) Helmförmig ausgebildetes (aufgewölbtes), oben ansetzendes ⇨Kronblatt, meist die inneren Blütenorgane abdeckend und schützend. Bsp. *Aconitum napellus* (Blüte ◻). (2) Helmartig zusammenneigende obere Perigonblätter bei den Orchidaceae. Bsp. *Orchis militaris* (Blüte). ⇨TAFEL 30

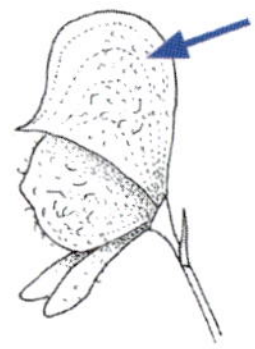

Bei der Auswahl der Begriffe haben wir uns vom gebräuchlichen Vokabular der Feldbotanik leiten lassen. Es sind Fachbegriffe, die in den Exkursionsfloren und den Pflanzenbeschreibungen der Standardfloren mehr oder weniger regelmäßig verwendet werden. Damit fehlen dem Glossar gleichzeitig die allzu speziellen Fachtermini aus der Pflanzenanatomie, Taxonomie und Pflanzensystematik; hierfür sei auf die entsprechende Fachliteratur weiterverwiesen. Für viele Begriffe gibt es eine deutsche und eine wissenschaftliche Benennung (z. B. Blütenhülle bzw. Perianth). Wurden im Glossar beide Begriffe aufgenommen, weil beide in Florenwerken auftauchen, dann sind sie durch Verweise miteinander verknüpft. Die textlichen Erläuterungen und Illustrationen finden sich dann jeweils bei der gebräuchlicheren Benennung, manchmal beim deutschen, oft aber auch beim wissenschaftlichen Begriff.

Wenn ein neuer Fachbegriff nachgeschlagen und gelernt werden soll, empfehlen wir, zunächst das Lexikon im zweiten Buchteil zu konsultieren und anschließend mithilfe der Tafelverweise die Tafeln im ersten Teil des Buches zu konsultieren. So erhält man nicht nur die Erklärung des einen Fachbegriffs, sondern auch einen Vergleich mit anderen, ähnlichen Formen und deren entsprechende Fachbegriffe.

Allgemeine Begriffe

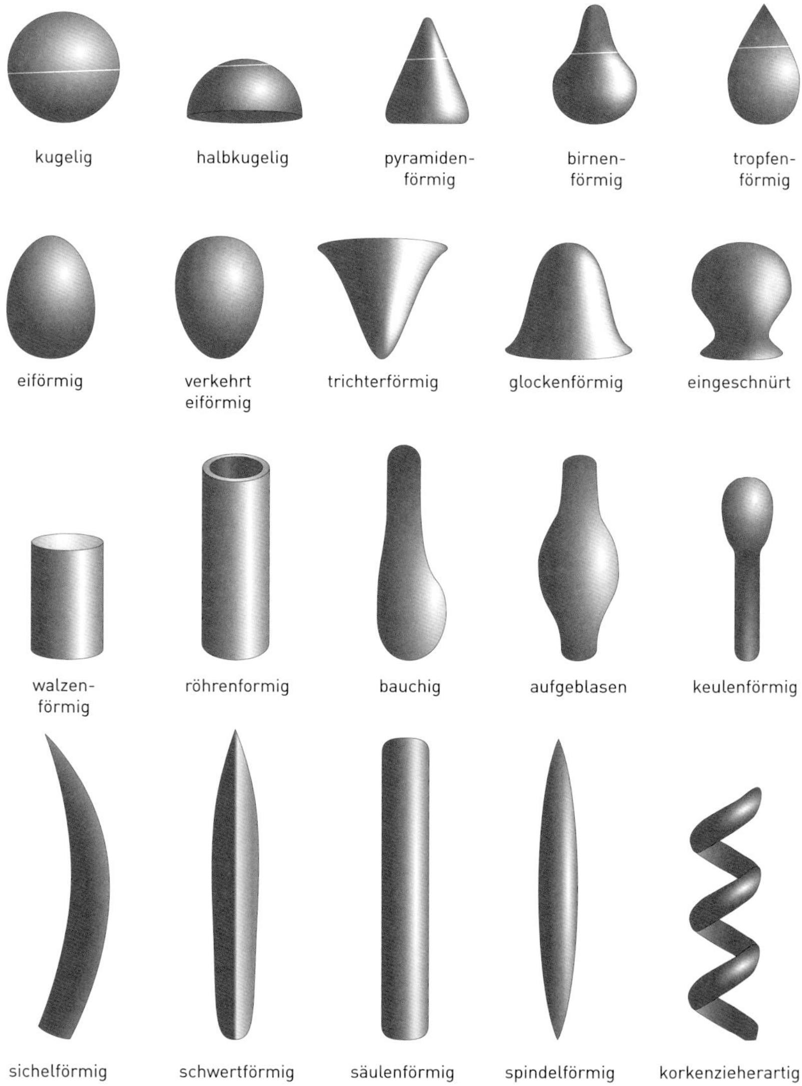

Allgemeine Begriffe

scheiben-förmig · schirmförmig · schüsselförmig · schnabelartig

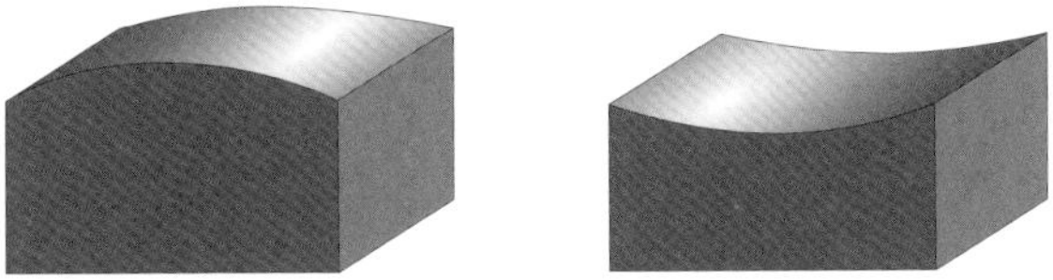

konvex · konkav

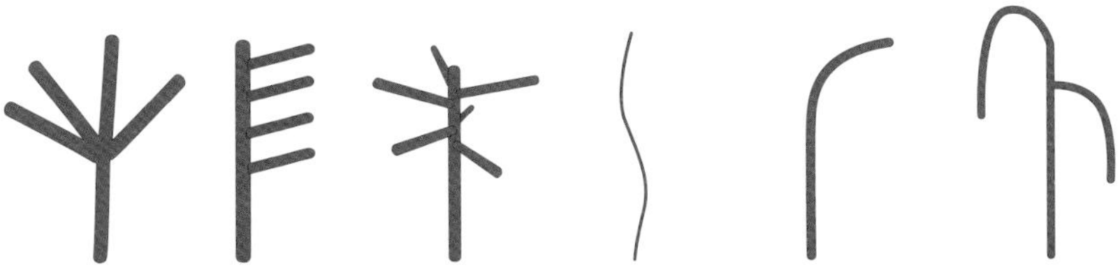

finger-förmig · einseits-wendig · sparrig · fadenförmig · nickend · hängend, überhängend

spreizend · zusammen-neigend · gepaart · heraus-ragend · trapezförmig

zweizählig (dimer) · dreizählig (trimer) · vierzählig (tetramer) · fünfzählig (pentamer) · sechszählig (hexamer) · zwei-spaltig · drei-spaltig · viel-spaltig

Oberfläche

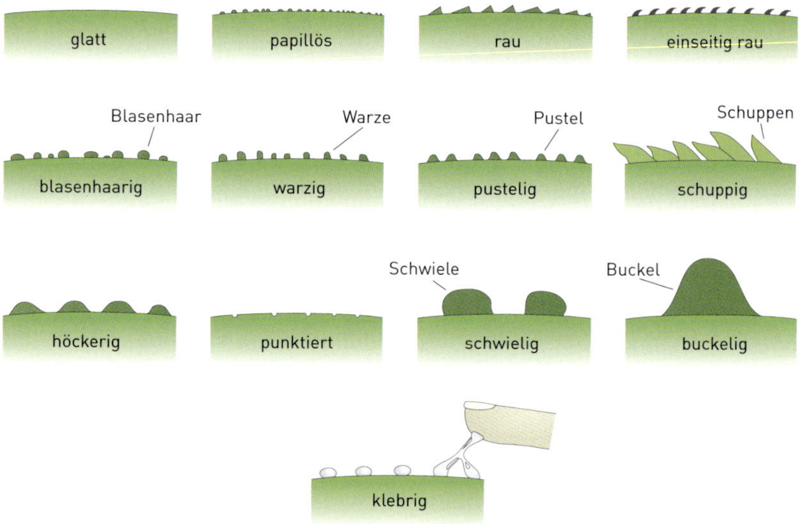
glatt
papillös
rau
einseitig rau
Blasenhaar
blasenhaarig
Warze
warzig
Pustel
pustelig
Schuppen
schuppig
höckerig
punktiert
Schwiele
schwielig
Buckel
buckelig
klebrig

einfarbig
punktiert
panaschiert
marmoriert
mit hyalinem Rand
glänzend
gefleckt
fein gefleckt,
gesprenkelt
glauk
(blaugrün)
bereift
(abwischbar)
rötlich
überlaufen
bemehlt

Behaarung

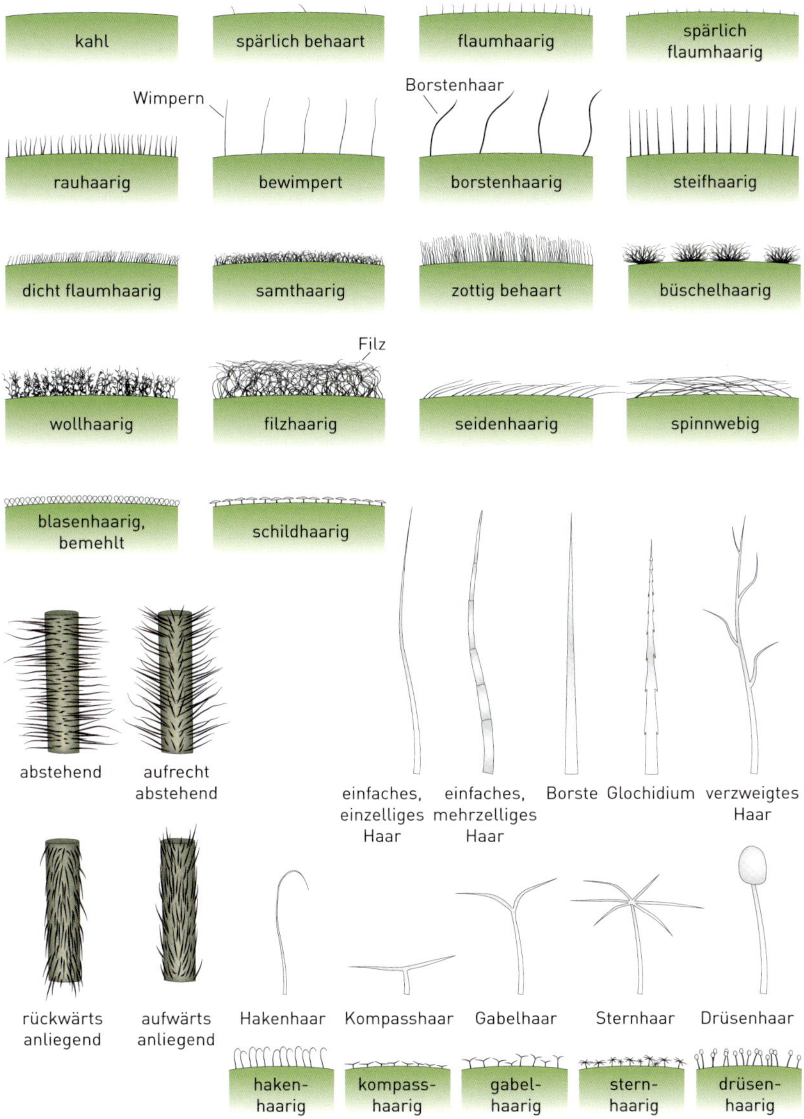
kahl
spärlich behaart
flaumhaarig
spärlich flaumhaarig
Wimpern
Borstenhaar
rauhaarig
bewimpert
borstenhaarig
steifhaarig
dicht flaumhaarig
samthaarig
zottig behaart
büschelhaarig
Filz
wollhaarig
filzhaarig
seidenhaarig
spinnwebig
blasenhaarig, bemehlt
schildhaarig
abstehend
aufrecht abstehend
einfaches, einzelliges Haar
einfaches, mehrzelliges Haar
Borste
Glochidium
verzweigtes Haar
rückwärts anliegend
aufwärts anliegend
Hakenhaar
Kompasshaar
Gabelhaar
Sternhaar
Drüsenhaar
haken-haarig
kompass-haarig
gabel-haarig
stern-haarig
drüsen-haarig

Wurzel

gleichartig, gebüschelt

mit Haupt- und Seitenwurzeln

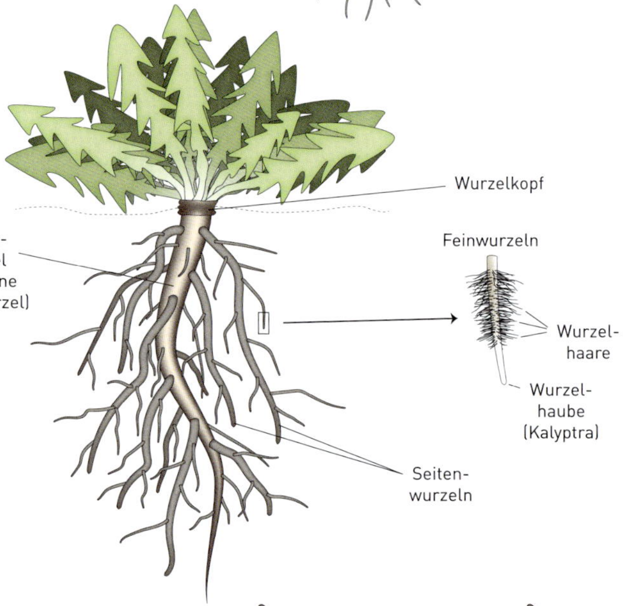

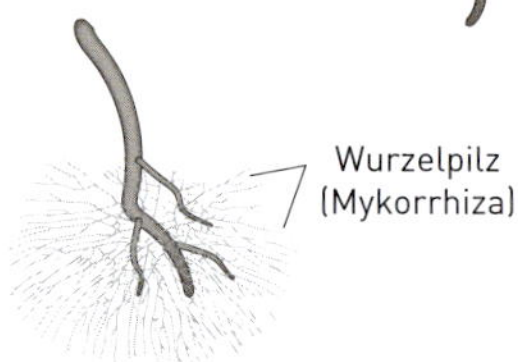

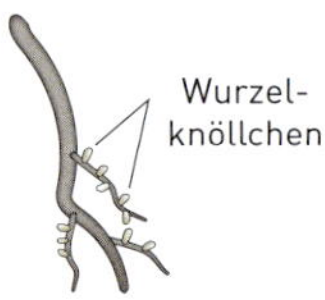

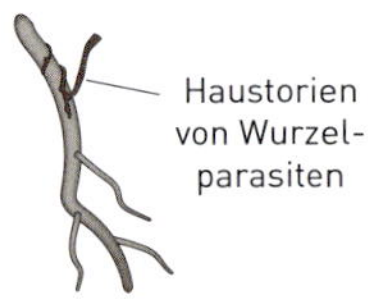

Unterirdische Speicherorgane

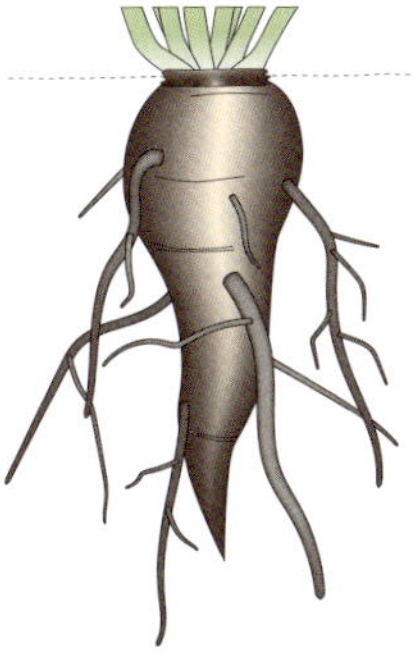

Rübe

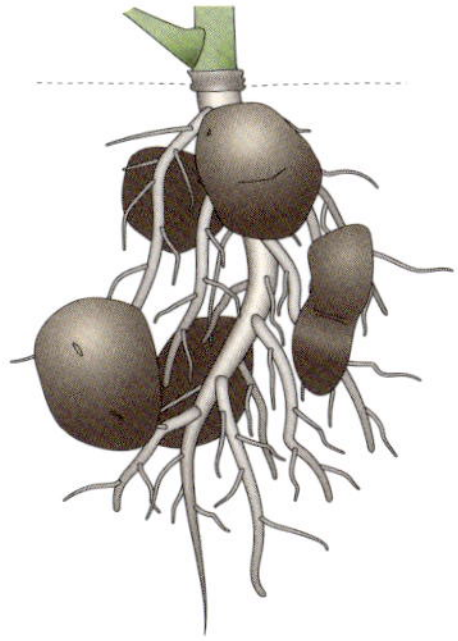

Knollen
(je nach Gewebeform
Spross- oder Wurzelknollen)

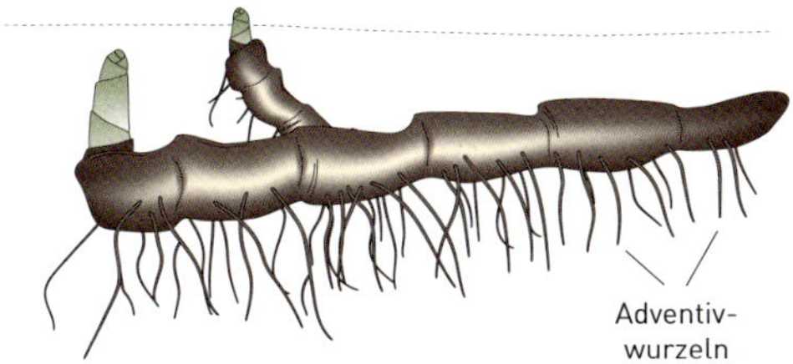

Wurzelstock (Rhizom)

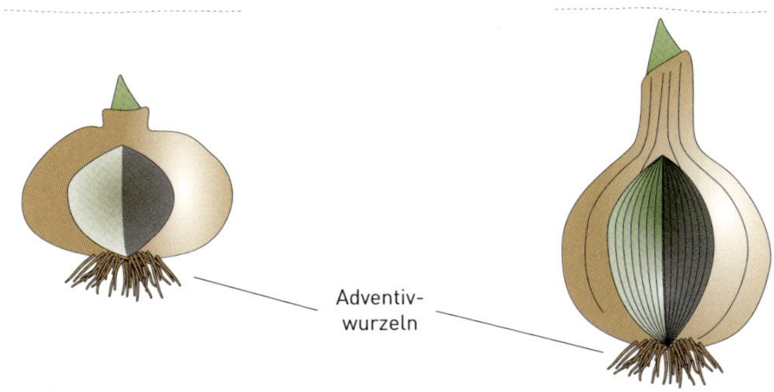

Sprossknolle

Zwiebel
(Sprossknolle mit
Niederblättern)

Spross

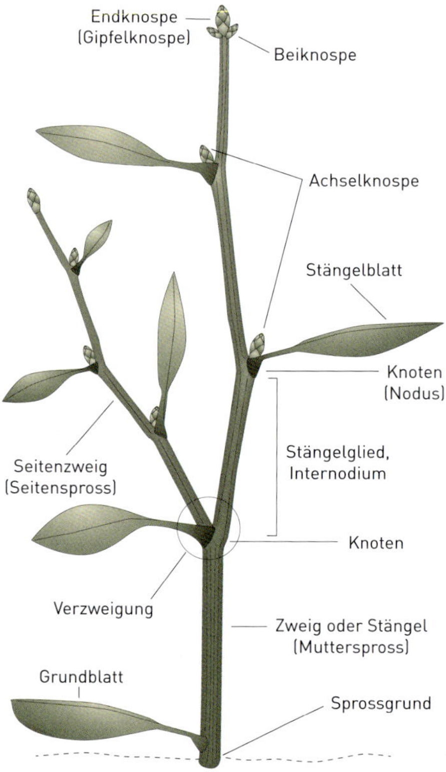

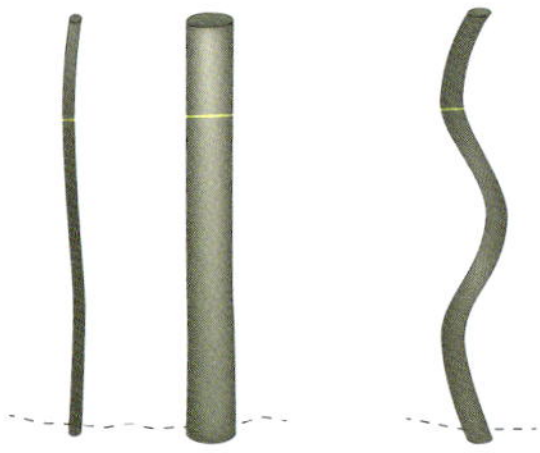

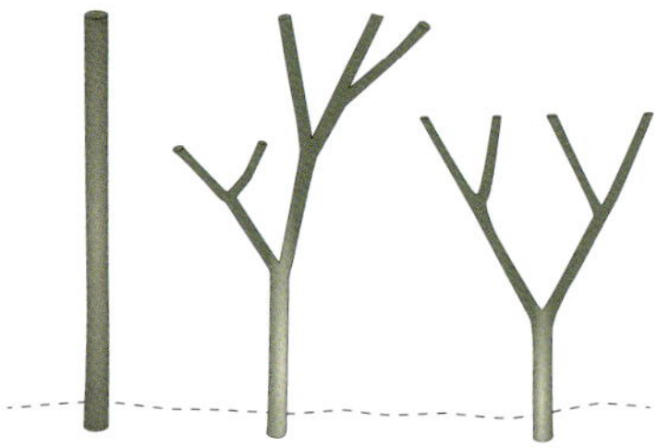

Spezielle Formen

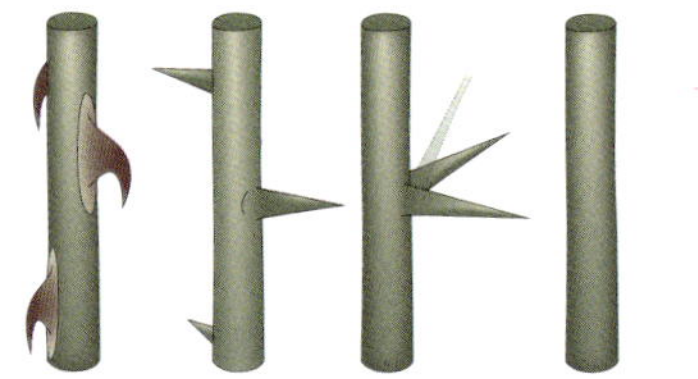

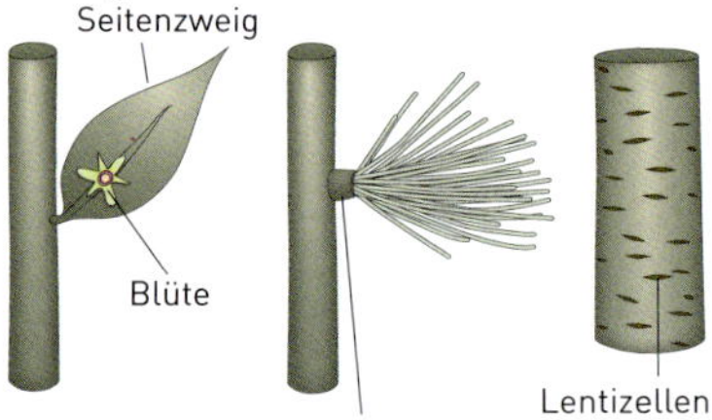

Sprossquerschnitt

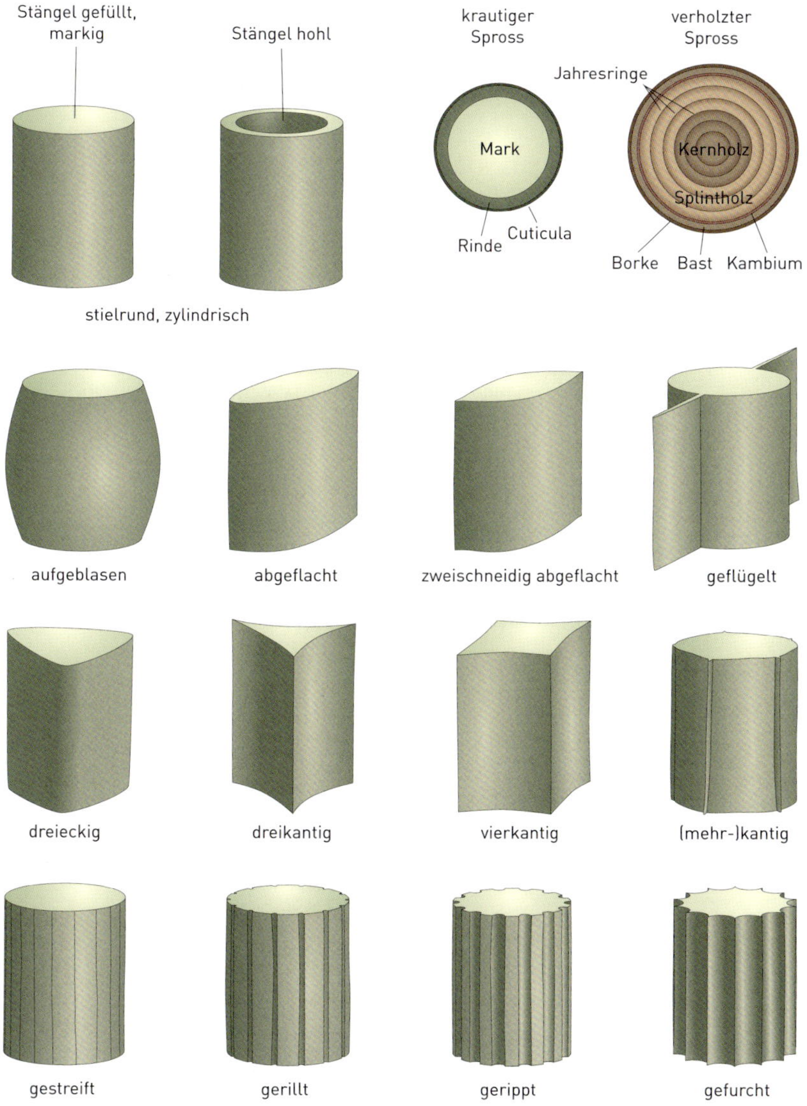

Blatt

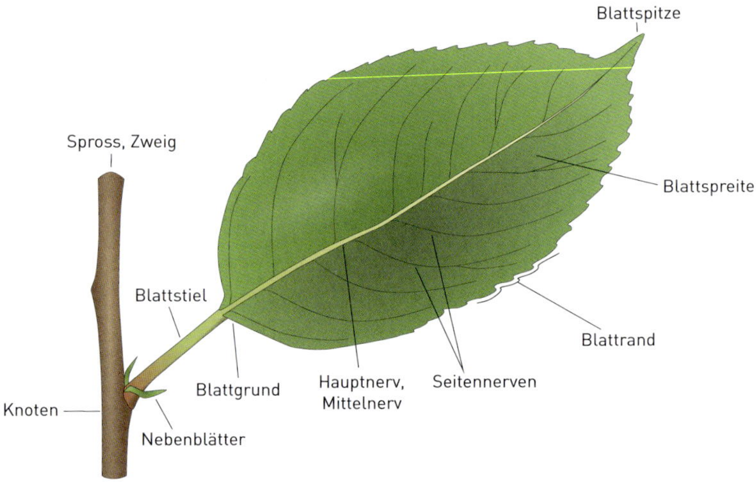

Blattanatomie

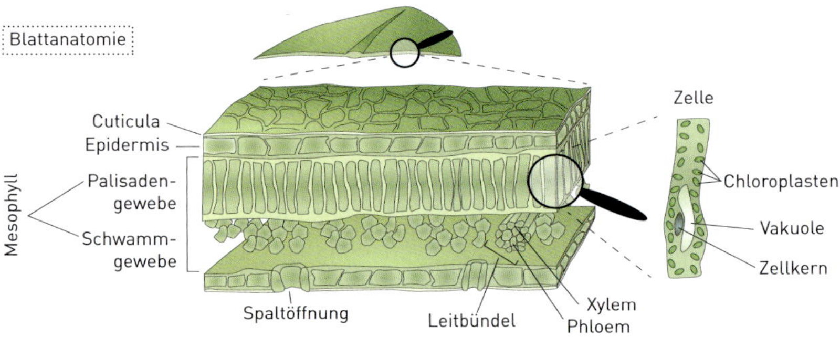

Blattstiel

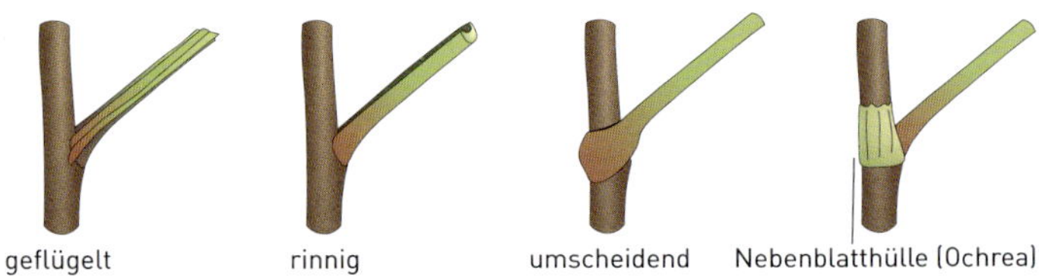

Nebenblätter

Blattstellung

Blattgliederung

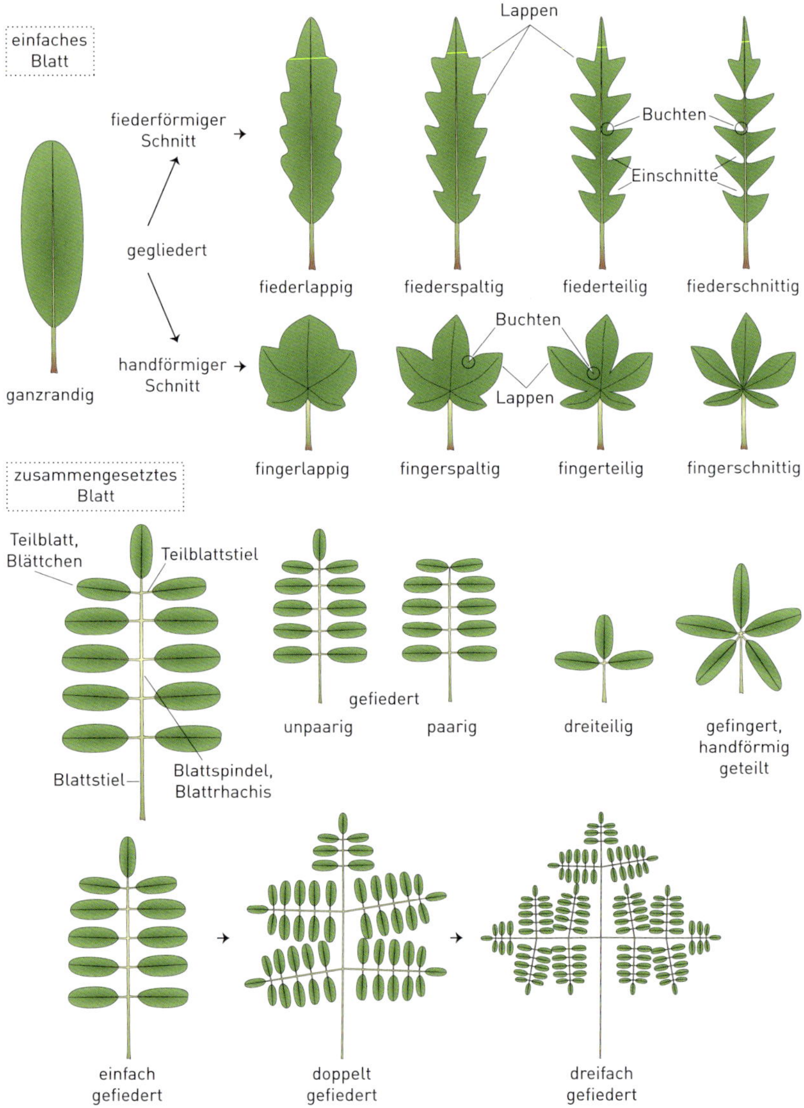

Blattform

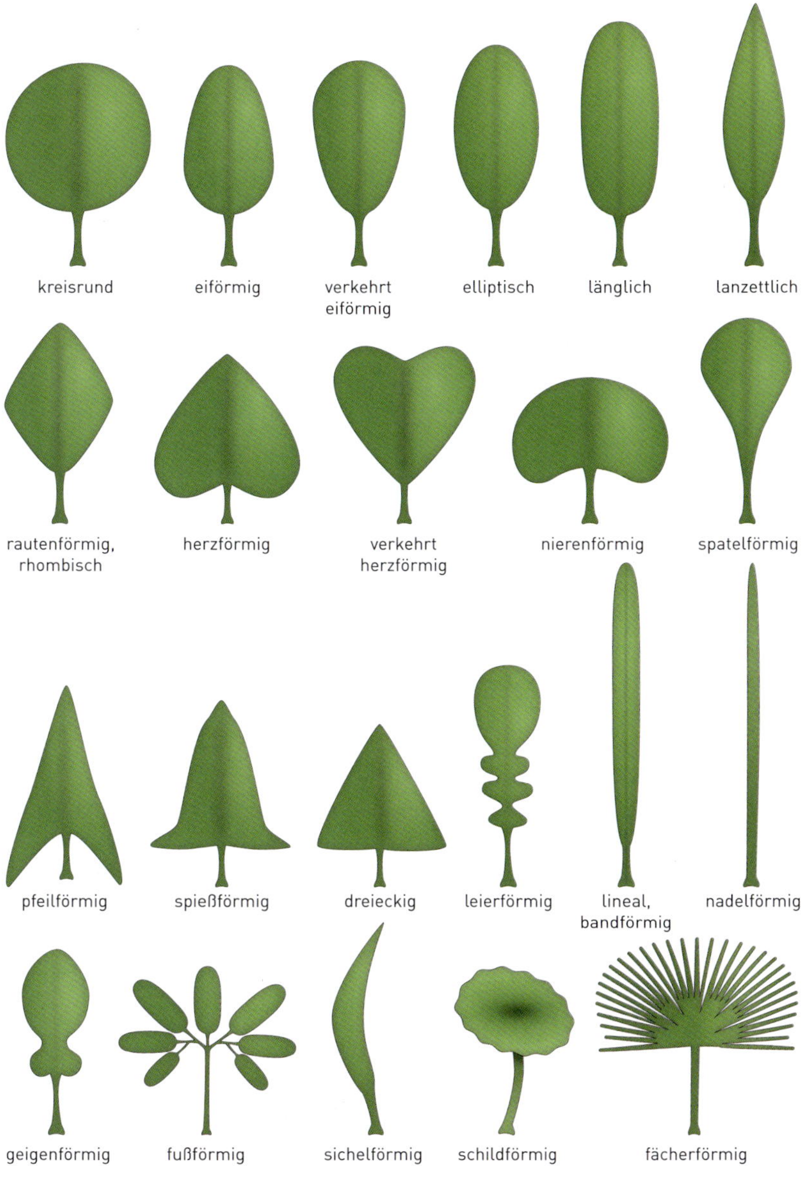
kreisrund
eiförmig
verkehrt eiförmig
elliptisch
länglich
lanzettlich
rautenförmig, rhombisch
herzförmig
verkehrt herzförmig
nierenförmig
spatelförmig
pfeilförmig
spießförmig
dreieckig
leierförmig
lineal, bandförmig
nadelförmig
geigenförmig
fußförmig
sichelförmig
schildförmig
fächerförmig

Blattspitze und -grund

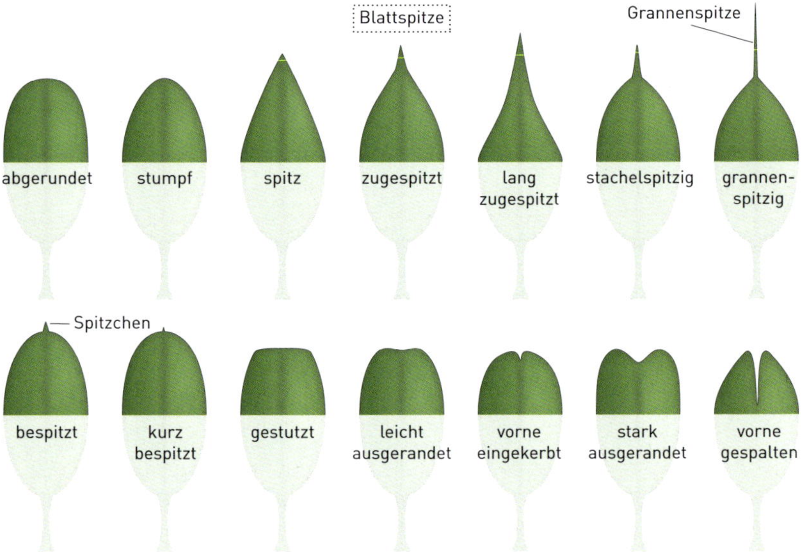

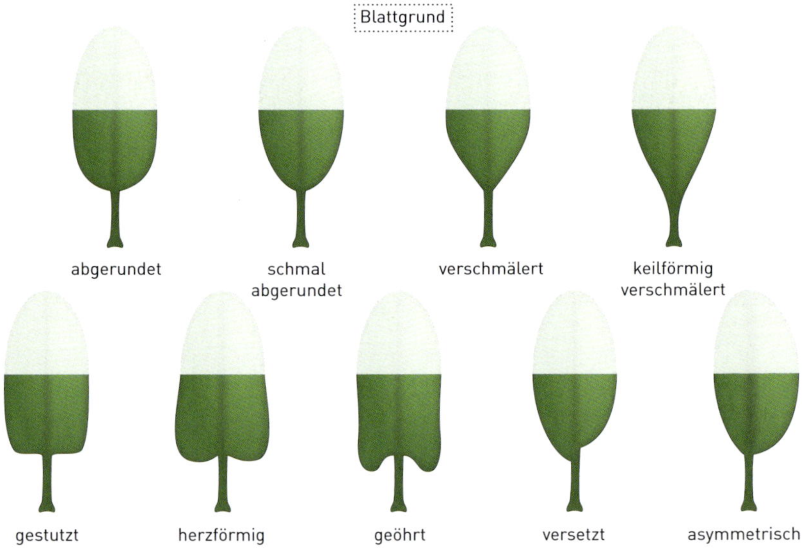

Blattrand und -querschnitt

Blattnervatur

einnervig

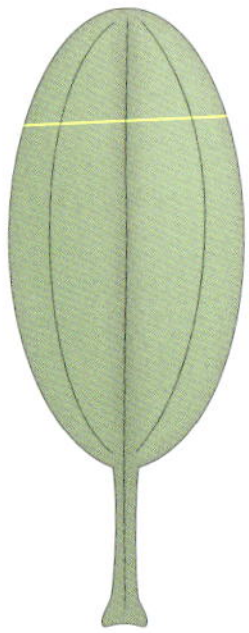

dreinervig

parallelnervig

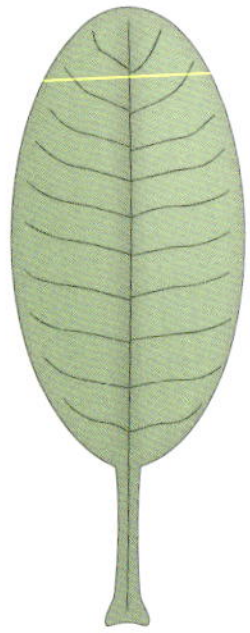

fiedernervig

bogennervig

netznervig

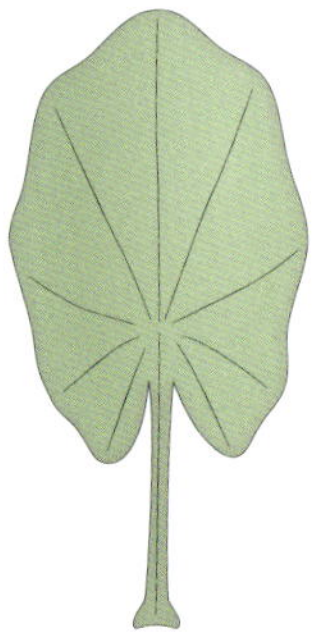

fingernervig, handnervig

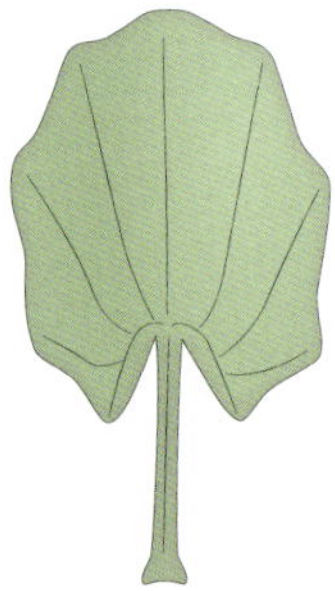

fußnervig

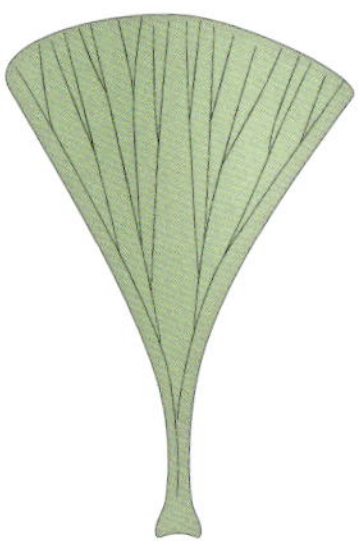

gabelnervig

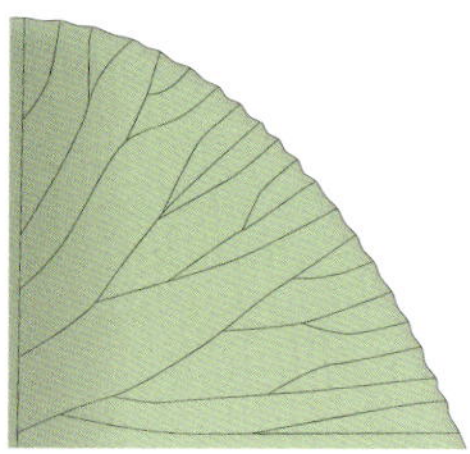

offene Nervatur

geschlossene Nervatur

Blütenstand

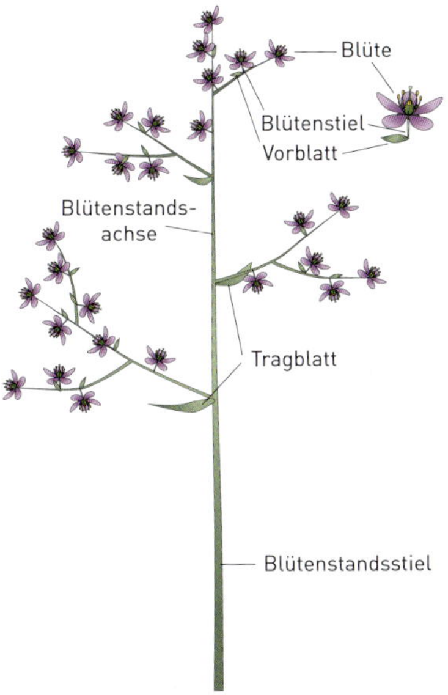

locker ↔ dicht

vielblütig ↔ armblütig

einzeln | zu zweit | in Kugeln | in Quirlen | in Scheinquirlen

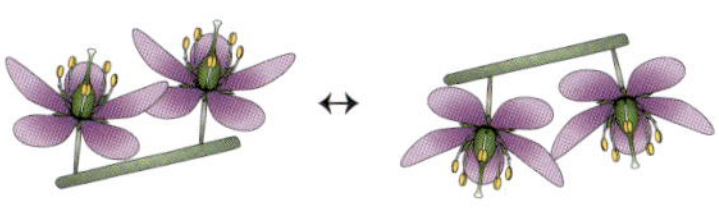

aufgerichtet ↔ hängend

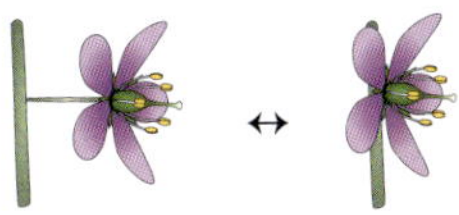

gestielt ↔ sitzend

Einfache Blütenstände

Razemöse bzw. monopodiale Blütenstände

Haupttrieb führt das Wachstum weiter

↑ = Wuchsrichtung

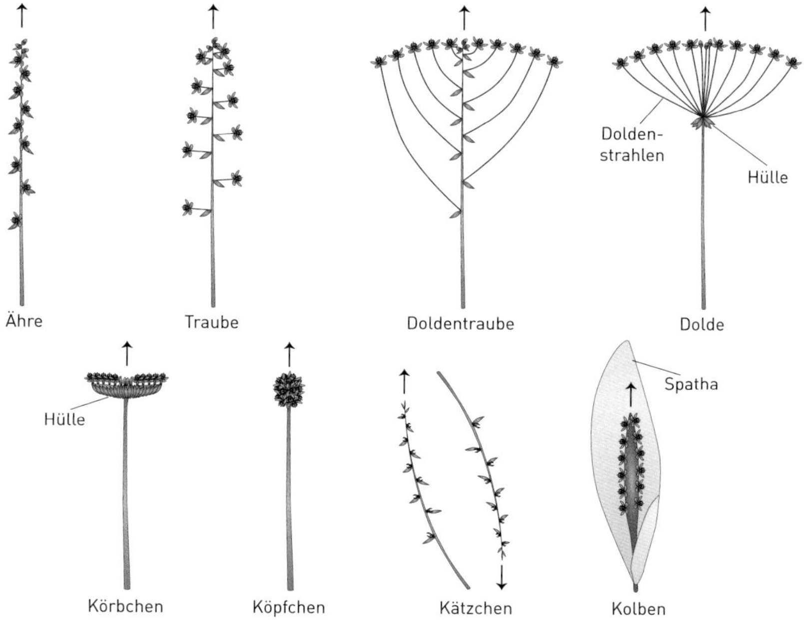

Zymöse bzw. sympodiale Blütenstände

Seitentriebe führen das Wachstum weiter

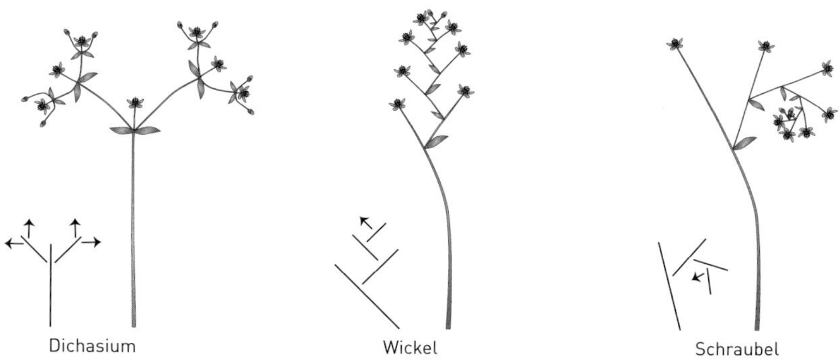

Komplexe Blütenstände

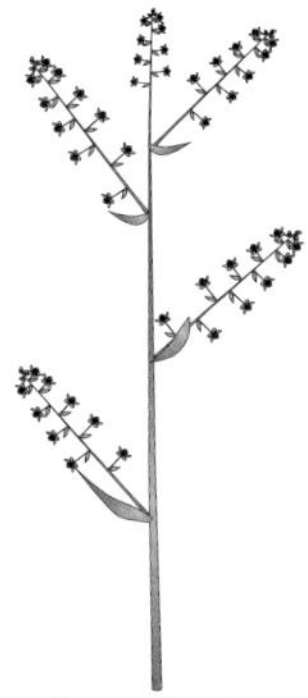

Doppeltraube

Rispe

Spirre
(Spezialform der Rispe)

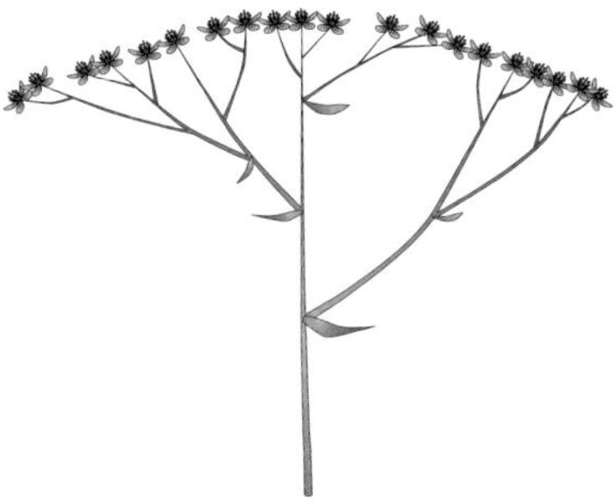

Schirmrispe
(Spezialform der Rispe)

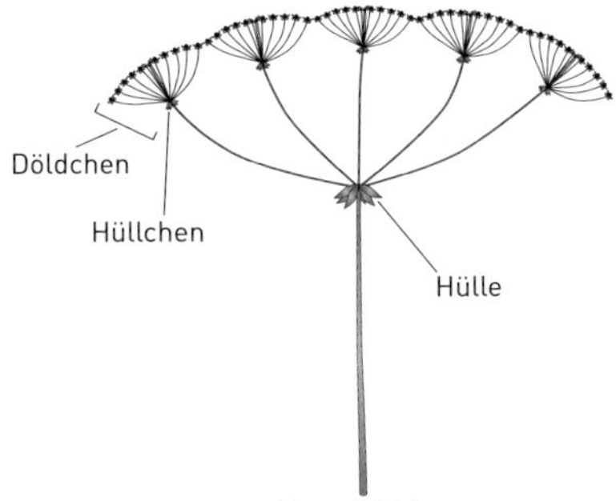

Doppeldolde
(Dolde aus Dolden)

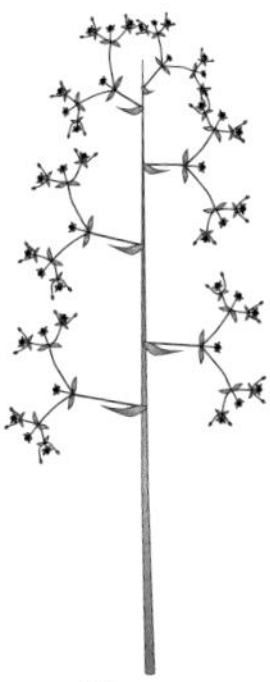

Thyrse
(Traube aus Dichasien)

Ähre aus Ährchen
(eigentlich Doppelähre)

Rispe aus Ährchen

Blüte

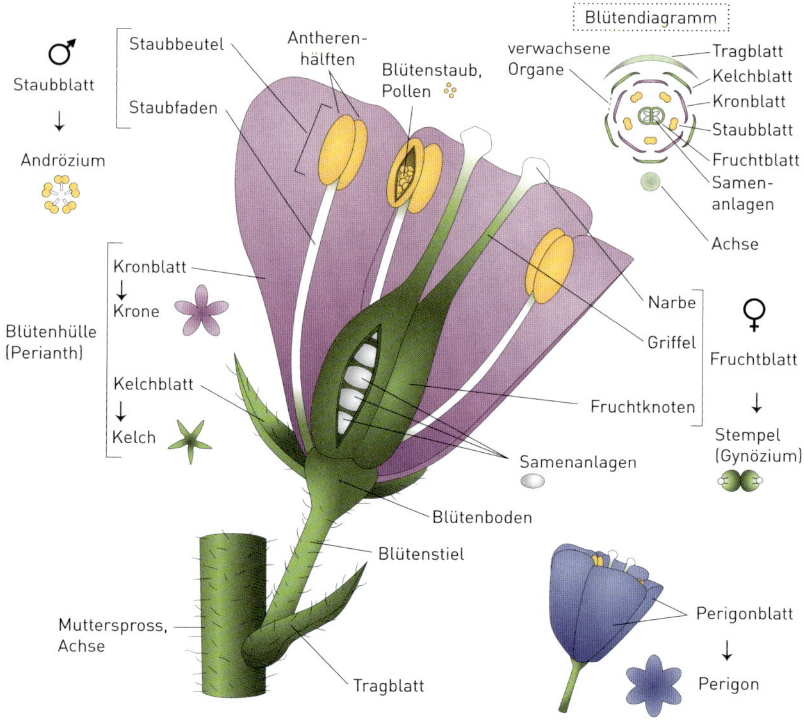
♂
Staubblatt
↓
Andrözium
Staubbeutel
Staubfaden
Antheren-
hälften
Blütenstaub,
Pollen
Blütendiagramm
verwachsene
Organe
Tragblatt
Kelchblatt
Kronblatt
Staubblatt
Fruchtblatt
Samen-
anlagen
Achse
Kronblatt
↓
Krone
Blütenhülle
(Perianth)
Kelchblatt
↓
Kelch
Narbe
Griffel
♀
Fruchtblatt
↓
Stempel
(Gynözium)
Fruchtknoten
Samenanlagen
Blütenboden
Blütenstiel
Mutterspross,
Achse
Tragblatt
Perigonblatt
↓
Perigon

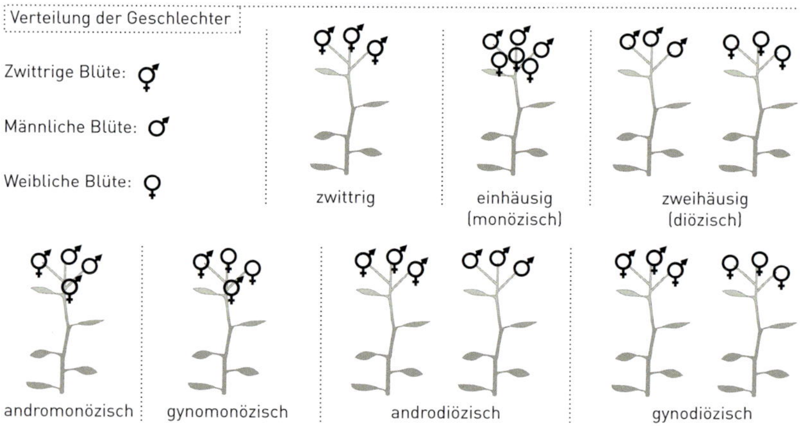
Verteilung der Geschlechter
Zwittrige Blüte: ⚥
Männliche Blüte: ♂
Weibliche Blüte: ♀
zwittrig
einhäusig
(monözisch)
zweihäusig
(diözisch)
andromonözisch
gynomonözisch
androdiözisch
gynodiözisch

Blütenformen

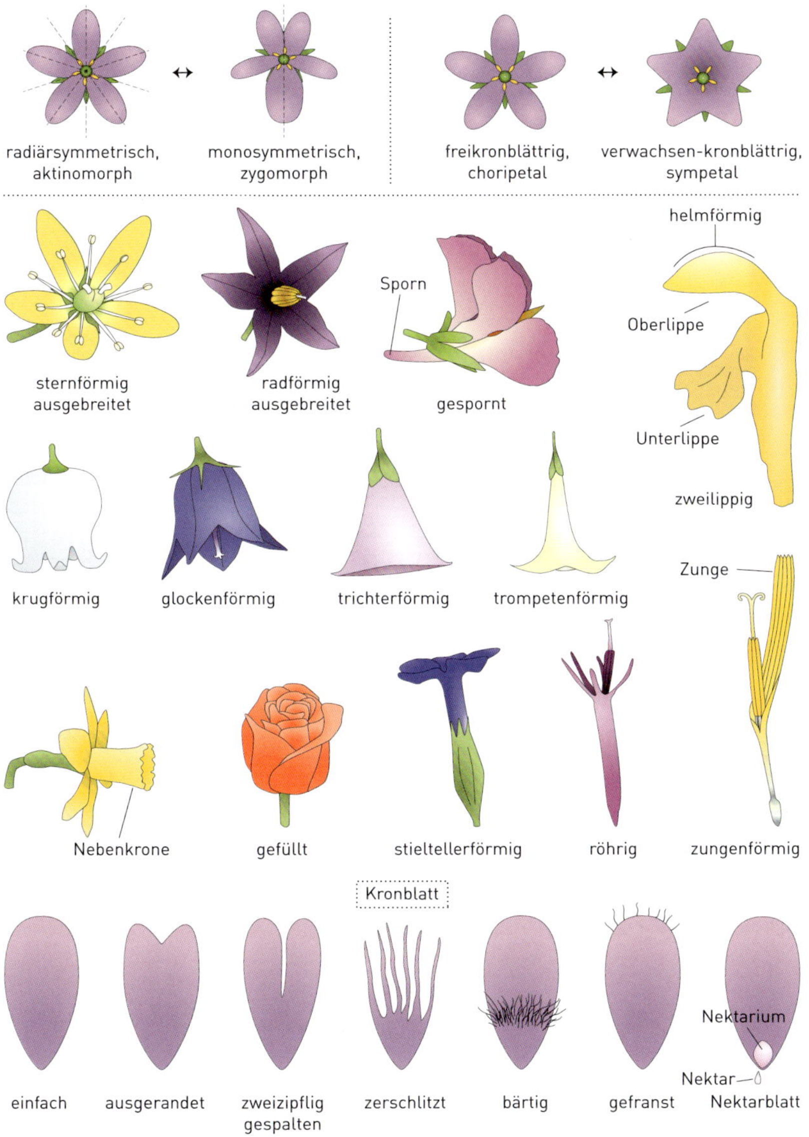

Staubblätter und Kelch

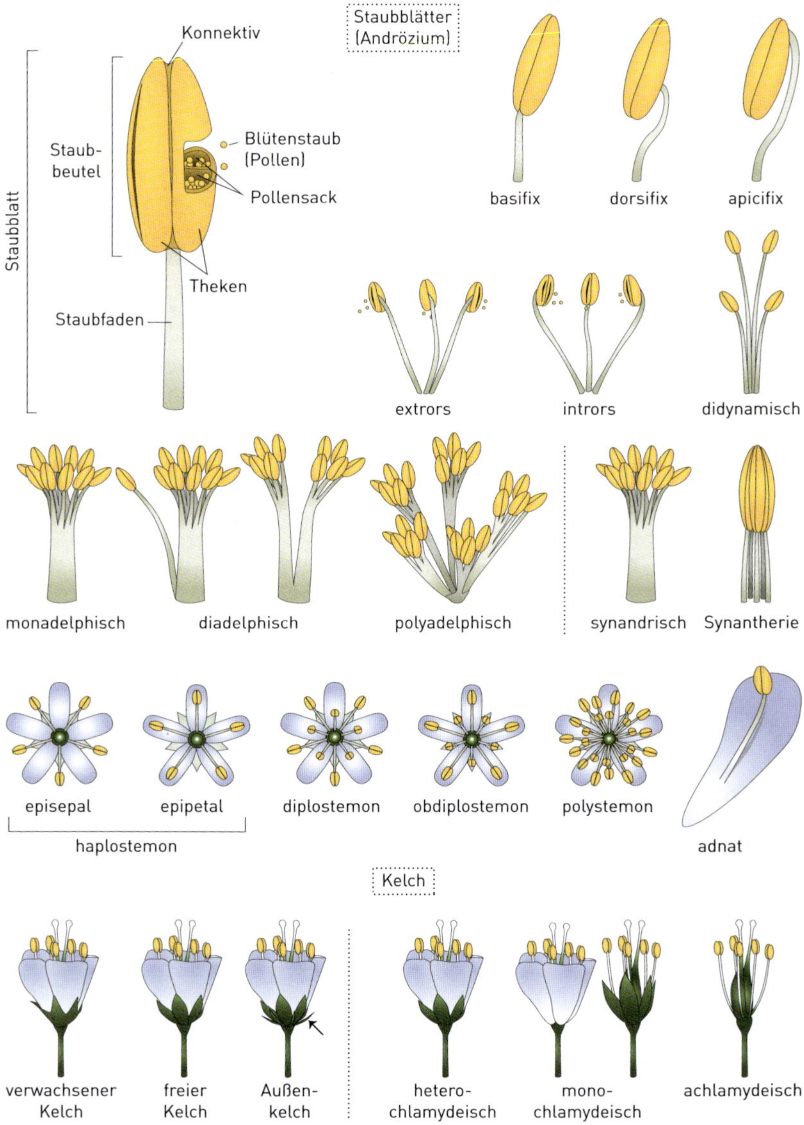

Fruchtblätter

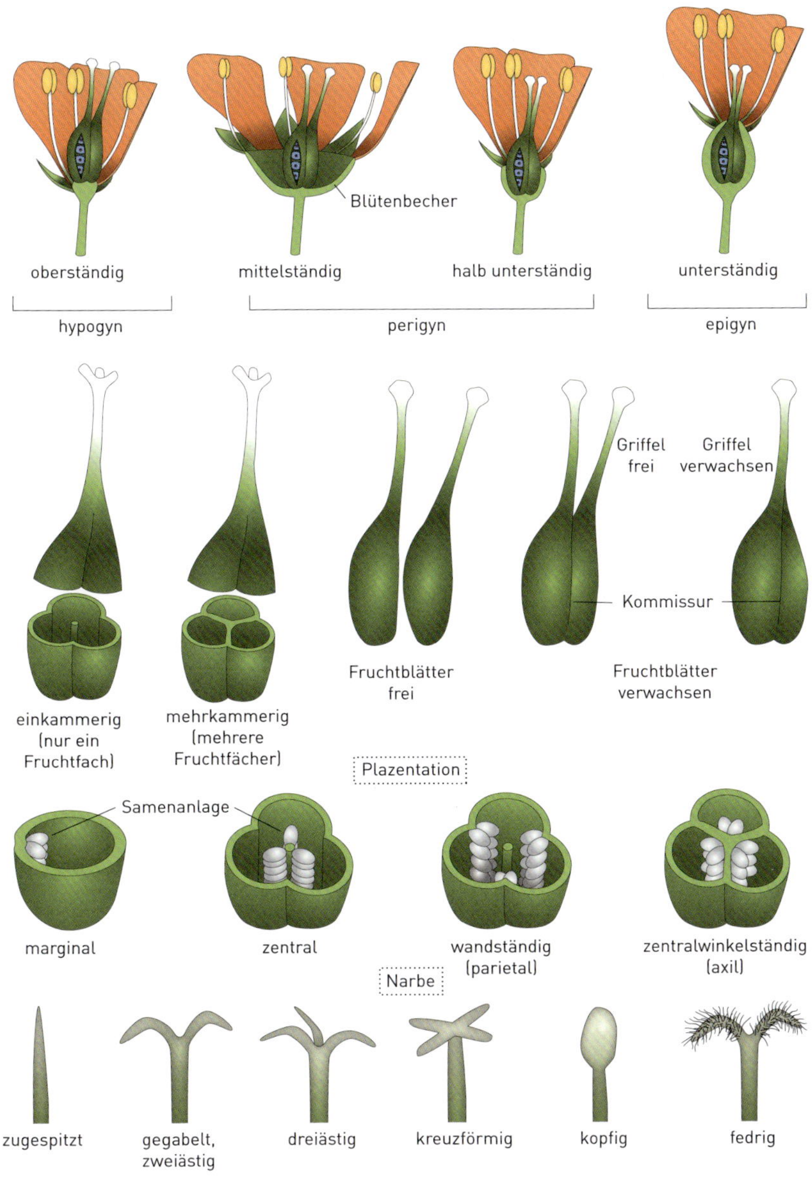

Frucht

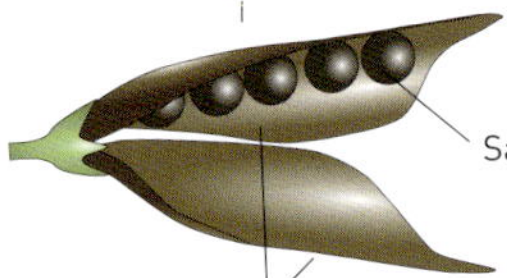

Sammelfrüchte

z. B. Sammelsteinfrucht

Scheinfrüchte

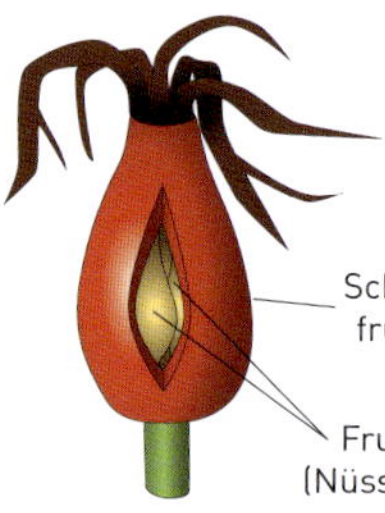

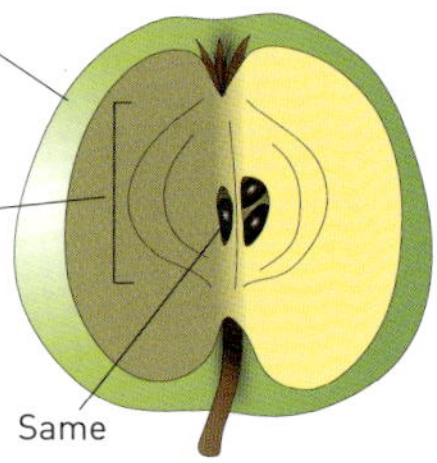

Apfelfrucht

Fruchtformen

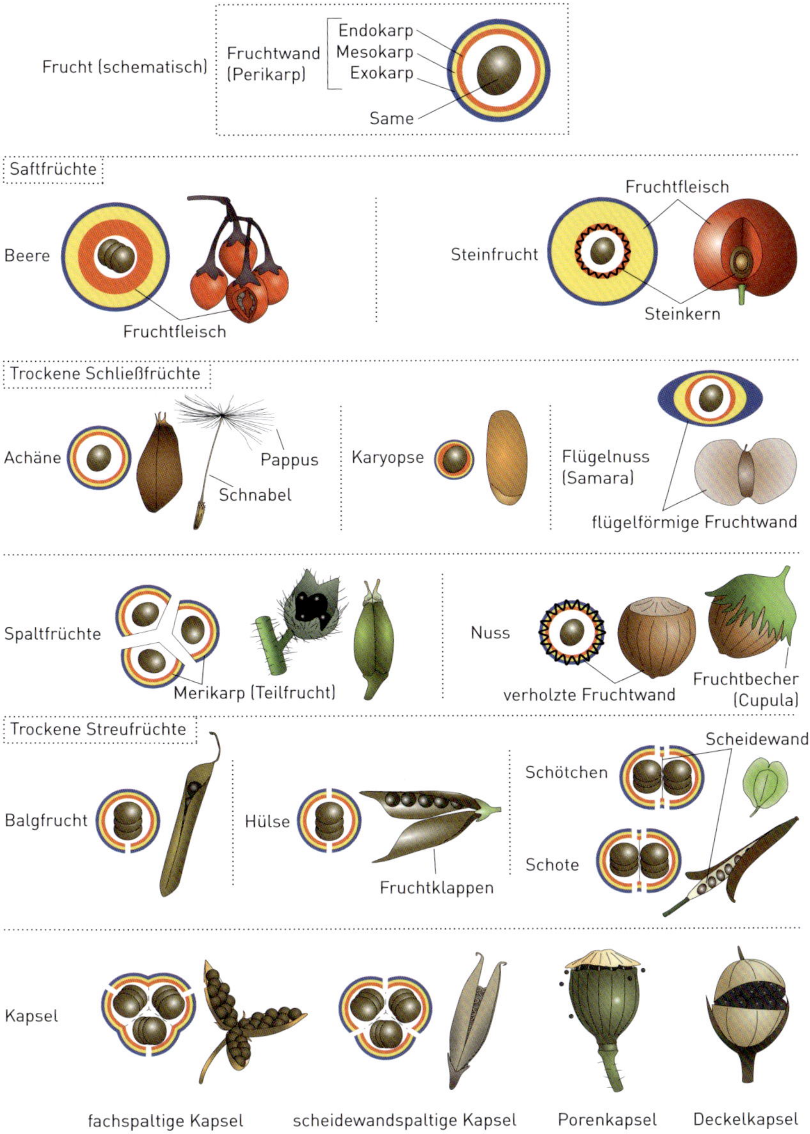

Same und Keimung

Same

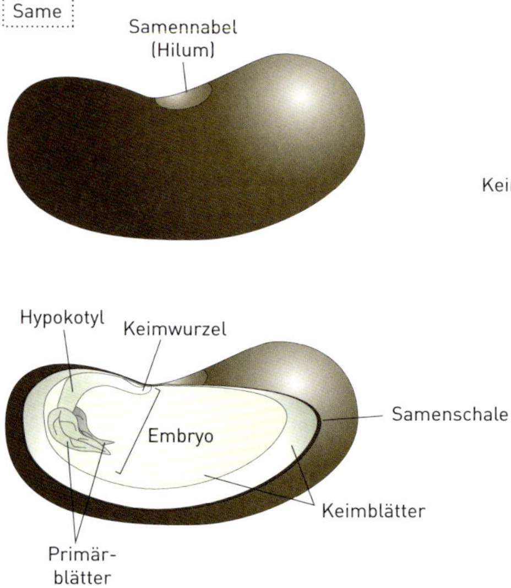

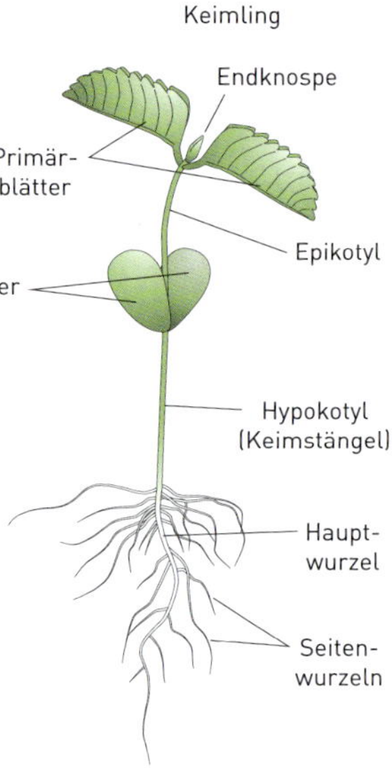

Keimung

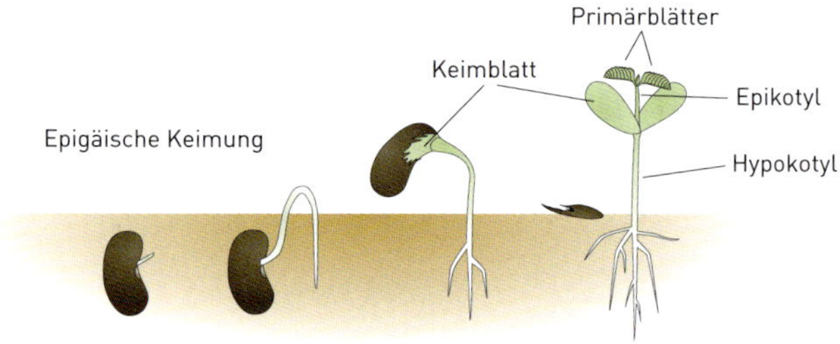

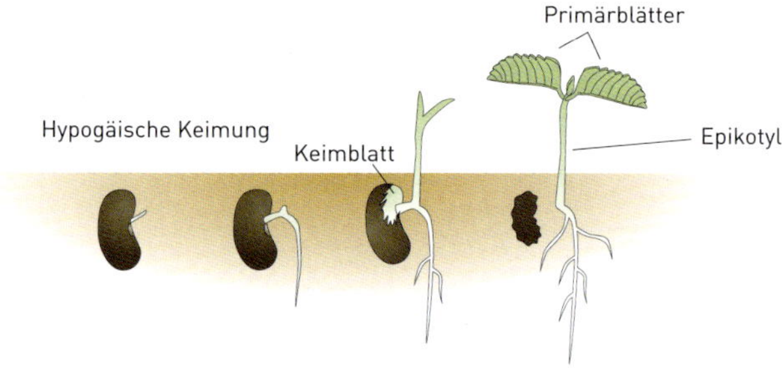

Generationswechsel

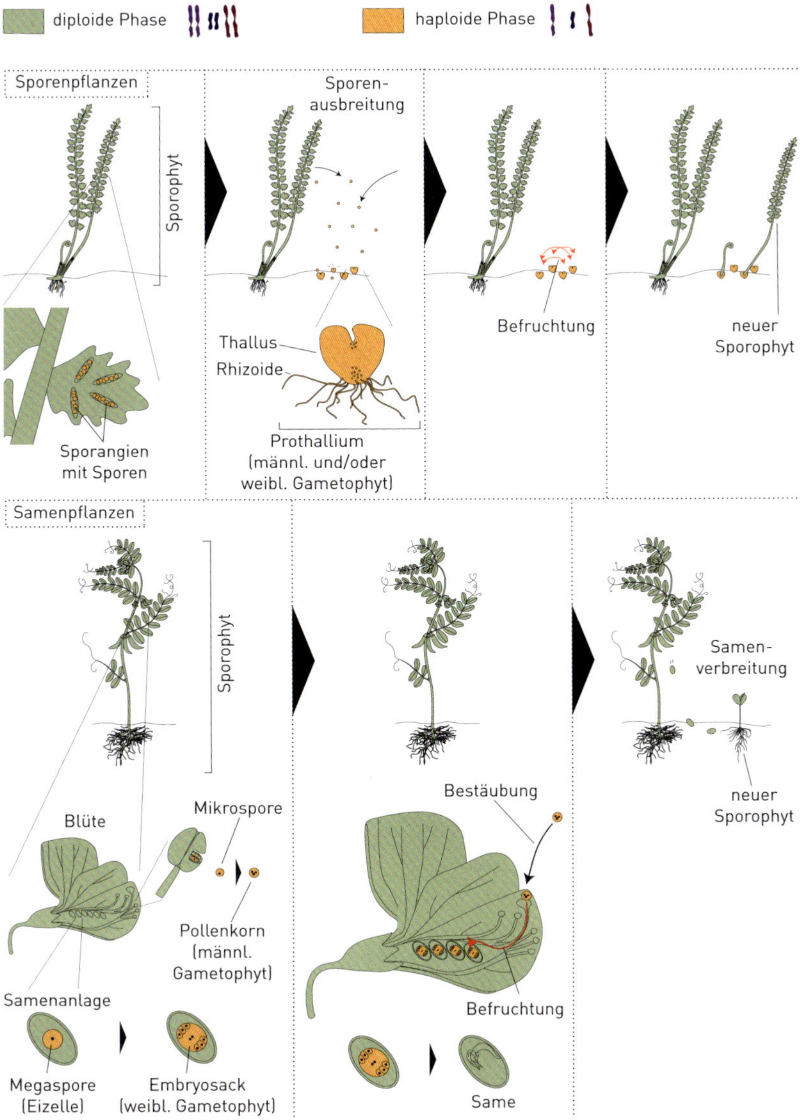

Farne, Bärlappe und Schachtelhalme

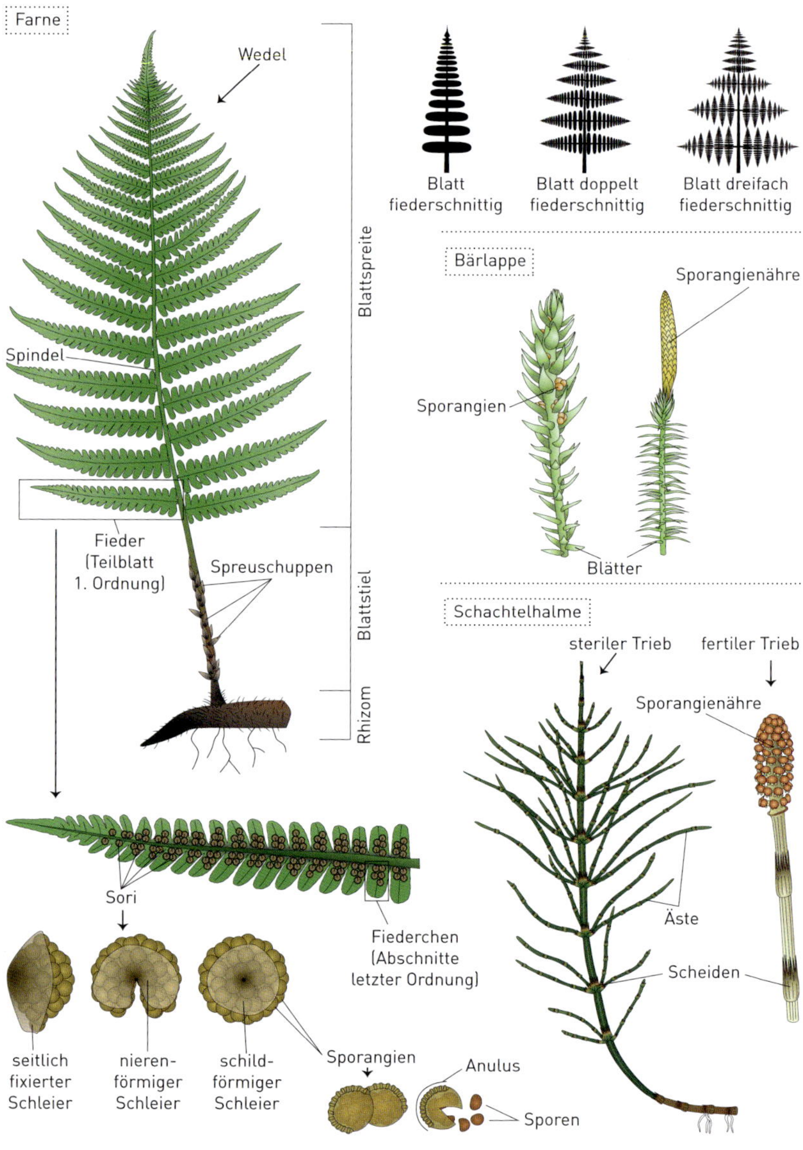

Nacktsamer (Gymnospermen)

Kieferngewächse (Pinaceae)

Zypressengewächse (Cupressaceae)

Eibengewächse (Taxaceae)

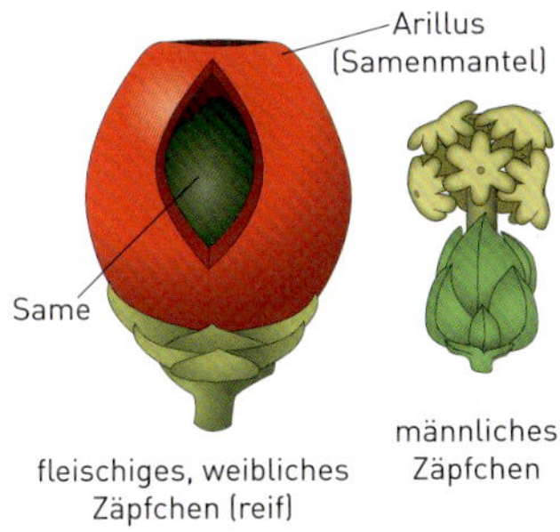

Bedecktsamer (Angiospermen)

Einkeimblättrige (Monocotyledonae)	Echte (dreifurchenpollige) Zweikeimblättrige (Eudikotyledonen)
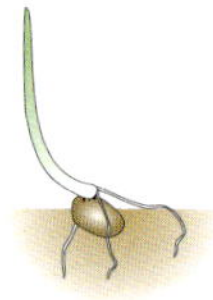 1 Keimblatt	 2 Keimblätter
 Parallelnerven	 Netznerven
 zerstreute Leitbündel	 ringförmig angeordnete Leitbündel
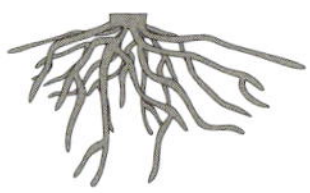 ohne Hauptwurzel	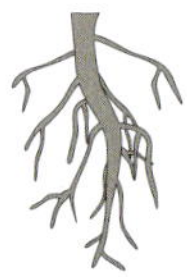 mit Hauptwurzel
 Blüten aus 3-zähligen Kreisen aufgebaut	 Blüten aus 4- oder 5-zähligen Kreisen aufgebaut

viele Ausnahmen möglich!

Spezielle Blüten und Blütenstände

Schmetterlingsblüte

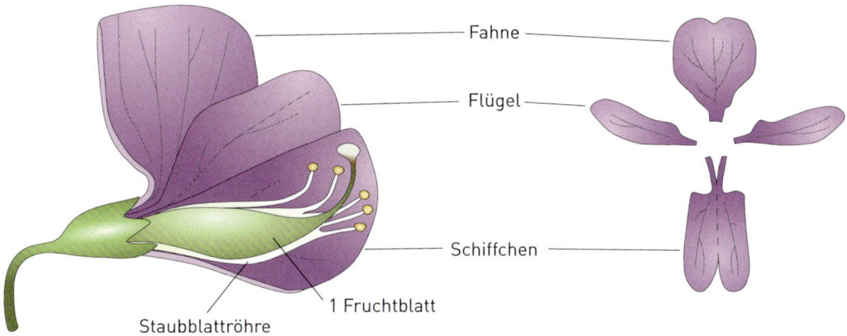

Orchideenblüte

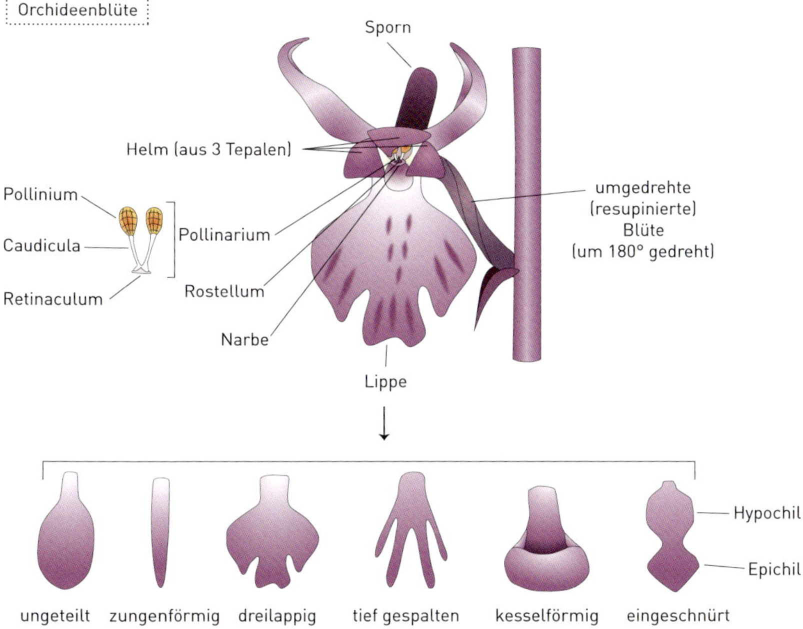

Spezielle Blüten und Blütenstände

Korbblütler (Asteraceae)

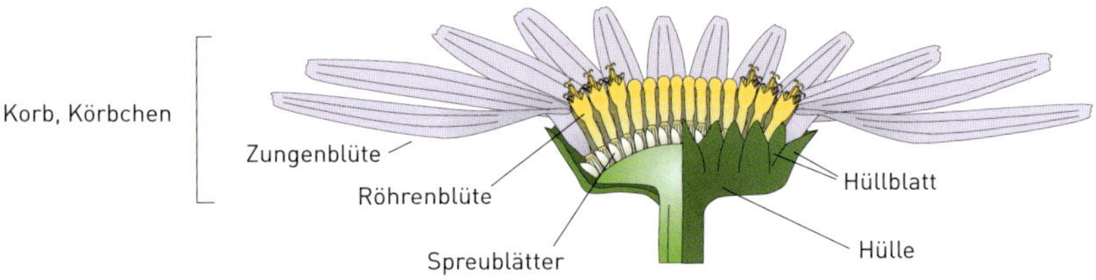

Wolfsmilch *(Euphorbia)*

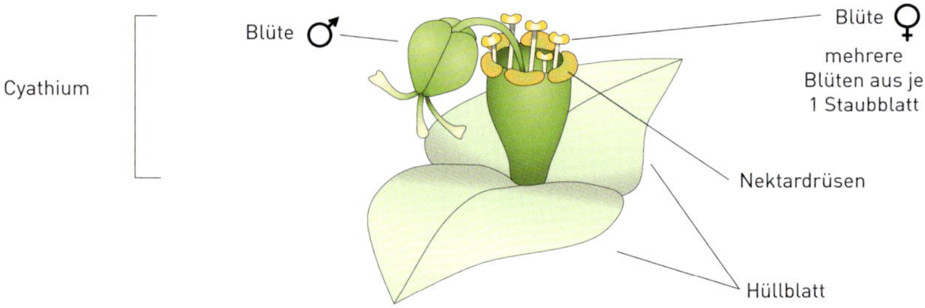

Schlüsselblume *(Primula)*

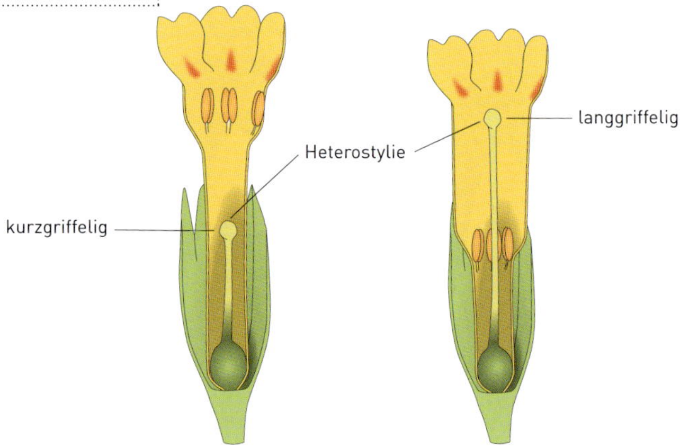

Sauer- und Süßgräser (Cyperaceae und Poaceae)

Sauergräser (Cyperaceae)

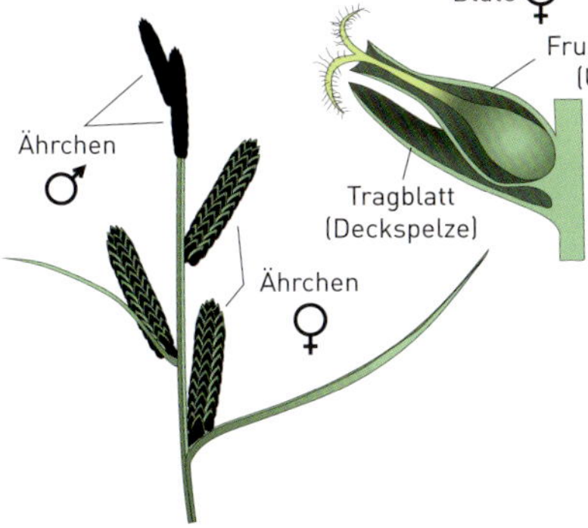

Süßgräser (Poaceae)

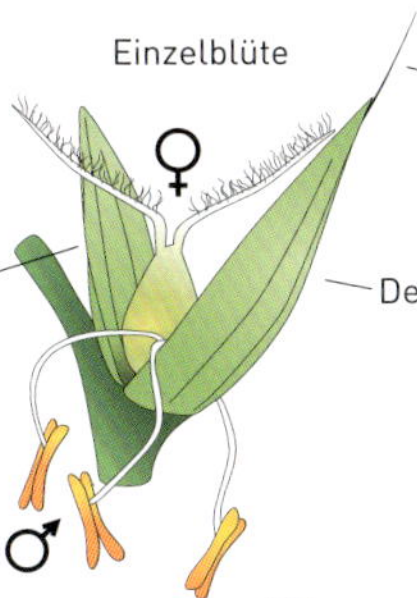

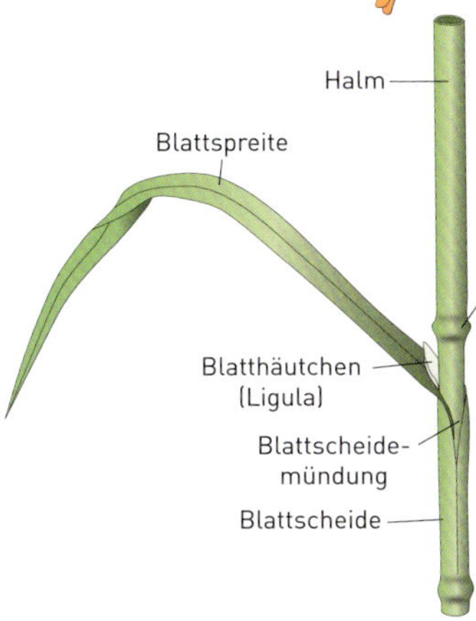

Wuchsformen

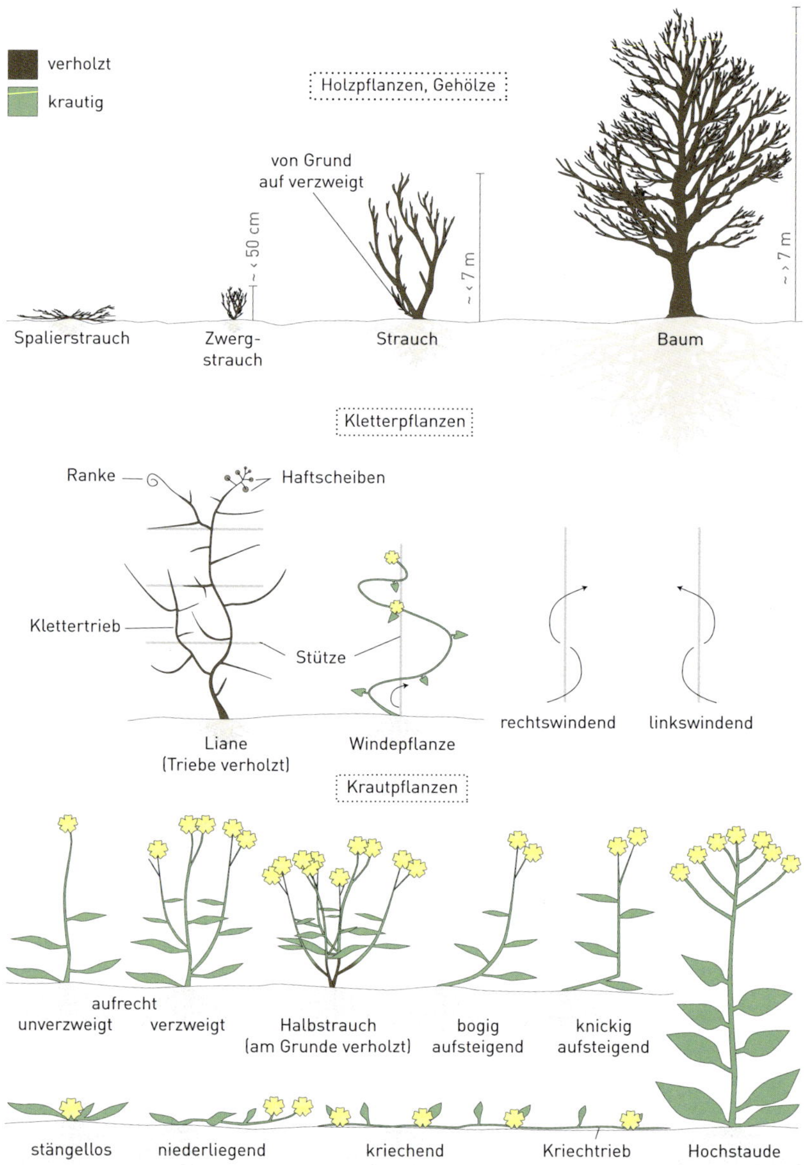

Spezielle Wuchsformen

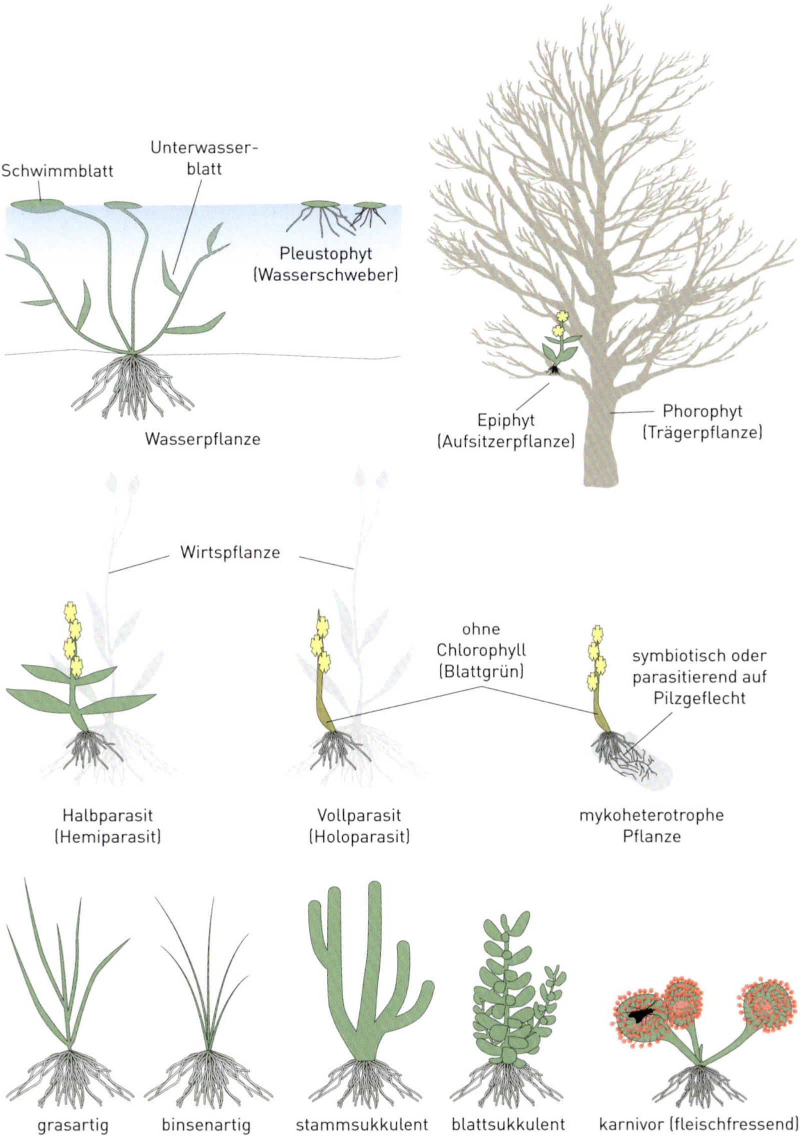

Lebensformen

nach Raunkiær

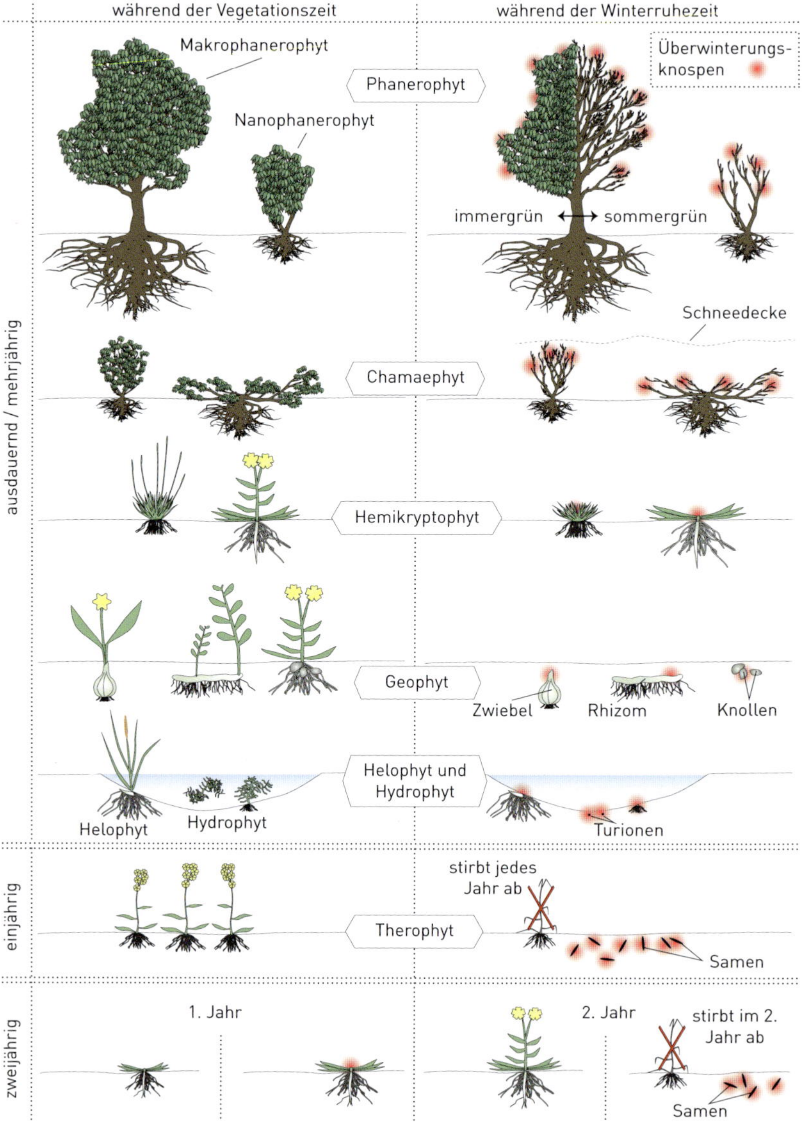

Vegetative Vermehrung

Systematik

Vereinfachter phylogenetischer Baum

Die Breite der Zweige symbolisiert die Artenvielfalt innerhalb der Gruppe.

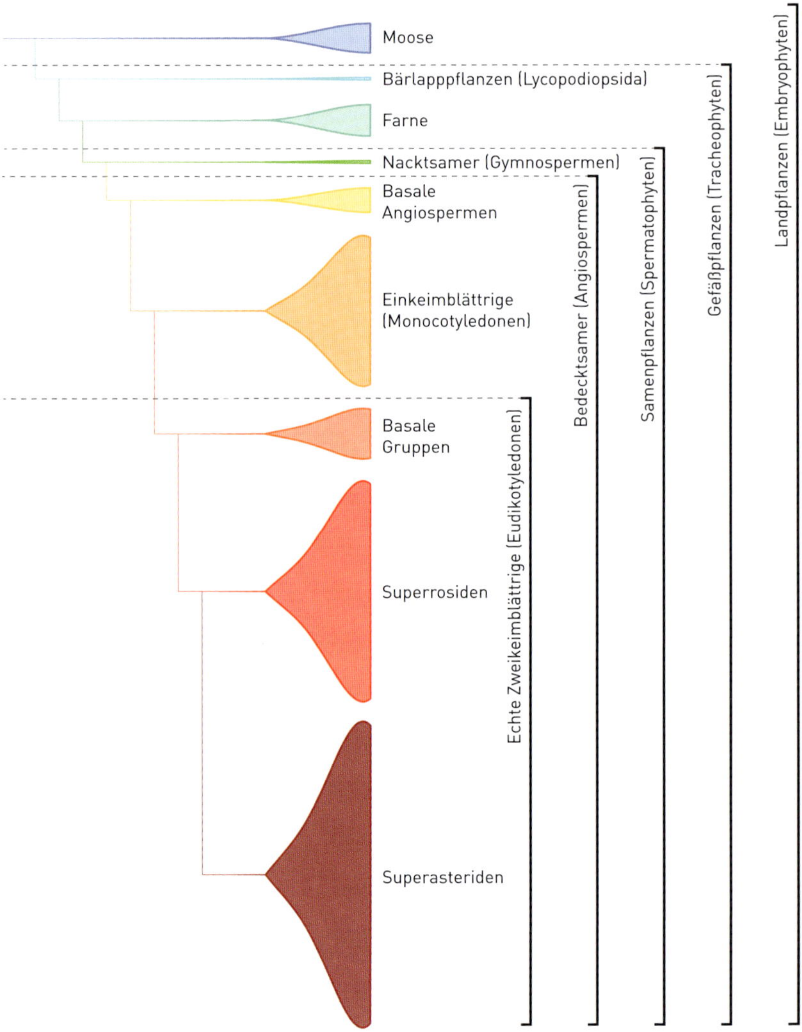

Taxonomie und Nomenklatur

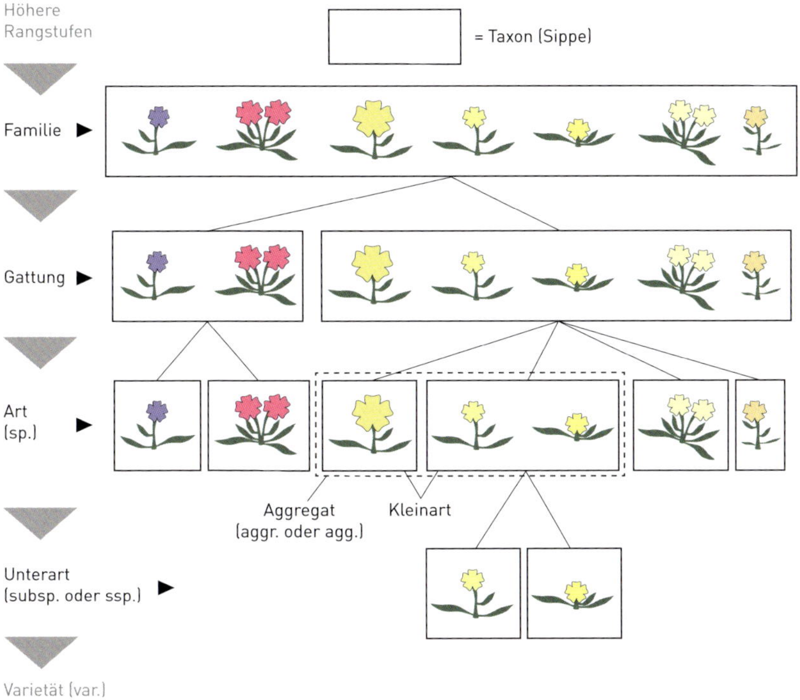

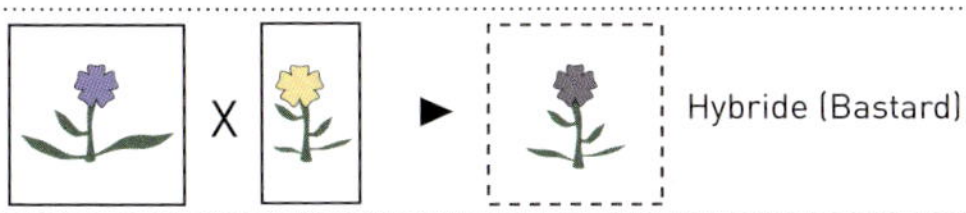

Wissenschaftlicher Name

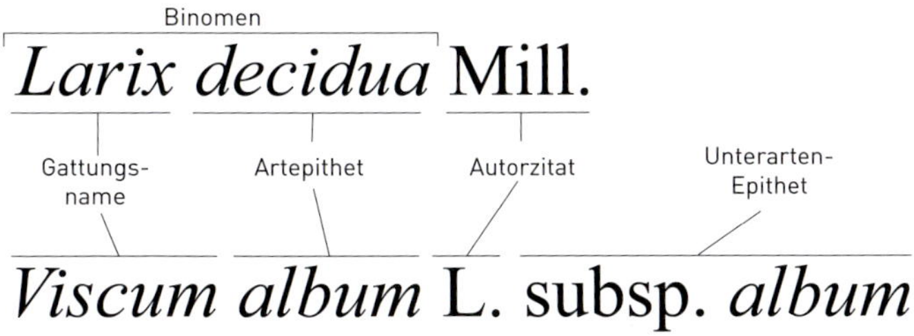

Umweltfaktoren und Höhenstufen

Umweltfaktoren

Extremwerte

mesophil (mittere Werte)

trockenzeigend	- Feuchtigkeit +	feuchtigkeitszeigend
säurezeigend	- Bodenreaktion, pH +	basenzeigend
magerkeitszeigend	- Nährstoffe +	nährstoffzeigend
	- Salz +	salzzeigend
kältezeigend	- Temperatur +	wärmezeigend
schattenzeigend	- Licht +	lichtzeigend

Höhenstufen

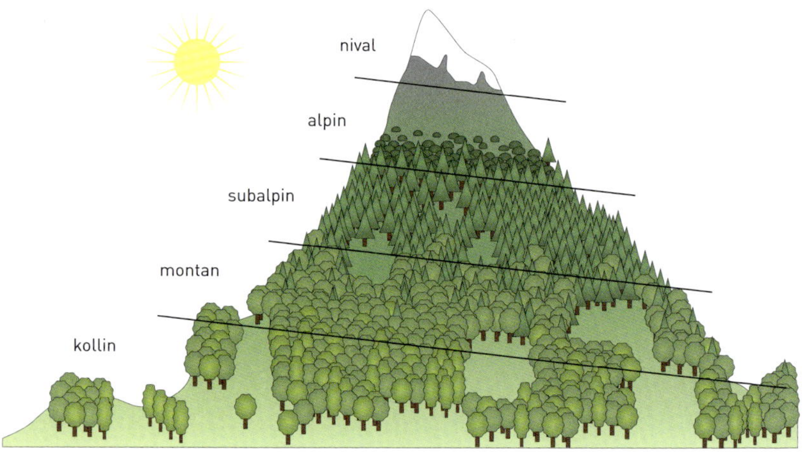

Bestäubung und Ausbreitung

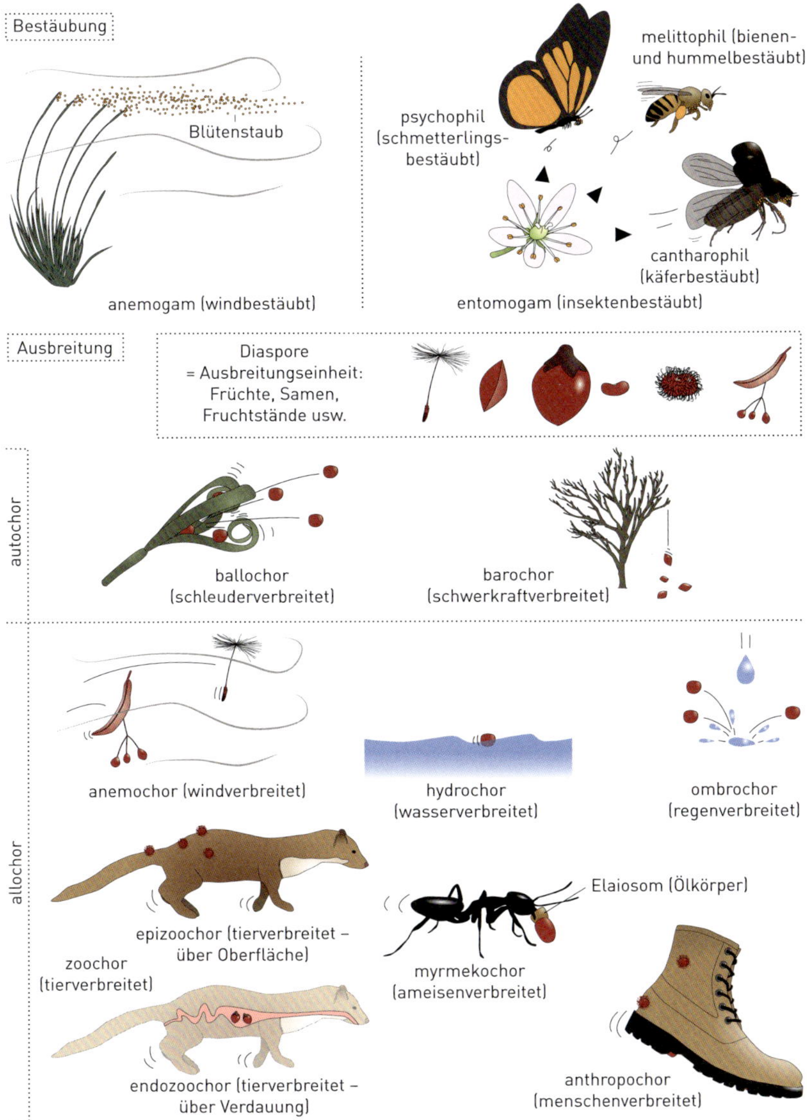

Farben I

Schwarztöne

schwarz

grauschwarz, anthrazit

braunschwarz

violettschwarz

Weiß- und Grautöne

schneeweiß, leuchtend weiß

weiß, mattweiß

seidenweiß, schimmernd weiß

silberweiß

milchweiß

hellgrau, aschgrau

grau

dunkelgrau

mehliggrau, rauchgrau

schmutziggrau

Gelbtöne

weißgelb, gelbweiß

cremefarben

strohgelb, strohfarben

hellgelb, schwefelgelb

gelb

goldgelb

zitronengelb

grüngelb

braungelb, honiggelb

Farben II

Orange- und Brauntöne

hellbraun, beige

braun

dunkelbraun

schwarzbraun

graubraun

zimtbraun

kastanienbraun

rotbraun, braunrot

rostbraun, orangebraun

orange

rotorange

violettbraun

hellorange, blassorange

dunkelorange

Rottöne

rostrot

rot

dunkelrot

hellrot

orangerot, scharlachrot

ziegelrot

weinrot

trübrot

blutrot, tiefrot, karminrot

rotbraun

Farben III

Rosatöne

dunkelpurpurn

purpurn

purpurrosa, pink

purpurrot

hellpurpurn

fleischfarben

altrosa, graurosa

tiefrosa, rosarot

rosa

hellrosa, schwachrosa

Violetttöne

schwarzviolett, dunkelviolett

violett

hellviolett

blassviolett, zartviolett

trübviolett

lila

blaulila, violettblau, blauviolett

amethystfarben

rotviolett, rotlila

braunviolett

grauviolett

Farben IV

Blautöne

blauschwarz, schwarzblau

dunkelblau

tiefblau

blau

hellblau

blassblau

graublau, stahlblau

azurblau, himmelblau

Grüntöne

schwarzgrün

dunkelgrün

grün

hellgrün

grasgrün, frischgrün

mattgrün

lindengrün

bleichgrün

blaugrün

seegrün, meergrün

graugrün

olivgrün, braungrün

türkis

gelbgrün

Glossar zur Pflanzenbestimmung

A

Abart ⇨Varietät. Vgl. ⇨Form.

abaxial Von der Achse abgewandte Seite eines Seitenorgans, bei einem Blatt also die Unterseite. Synonym: dorsal. Gegensatz zu ⇨adaxial.

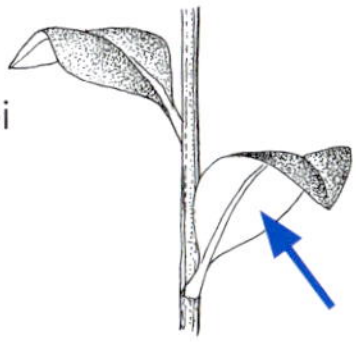

abgeflacht Form der Organe, die gegenüber der Normalausbildung flächiger ausgebildet sind, z. B. ein Spross, dessen Querschnitt nicht rund ist, sondern eine schmale Ellipse bildet. ⇨TAFEL 8

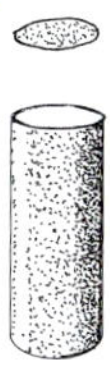

abgeleitet ⇨apomorph.

abgerundet Form der ⇨Blattspreite mit am Grund oder an der Spitze zusammenlaufenden, nach außen gebogenen Seitenrändern, sodass kein Winkel gebildet wird. Synonym: gerundet. Vgl. ⇨zugespitzt. ⇨TAFEL 13

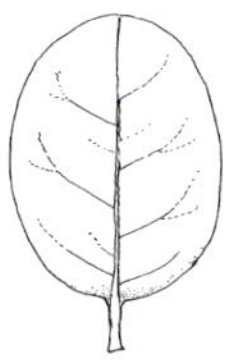

Ableger Mit der Mutterpflanze verbundene Tochterpflanze mit ausgebildeten Blättchen. Form der vegetativen natürlichen oder künstlichen Vermehrung der Pflanzen. Bsp. *Fragaria vesca* (Ableger □). Vgl. ⇨Ausläufer.

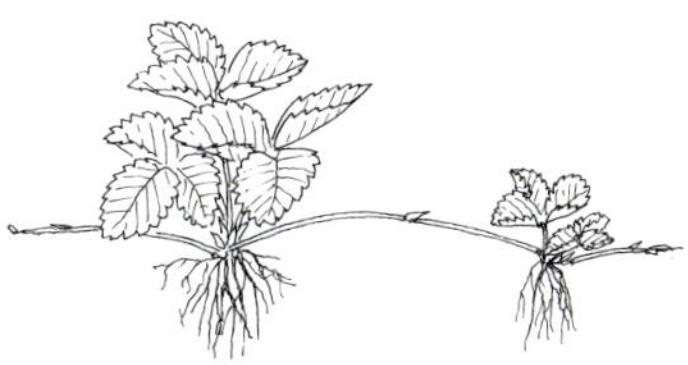

Abschnitt ⇨Blattabschnitt.

abstehend Sich von der Bezugsfläche mit einem Winkel von 45–90° abhebend. Gegensatz: ⇨anliegend. Bsp. *Echium vulgare* (Borstenhaare am Stängel □). Vgl. ⇨aufrecht abstehend. ⇨TAFEL 4, 10

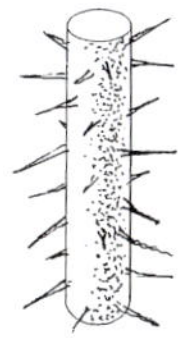

Abszission Abtrennung eines Organs (z. B. Blattstiel) durch Bildung eines Trennungsgewebes (z. B. ⇨Korkgewebe).

Abteilung Höchste Kategorie zur Gliederung der Pflanzen. Als Endung der Bezeichnungen wird -phyta verwendet. Bsp. Tracheophyta (Gefäßpflanzen). Fachausdruck: Divisio.

Abundanz Anzahl der Individuen einer Art, meist bezogen auf eine bestimmte Raumeinheit (z. B. ein Vegetationsausschnitt). Die Abundanz ist ein wichtiges Merkmal in der ⇨Pflanzensoziologie. Vgl. ⇨Dominanz.

Abwandlung Veränderung der Gestalt eines der Grundorgane (Wurzel, Spross, Blatt) durch Anpassungen an die Umwelt. Fachausdruck: Metamorphose.

abwärts abstehend ⇨rückwärts abstehend.

Achäne Nussartige, einsamige ⇨Schließfrucht, entstanden aus einem unterständigen ⇨Fruchtknoten; die Samenschale ist mit der Fruchtwand verwachsen. Bsp. *Crepis* (Frucht □). Vgl. ⇨Karyopse. ⇨TAFEL 24

achlamydeisch Bezeichnung für Blüten ohne ⇨Blütenhülle (z. B. viele der windblütigen Blüten). Bsp. *Corylus, Salix* (Blüte). Vgl. ⇨dichlamydeisch. ⇨TAFEL 21

Achse ⇨Spross.

Achsel Winkel zwischen Spross und Seitenspross (⇨Sprossachsel, Sprosswinkel) oder zwischen Spross und Blatt (⇨Blattachsel, Blattwinkel).

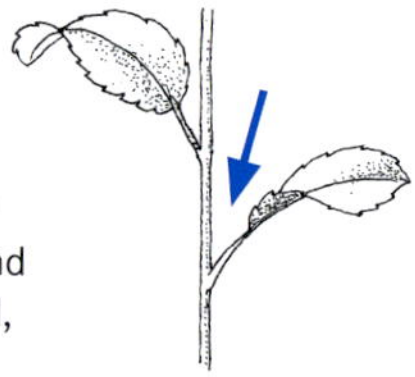

Achselknospe Eine in der ⇨Achsel eines Blattes oder Sprosses gebildete Knospe. Synonym: Seitenknospe. ⇨TAFEL 7

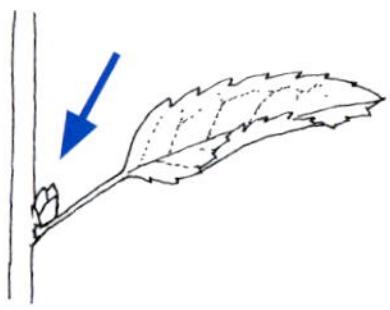

Achselranke ⇨Sprossranke.

Achselspross ⇨Seitenspross.

achselständig Im oberen Winkel zwischen Blatt und Stängel sitzend, z. B. eine achselständige Knospe oder achselständige Blüte. Bsp. *Tamus communis* (Blütenstand in den Achseln der Stängelblätter 🗋). Vgl. ⇨endständig, seitenständig.

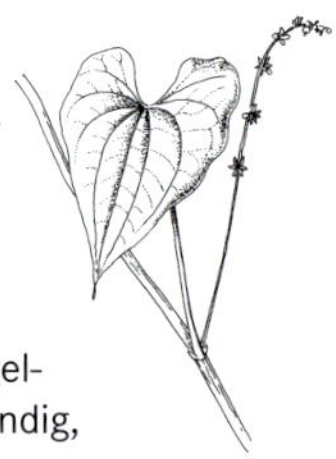

Achsenbecher ⇨Blütenbecher. Bsp. *Oenothera, Alchemilla, Rosa*.

Achsenknolle ⇨Sprossknolle.

acidophil ⇨säureliebend.

acuminat ⇨zugespitzt.

Adaptation ⇨Anpassung.

adaxial Der Achse zugewandte Seite eines Seitenorgans, von einem Blatt also die Oberseite. Gegensatz zu ⇨abaxial.

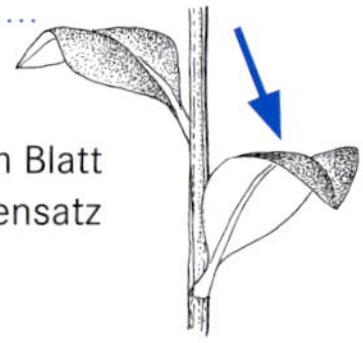

Aderung ⇨Blattnervatur.

adnat Angewachsen. Wird insbesondere bei Verwachsungen in Längsrichtung verwendet, z. B. bei Staubfäden an der Blütenkrone. Vgl. ⇨Konkauleszenz. ⇨TAFEL 21

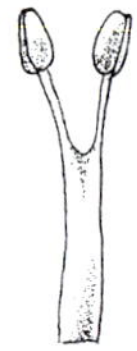

adventiv Eingeschleppt und nur vorübergehend im Gebiet vorkommend. Synonym: unbeständig. Bsp. *Briza maxima*.

Adventivknospe Zufällig angeordnete ⇨Knospe an bereits entwickelten, meist älteren Sprossteilen. Fachausdruck: Gemma adventitia. Vgl. ⇨Proventivknospe.

Adventivsprosse Sprosse, die an ungewöhnlichen Stellen entstehen, z. B. an Seitenwurzeln. Vgl. ⇨Wurzelspross.

Adventivwurzel Aus dem (meist niederliegenden) Spross abgehende Wurzel. Somit sind auch die von unterirdischen Sprossteilen (Rhizom, Zwiebel) abgehende Wurzeln Adventivwurzeln. Synonym: sprossbürtige Wurzel. Bsp. *Apium repens* (Wurzeln am Kriechspross 🗋). ⇨TAFEL 6, 36

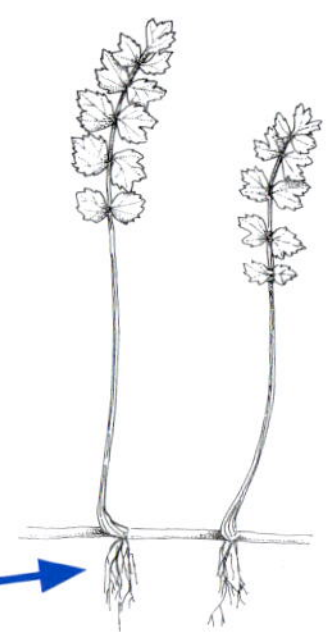

Aerenchym Durchlüftungsgewebe von Wasser- und Sumpfpflanzen, das sich durch große Zellzwischenräume auszeichnet, sodass für untergetauchte Organe der Gasaustausch erleichtert wird. Bsp. *Alisma plantago-aquatica* (Blattstiel). Vgl. ⇨Parenchym.

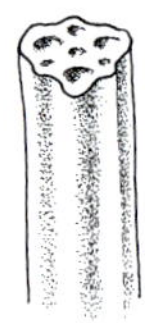

aestival Sommerformen einer Art mit saisonalem ⇨Dimorphismus.

Aestivation Lage der jungen Blätter (Laubblätter, Kronblätter usw.) in der Knospe. Es wird z. B. unterschieden zwischen offener Knospendeckung (Blattorgane berühren sich nicht) und imbrikater Knospendeckung (Blattorgane überlappen sich).

Agamospermie Samenbildung ohne vorangegangene Befruchtung. Es handelt sich also um eine asexuelle Vermehrung. Bsp. *Sorbus mougeotii.*

agg. ⇨Aggregat.

aggr. ⇨Aggregat.

Aggregat Informelle Bezeichnung für eine Gruppe nah verwandter und meist schwer unterscheidbarer Arten. Abkürzung: aggr. oder agg. Synonym: Artengruppe, Sammelart. Bsp. *Rubus fruticosus* aggr. ⇨TAFEL 38

Agriophyt Eingebürgerter, also von menschlicher Tätigkeit unabhängiger ⇨Archäophyt oder ⇨Neophyt, der sich auch in naturnahen Lebensräumen halten kann. Bsp. *Erigeron annuus*.

ahornartig Blattumriss, der an ein typisches, 3- bis 5-lappiges Ahornblatt erinnert. Bsp. *Viburnum opulus* (Blatt), *Asarina procumbens* (Blatt ◻). Fachausdruck: aceriform.

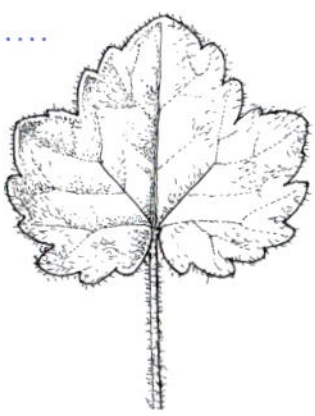

Ährchen Teilblütenstand der Poaceae und Cyperaceae. Bsp. *Lolium* (Teilblütenstand ◻). Fachausdruck: Spicula. ⇨TAFEL 32

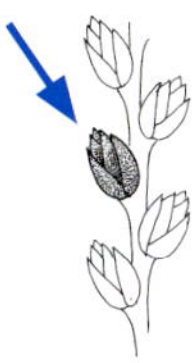

Ährchenachse Achse im Inneren eines ⇨Ährchens. Synonym: Ährchenspindel.

Ähre An einer Achse (Ährenachse) sitzen, aufgrund gestauchter Seitenachsen ungestielte Blüten oder (im Falle vieler Gräser) ungestielte Ährchen. Bsp. *Lolium perenne* (Blütenstand ◻). Fachausdruck: Spica. Vgl. ⇨Kolben. ⇨TAFEL 17

Ährenachse Achse im Inneren einer ⇨Ähre. Synonym: Ährenspindel.

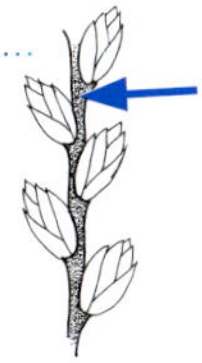

Ährenfortsatz Verlängerung der ⇨Ährenachse über das oberste Ährchen hinaus.

Ährenrispe Rispenförmiger Blütenstand mit sehr kurzen, von außen kaum sichtbaren Rispenästen. Bsp. *Sesleria coerulea* (Blütenstand ◻). Vgl. ⇨Rispe, Scheinähre.

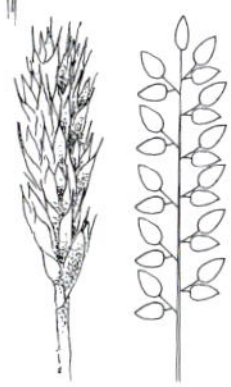

ährig Eine ⇨Ähre bildend.

akropetal Der Spitze zustrebend. Bezeichnung für aufsteigende Entwicklung, also Entwicklungsrichtung von der Basis (unten) zur Spitze (oben). Die ältesten Ausbildungen (z. B. Seitentriebe) finden sich unten. Gegensatz zu ⇨basipetal.

aktinomorph ⇨radiärsymmetrisch. ⇨TAFEL 20

akzessorisch Bezeichnung für überzählig, beiläufig entstanden, z. B. heißt es akzessorische Knospen, wenn in einer ⇨Blattachsel überzählige Knospen stehen.

Alae ⇨Flügel.

Albinoform Organe (Blüten, Blätter) ohne ⇨Blattgrün oder andere Farbstoffe, die daher bleich oder weiß erscheinen. Bsp. Albinoformen bei *Gentiana* (Blüte).

Albumen ⇨Nährgewebe.

allochor Ausbreitung der ⇨Diasporen (z. B. Samen oder Früchte) durch äußere Vektoren (Wind, Wasser, Tiere usw.). Gegensatz zu ⇨autochor. Bsp. *Taraxacum*, *Vaccinium*. Vgl. ⇨anemochor, hydrochor, zoochor. ⇨TAFEL 40

allochthon Nicht einheimisch, außerhalb des natürlichen ⇨Areals vorkommend. Gegensatz zu ⇨autochthon. Bsp. *Prunus laurocerasus*. Vgl. ⇨Neophyt.

allseitswendig Nach allen Seiten gerichtet. Gegensatz zu ⇨einseitswendig. Bsp. *Melica uniflora* (links 🗋, Blüten im Blütenstand, im Gegensatz zu *Melica nutans*, rechts 🗋).

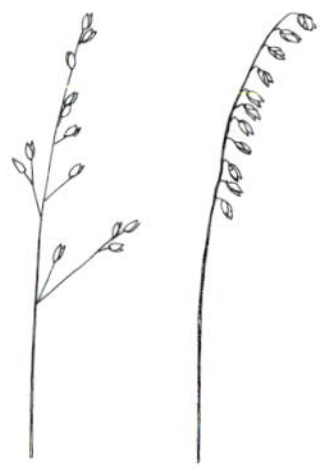

Alluvion Durch fließendes Wasser entstandene Gesteinsablagerungen (Geschiebe, Kiesbänke, Flusssande usw.).

alpin Von Naturrasen geprägte Höhenstufe im Gebirge, oberhalb der Baumgrenze und unterhalb der Schneegrenze (zwischen ⇨subalpin und ⇨nival). Der obere Teil der alpinen Stufe, wo sich zusammenhängende Rasen in isolierte Flecken auflösen, wird gelegentlich als ⇨subnivale Stufe abgetrennt. ⇨TAFEL 39

Alternanzregel Bei zwei aufeinanderfolgenden ⇨Wirteln (Quirlen) zweigen die Organe des zweiten Wirtels (von oben projiziert) jeweils in den Lücken des ersten Wirtels ab. Zwischen dem Kelchblatt- und dem Kronblattkreis wird die Alternanzregel fast stets erfüllt, während sie beim Staubblatt- und Fruchtblattkreis oft gestört ist. Vgl. ⇨superponiert.

alternierend ⇨wechselständig.

Amentum ⇨Kätzchen.

amethystfarben Blau mit violetter Tönung. Bsp. *Festuca amethystina* (unterste Blattscheiden). Vgl. ⇨Stahlblau. ⇨TAFEL 43

amphibisch Bezeichnung für Pflanzen, die zum Wachstum sowohl im Wasser als auch an Land befähigt sind. Bsp. *Polygonum amphibium*.

amplexikaul ⇨stängelumfassend.

analog Ähnlich in Form oder Funktion, aber entstanden (abgeleitet) aus unterschiedlichen Organen oder Ursprüngen, z. B. ⇨Sukkulenz bei Kakteen (Cactaceae) oder Dickblattgewächsen (Crassulaceae). Vgl. ⇨homolog.

anatrop Bezeichnung für die umgekehrte Lage der ⇨Samenanlagen im Fruchtblatt. Gegensatz zu ⇨atrop.

androdiözisch Unvollständig ⇨zweihäusige Pflanzensippe, von der es zwittrige oder rein männliche Individuen gibt. Bsp. *Dryas octopetala* (Blüte). Vgl. ⇨gynodiözisch. ⇨TAFEL 19

andromonözisch Unvollständig ⇨einhäusige Pflanzensippe, von der es am gleichen Individuum (oft sogar im gleichen Blütenstand) sowohl zwittrige als auch rein männliche Blüten gibt. Bsp. *Aesculus hippocastanum* (Blüte). Vgl. ⇨gynomonözisch. ⇨TAFEL 19

Andrözium Gesamtheit der ⇨Staubblätter einer Blüte (Staubblattformation). Synonym: Andrözeum. ⇨TAFEL 19, 21

anemochor Windverbreitet. Anemochore Pflanzen haben entweder ganz leichte ⇨Diasporen (z. B. die winzigen Samen der Orchideen) oder Diasporen mit besonderen Flughilfen (Flügeln, Haaren usw.). Bsp. *Pulsatilla*, *Tilia*. Vgl. ⇨boleochor. ⇨TAFEL 40

anemogam Windbestäubt. Anemogame Pflanzen produzieren große Mengen trockenen Pollens, der durch den Wind verbreitet wird. Synonym: anemophil. Bsp. *Betula pendula*. Vgl. ⇨zoophil. ⇨TAFEL 40

anemophil ⇨anemogam.

angesalbt Bezeichnung für verpflanzte, künstlich ausgebrachte Pflanzen in wilder Natur. Bsp. *Primula glaucescens* (im Südtessin).

Angiospermen ⇨Bedecktsamer.

anisophyll Bezeichnung für Pflanzen, die über einen Großteil ihres Sprosses ungleich gestaltete Blätter besitzen. Gegensatz zu ⇨isophyll.

Anisophyllie Ungleichblättrigkeit, d. h. verschieden gestaltete Blätter sitzen auf ± gleicher Insertionshöhe (Knoten) am Spross oder verschiedene Blätter sitzen auf der Ober- und Unterseite liegender Sprosse. Bsp. *Selaginella helvetica* (Blättchen ◳).

anliegend An einer Oberfläche angedrückt, z. B. anliegend behaart, anliegend beblättert. Gegensatz zu ⇨abstehend. ⇨TAFEL 10

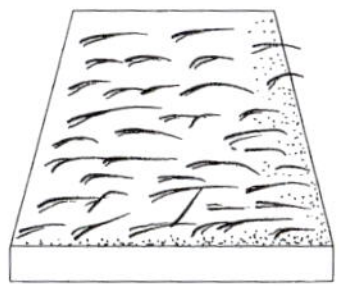

annuell ⇨einjährig.

Anpassung Entwicklung vorteilhafter Formen oder Funktionen einer Pflanzensippe für das Überleben in ihrer Umwelt. Fachausdruck: Adaptation.

Anthela ⇨Spirre.

Anthere ⇨Staubbeutel.

Antherenhälfte Hälfte des ⇨Staubbeutels, meist ihrerseits in zwei ⇨Pollensäcke (Theken) getrennt. Die Antherenhälften sind durch ein ⇨Konnektiv (Mittelband) miteinander verbunden. ⇨TAFEL 19

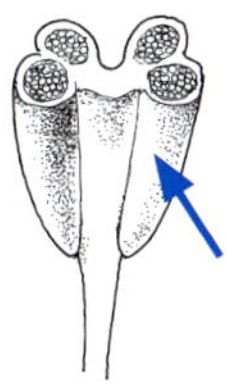

Anthese Zeitpunkt bzw. Phase, während der die Blüte meist geöffnet und funktionsfähig ist, also nach der Phase des Aufblühens und vor der Phase des Verblühens.

Anthocyan Rote und blaue Farbstoffe vieler Pflanzen. Es handelt sich um sekundäre, flavonartige Pflanzenstoffe (Flavonoide). Sie können nicht nur Pflanzen zur Anlockung färben, sondern auch schädliches kurzwelliges UV-Licht in Wärme umwandeln.

Antholyse ⇨Monstrosität.

Anthophor ⇨Blütenträger.

anthropochor Pflanzen, deren ⇨Diasporen (z. B. Samen oder Früchte) vorwiegend durch den Menschen und seine Aktivitäten verbreitet werden. Hierzu gehören z. B. viele ⇨Neophyten, die sich entlang von Verkehrsachsen ausbreiten. Bsp. *Senecio inaequidens*. Vgl. ⇨synanthrop. ⇨TAFEL 40

anthropogen Bezeichnung für Prozesse, Effekte oder Vorkommen, die durch den Mensch und seine Aktivitäten in der Umwelt generiert oder beeinflusst werden. Gegensatz zu natürlich. Die Abgrenzung zwischen natürlich und anthropogen ist nicht immer einfach. Vgl. ⇨Hemerobie.

Anulus Ringförmig angeordnete Zellreihe am ⇨Sporangium von Farnen mit verdickten Innen- und Zwischenzellwänden. Der Anulus dient der hygroskopischen Öffnung des Sporangiums. Bsp. *Polypodium* (Sporenkapsel ◳). ⇨TAFEL 27

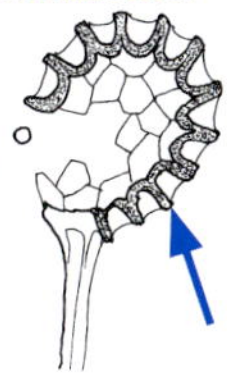

apetal Blüte ohne Kronblätter (Petalen). Bsp. *Salix* (Blüte ◳).

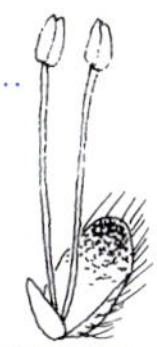

Apex (1) Spitze der ⇨Sprossachse. (2) Spitze der ⇨Staubblätter.

Apfelfrucht Form einer ⇨Schließfrucht (meist aus ⇨halb unterständigem Fruchtknoten entstanden) mit pergamentartigen Fruchtblättern und umgeben von einer fleischigen Blütenachse. Bsp. *Malus* (Frucht ◳). Vgl. ⇨Steinfrucht. ⇨TAFEL 23

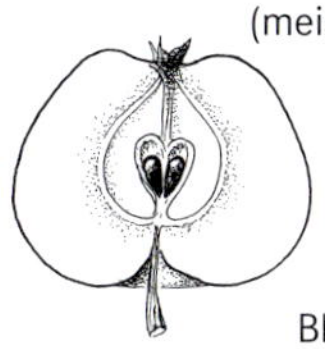

APG Abkürzung für «Angiosperm Phylogeny Group», eine informelle internationale Gruppe von Systematikerinnen und Systematikern, die zwischen 1998 und 2016 gemeinsam vier Publikationen zur Angiospermen-Systematik veröffentlicht haben. Ihre Vorschläge zur Klassifikation haben sich international rasch durchgesetzt. Die aktuell gültige Systematik basiert auf der vierten Publikation «APG IV» von 2016.

apicifix Bezeichnung für ⇨Staubfäden, die an der Spitze der ⇨Staubbeutel ansetzen. ⇨TAFEL 21

apikal An der Spitze (Apex) eines Organs oder eines Sprosses stehend. Gegensatz zu ⇨basal.

apogam Apogame Samen entstehen asexuell, also ohne sexuelle Vorgänge.

Apogamie Entstehung des ⇨Sporophyten aus einer oder mehreren vegetativen Zellen des ⇨Gametophyten. Verbreitet bei Farnen, wo die Farnwedel (Sporophyt-Generation) aus dem ⇨Prothallium entstehen.

apokarp ⇨freifruchtblättrig. Vgl. ⇨synkarp.

Apomikt Pflanzenart mit apomiktischer Fortpflanzung (⇨Apomixis).

apomiktisch Bezeichnung einer Pflanze mit ⇨Apomixis.

Apomixis Entwicklung des Samens aus unbefruchteten Eizellen (Parthenogenese) bzw. ihren Nebenzellen. Die daraus entstehenden Individuen sind genetisch identisch mit der Mutterpflanze, entsprechen also einer vegetativen Fortpflanzung. Bsp. *Alchemilla* (viele Kleinarten), *Rubus* (viele Kleinarten), *Ranunculus auricomus*.

apomorph Bezeichnung für ein abgeleitetes Merkmal, also ein Merkmal einer Pflanze, das sich gegenüber ihren Vorfahren verändert hat, z. B. der ⇨Same der ⇨Samenpflanzen. Gegensatz zu ⇨plesiomorph.

Apophyse Verdickung der Zapfenschuppe bei der Gattung *Pinus*. Manchmal wird auch die Bezeichnung Schild oder Schuppenschild verwendet. Bsp. *Pinus mugo* (Zapfen ▢). ⇨TAFEL 28

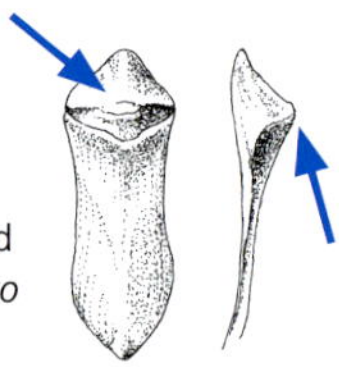

Apophyten Einheimische Pflanzen oder ⇨Archäophyten, die heute vorwiegend in ⇨anthropogen geprägten Lebensräumen vorkommen. Ihre ursprünglichen Standorte sind oft Flussauen. Bsp. *Chenopodium bonus-henricus*.

äquifazial Bezeichnung für ein Blatt, bei dem die Ober- und die Unterseite gleich gestaltet sind. Gegensatz zu ⇨bifazial.

arachnoid ⇨spinnwebig.

Archäophyt Pflanzen, die sich vor 1500 n.Chr. (vor Beginn des globalen Handels) durch direkten oder indirekten menschlichen Einfluss in der heimischen Flora integriert haben. Sie gelten als ⇨indigen (einheimisch) und werden dementsprechend in Roten Listen berücksichtigt. Bsp. *Centaurea cyanus*. Vgl. ⇨Neophyt.

Areal Gesamtes geografisches Vorkommen einer Sippe (z. B. einer Art), also ihr geografisches Verbreitungsgebiet. Areale können geschlossen (ohne größere Lücken) oder ⇨disjunkt sein. Vgl. ⇨Geobotanik.

Arealkunde ⇨Chorologie.

Areole Bedornte Kurztriebe bei Kakteen (Cactaceae). Bsp. *Opuntia phaeacantha* (Kurztriebe ▢).

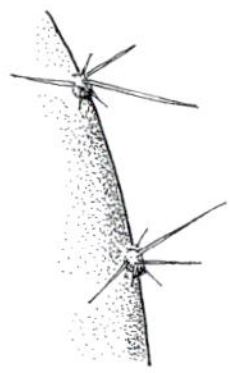

Arillus ⇨Samenmantel.

Arista ⇨Granne.

Art Grundeinheit der Pflanzensystematik, welche idealerweise die Individuen mit relativ einheitlicher Morphologie umfasst, die untereinander fortpflanzungsfähig sind und sich von anderen Pflanzen sowohl morphologisch als auch durch die Unfähigkeit, mit ihnen fertile Nachkommen zu zeugen, abgrenzen. Im Gegensatz zur Zoologie sind in der Botanik die Arten morphologisch aber nicht immer fortpflanzungsmäßig getrennt. Abkürzung: sp. Fachausdruck: Spezies. Vgl. ⇨Unterart, Morphospecies. ⇨TAFEL 38

Artengruppe ⇨Aggregat.

Artepithet Im binären wissenschaftlichen Namen von Arten das zweite, die Art bezeichnende Wort, z. B. *perennis* im Artnamen *Bellis perennis*. Fachausdruck: Epithet. ⇨TAFEL 38

Arthybride Bezeichnung für eine ⇨Hybride zwischen zwei Arten. Synonym: Artbastard. Bsp. *Equisetum* ×*trachyodon*. ⇨TAFEL 38

Assimilationsgewebe ⇨Chlorenchym.

Ast Nicht gestauchter, krautiger oder verholzter ⇨Seitenspross. Vgl. ⇨Zweig.

asymmetrisch (1) Blüten ohne jegliche Symmetrieebene. Synonym: unsymmetrisch.
(2) Ungleicher Zusammenzug der Blattspreite am Blattgrund beiderseits des Mittelnervs. ⇨TAFEL 13

Atemwurzeln Vom Wurzelsystem nach oben über die Bodenoberfläche getriebene Auswüchse zur Aufnahme von Luftsauerstoff. Bsp. *Taxodium distichum* (Wurzeln 🗅). Fachausdruck: Pneumatophoren.

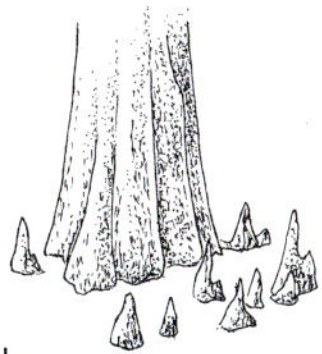

atrop Aufrechte ⇨Samenanlage (im Fruchtblatt). Gegensatz zu ⇨anatrop.

auct. ⇨auctorum.

auct. helv. Die Angabe «auct. helv.» (Abkürzung für *auctores helveticae*) hinter einem Artnamen weist auf eine falsche Verwendung des Namens in älteren Schweizer Florenwerken hin. Bsp. *Oxytropis montana* auct. helv. (= *Oxytropis jacquinii* Bunge). Vgl. ⇨auctorum.

auctorum Die Angabe «auctorum» (Abk.: auct.) hinter einem Artnamen weist auf eine falsche Verwendung eines Taxonnamens hin. Der Name wurde z. B. nach späterer Interpretation nicht so verwendet, dass der Typus mit eingeschlossen ist. Vgl. ⇨auct. helv.

aufgeblasen Gegenüber einer Normalform bzw. einer Vergleichsform (z. B. einem röhrigen Kelch) auffällig nach außen gewölbt. Bsp. *Silene vulgaris* (Kelch 🗅). ⇨TAFEL 1, 8

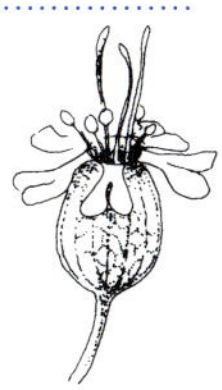

aufrecht Sich mehr oder weniger senkrecht erhebend (Spross, Behaarung). Vgl. ⇨aufsteigend. ⇨TAFEL 10, 33

aufrecht abstehend Sich von der Bezugsfläche mit einem Winkel von 15–45° abhebend, z. B. aufrecht abstehende Behaarung. ⇨TAFEL 4

aufsitzend ⇨sitzend.

Aufsitzerpflanze ⇨Epiphyt. ⇨TAFEL 34

aufsteigend Aus ⇨niederliegendem Grund allmählich in eine aufrechte Stellung übergehende Wuchsform. Bsp. *Veronica beccabunga* (Triebe 🗅). ⇨TAFEL 33

aufwärts anliegend In Richtung der Triebspitze bzw. Blattspitze ⇨anliegende Behaarung. Bsp. *Ambrosia artemisiifolia* (Stängelbehaarung). ⇨TAFEL 4

Ausbreitung Vorgang, bei dem die ⇨Diasporen (z. B. Samen oder Früchte) einer Pflanze im Raum verteilt, also an neue Orte übertragen werden. Je nach Vektor der Ausbreitung (Wind, Wasser, Mensch, Tiere) werden verschiedene Ausbreitungsformen unterschieden, deren Bezeichnungen die Endung -chor (von gr. für Raum) tragen, z. B. ⇨zoochor (Tierverbreitung) oder ⇨ornithochor (Vogelverbreitung). Vgl. ⇨anemochor. ⇨TAFEL 40

ausdauernd Bezeichnung für mehrjährige, krautige Pflanzen (⇨Staude). Fachausdruck: perenn. ⇨TAFEL 35

ausgebissen Organe (z. B. Blattrand oder Kronblätter) mit unregelmäßigen, oft abrupten Einbuchtungen an ihrem Rand. Fachausdruck: erosus.

ausgerandet Organe (Blatt, Frucht) mit einer kleinen Einbuchtung an der Spitze (Rand nach innen gebogen). Wird beim Bestimmen häufig in Zusammenhang mit den Kronblättern verwendet. Bsp. *Lepidium* (Frucht 🗋), *Salix* (Blatt), *Calystegia* (Hochblätter). Fachausdruck: emarginat. ⇨TAFEL 13, 20

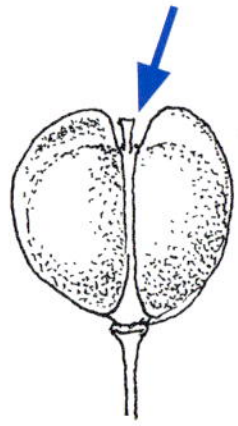

ausgeschweift gezähnt ⇨buchtig gezähnt.

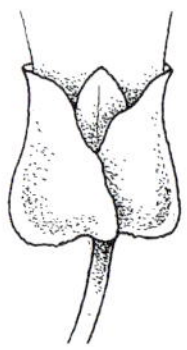

ausgesackt Sackförmig ausgestülpt oder ausgebuchtet. Bsp. *Erysimum* (Kelch), *Calystegia* (Vorblätter 🗋). Fachausdruck: saccat.

Ausläufer Ober- oder unterirdisch kriechender horizontaler Seitenspross mit langen ⇨Internodien, oft mit ⇨Niederblättern. Bsp. *Calamagrostis* (Ausläufer 🗋). Fachausdruck: Stolon. Vgl. ⇨Ableger. ⇨TAFEL 36

Ausläufer treibend Oberirdische oder unterirdische ⇨Ausläufer treibend. ⇨TAFEL 36

Ausläuferknollen Zu einem verdickten Speicherorgan umgewandelter Teil der ⇨Ausläufer einer Pflanze. Bsp. *Bolboschoenus* (Ausläufer).

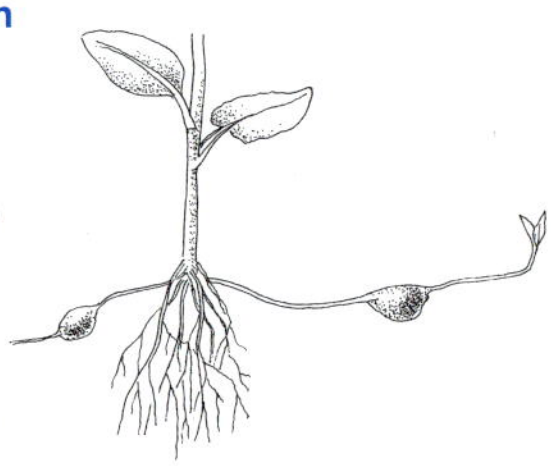

Außenhüllblatt Einzelnes Hüllblatt der ⇨Außenhülle.

Außenhülle Die Gesamtheit der äußeren ⇨Hüllblätter an kopfigen Blütenständen (v. a. bei Korbblütlern). Der Begriff wird verwendet, wenn innere und äußere Hüllblätter deutlich verschieden sind. Bsp. *Taraxacum* (Blütenstand 🗋).

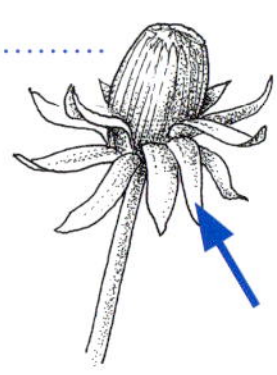

Außenkelch Kelchartiger Blattkreis oder Wulst unmittelbar unter dem Kelch, oft aus ⇨Hochblättern zusammengesetzt, wird aber in der Praxis dem Blütenbereich zugerechnet. Bsp. *Malva* (Blüte 🗋), *Potentilla* (Blüte). Fachausdruck: Epicalyx. ⇨TAFEL 21

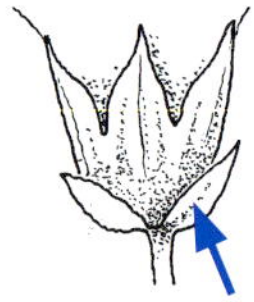

autochor Ausbreitung von ⇨Diasporen (z. B. Samen oder Früchten) durch die Pflanze selber, z. B. durch Ausschleudern der Samen. Bsp. *Impatiens*. Vgl. ⇨ballochor. ⇨TAFEL 40

autochthon Einheimische, ⇨indigene, seit Langem (und ohne menschliches Zutun) in einem Gebiet lebende Pflanzensippe. Gegensatz zu ⇨allochthon. Bsp. *Corylus avellana*.

Autogamie Selbstbefruchtung. Autogamie führt zu genetisch nahe verwandten Nachkommen, die allerdings, anders als bei der ⇨Agamospermie, nicht genetisch identisch sind. Die Selbstbefruchtung folgt meist nach einer Selbstbestäubung (die oft auch als Autogamie bezeichnet wird). Bsp. *Thlaspi montanum*.

Autonym Name eines untergeordneten Taxons, der nach dem internationalen Code zur Nomenklatur automatisch aus dem Namen des in der Rangstufe höheren ⇨Taxons gebildet wird. Dies trifft stets auf das «Unter-Taxon» zu, welches den Typus des «Ober-Taxons» enthält. Dies gilt z. B. für die Typus-Unterart von *Ranunculus acris*, die somit automatisch *Ranunculus acris* subsp. *acris* genannt wird.

Autor ⇨Autorzitat.

Autorzitat Hinweis auf den Autor eines Pflanzennamens und traditionellerweise als integraler Bestandteil eines Pflanzennamens verwendet. Nach den

Nomenklaturregeln ist jeweils der Name des Autors (bzw. seine offizielle Abkürzung) anzugeben, der die entsprechende ⇨Sippe (Gattung, Art, Unterart) als Erster korrekt beschrieben hat. Die Wichtigkeit des Autorzitates wird zunehmend infrage gestellt und teilweise durch das ⇨Taxonym ersetzt. ⇨TAFEL 38

Axilla ⇨Blattachsel.

axillär In der ⇨Blattachsel stehend.

Axillärspross ⇨Seitenspross.

Azurblau Kräftiger hellblauer Farbton. Synonym: Himmelblau. Bsp. *Eritrichium nanum* (Blüte). ⇨TAFEL 44

B

Balg ⇨Balgfrucht. ⇨TAFEL 24

Balgfrucht Spezielle ⇨Streufrucht, gebildet aus einem einzigen Fruchtblatt, das sich nur an der Bauchnaht öffnet. Bsp. *Paeonia* (Frucht □). Fachausdruck: Follikel. Vgl. ⇨Hülse. ⇨TAFEL 24

ballochor Ausbreitung der ⇨Diasporen (z. B. Samen oder Früchte) durch Ausschleudern, indem z. B. erhöhter ⇨Turgordruck reifer Früchte bei Berührung entladen wird. Bsp. *Impatiens* (Frucht □). Vgl. ⇨autochor. ⇨TAFEL 40

bandförmig Lang gezogene Blätter oder Blattabschnitte mit parallelen Rändern. Bsp. *Falcaria* (Blattabschnitte □). Vgl. ⇨lineal. ⇨TAFEL 12

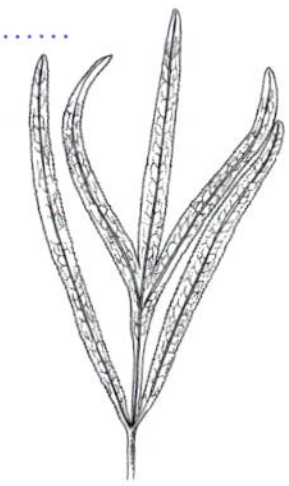

barochor Ausbreitung der ⇨Diasporen (z. B. Samen oder Früchte) durch Herabfallen, also durch ihr Gewicht. Bsp. *Castanea, Quercus*. ⇨TAFEL 40

Bärlapppflanzen Eigenständige, urtümliche Gruppe der ⇨Gefäßpfanzen (Tracheophyta), die wenige, oft als lebende Fossilien bezeichnete Arten enthält. Sie enthalten insgesamt nur drei Familien: Lycopodiaceae, Isoëtaceae und Selaginellaceae. Wie die ⇨Farne sind es Sporenpflanzen, sie sind von diesen aber durch andere Merkmale deutlich getrennt. Fachausdruck: Lycopodiophytina, Lycopodiopsida. ⇨TAFEL 27, 37

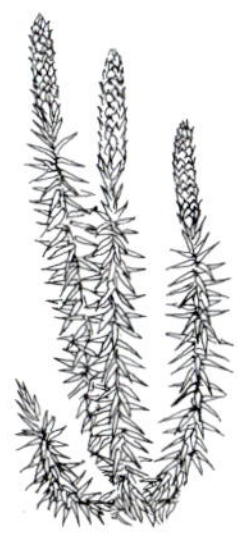

bärtig Mit verlängerten Haaren besetzt, typischerweise über 5 mm, oft in einem kleineren oder größeren Büschel. Bsp. *Campanula barbata* (Blüte □). Fachausdruck: barbat. Vgl. ⇨bewimpert. ⇨TAFEL 20

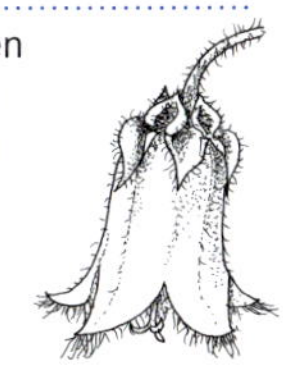

basal An der Basis des Sprosses, also nahe dem ⇨Sprossgrund befindlich. Gegensatz zu ⇨apikal. Vgl. ⇨grundständig.

Basale Angiospermen ⇨Basale Bedecktsamer. ⇨TAFEL 37

Basale Bedecktsamer Eine der Hauptgruppen innerhalb der ⇨Bedecktsamer. In dieser Gruppe werden ⇨Ordnungen mit ursprünglichen Merkmalen zusammengefasst, die ⇨phylogenetisch an der Basis der Bedecktsamer stehen. Zu den wenigen in Mitteleuropa vorkommenden ⇨Familien gehören z. B. die Aristolochiaceae, Lauraceae oder Nymphaeaceae. Vgl. ⇨Samenpflanzen. ⇨TAFEL 37

Basalfleck Auffällig gefärbter Fleck am Grund der ⇨Kronblätter. Dient der zusätzlichen Anlockung von Bestäubern. Bsp. *Tulipa* (Perigonblatt).

basenreich ⇨Basenzeiger.

Basenzeiger Pflanzen, die basenreiche Böden bevorzugen. Basenreiche Böden haben einen erhöhten Gehalt an Kalium, Natrium, Phosphor, Calcium oder Magnesium, müssen jedoch nicht zwingend kalkhaltig sein. Bsp. *Tamus communis*. Fachausdruck: Basiphile. Vgl. ⇨Kalkzeiger. ⇨TAFEL 39

basifix Bezeichnung für ⇨Staubfäden, die am Grund der ⇨Staubbeutel ansetzen. Vgl. ⇨dorsifix. ⇨TAFEL 21

basipetal Der Basis zustrebend, absteigend. Bezeichnung für die Entwicklungsrichtung von der Spitze (oben) zur Basis (unten). Die ältesten Ausbildungen (z. B. Seitentriebe) finden sich oben. Gegensatz zu ⇨akropetal.

basiphil Basenzeigend (⇨Basenzeiger). Vgl. ⇨acidophil, säureliebend.

Bast Lebendes Gewebe unter der Borke verholzter Pflanzen, zuständig für die Leitung von Nährstoffen von der Krone zur Wurzel. Es wird im Spross vom ⇨Kambium nach außen ausgeschieden. Fachausdruck: Phloëm. ⇨TAFEL 8

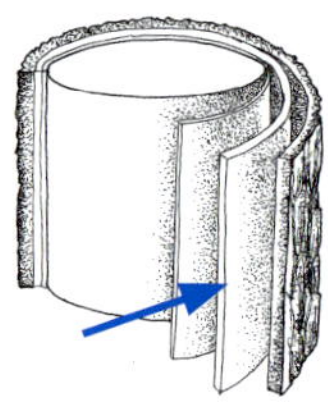

Bastard ⇨Hybride.

bauchig Mit deutlich ausgeprägter, oft einseitiger Auswölbung. Bsp. *Nepeta cataria* (Kelchröhre 🗋), *Sonchus* (Körbchen). Vgl. ⇨sackförmig. ⇨TAFEL 1

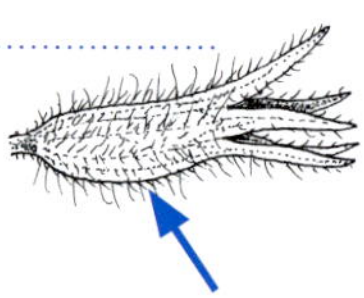

Bauchnaht Verwachsungsnaht des Fruchtblattes bei einblättrigem Fruchtknoten (bei ⇨Hülsen oder ⇨Balgfrüchten). Bsp. *Physocarpus opulifolius* (Frucht 🗋). Fachausdruck: Ventralnaht.

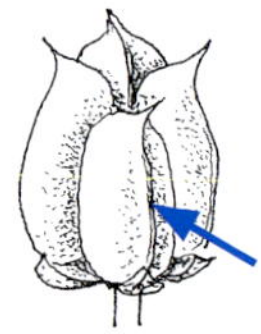

bauchständig An der Bauchseite, also der dem Hauptspross zugewandten Seite eines Organs sitzend. Synonym: adaxial. Gegensatz zu ⇨rückenständig (dorsal, abaxial). Fachausdruck: ventral.

Baum Holzpflanze mit Differenzierung in Stamm und Krone. Bsp. *Prunus avium* (Wuchsform). ⇨TAFEL 33

becherartig, becherförmig Die Form eines unten abgerundeten Bechers bildend, wobei die Höhe des Bechers typischerweise größer ist als sein Durchmesser. Bsp. *Asarum europaeum* (Blüte 🗋), *Narcissus pseudonarcissus* (Nebenkrone). Vgl. ⇨schüsselförmig.

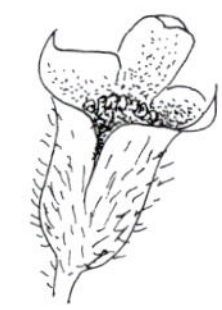

becherig ⇨becherartig, becherförmig.

Bedecktsamer Eine der beiden ⇨Klassen der ⇨Samenpflanzen (Blütenpflanzen). Die Bedecktsamer bilden Blüten, und ihre Samenanlagen sind in einem ⇨Fruchtblatt eingeschlossen («bedeckt»). Die Bedecktsamer bilden heute die größte und bei Weitem artenreichste Gruppe der Landpflanzen. Sie gliedern sich in drei Hauptgruppen: ⇨Basale Bedecktsamer, ⇨Einkeimblättrige (Monokotyledonen) und Echte Zweikeimblättrige (⇨Eudikotyledonen). Fachausdruck: Angiospermen. Vgl. ⇨Nacktsamer. ⇨TAFEL 29, 37

Beere Spezielle ⇨Schließfrucht mit vollständig fleischiger Fruchtwand, typischerweise mehrsamig und saftig. Bsp. *Vaccinium myrtillus* (Frucht 🗋). Fachausdruck: Bacca. Vgl. ⇨Steinfrucht. ⇨TAFEL 24

Beerenzapfen Beerenartige Früchte, die aus fleischigen Zapfenschuppen von ⇨Nacktsamern entstehen. Beerenzapfen werden wie ⇨Beeren von Vögeln gefressen und verbreitet. Bsp. *Juniperus communis* (Zapfen 🗋). Fachausdruck: Galbulus. ⇨TAFEL 28

Befruchtung Verschmelzung einer männlichen Geschlechtszelle (z. B. aus dem Pollen bzw. dem Pollenschlauch) mit einer Eizelle in der ⇨Samenanlage. Vgl. ⇨Bestäubung. ⇨TAFEL 26

begrannt Mit einer ⇨Granne versehen. Diese entsteht oft dadurch, dass der Mittelnerv eines Organs (z. B. Blatt, ⇨Deckspelze) als lange Borste austritt. Bsp. *Avena, Trisetum* (Blüte). Vgl. ⇨stachelspitzig.

behaart Mit Haaren besetzte Oberfläche (⇨Behaarung).

Behaarung Gesamtheit aller Haare einer Pflanze oder eines Pflanzenteils (Haarkleid). Die Form der Behaarung kann relevant für die Artbestimmung sein. Es wird z. B. unterschieden zwischen spärlich, locker, zerstreut, dicht, wollig, filzig usw. Fachausdruck: Indument. ⇨TAFEL 4

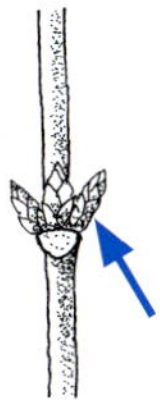

Beiknospe Zusätzliche, in der gleichen Achsel ansetzende Knospe. Bsp. *Quercus* (Winterknospen 🗋). ⇨TAFEL 7

Beispross Zusätzlicher, aus der gleichen Achsel entspringender ⇨Seitenspross, der aus einer ⇨Beiknospe entstanden ist. Bsp. *Verbascum* (Blütenstand).

Beleg (1) Gesammelte und ⇨herbarisierte Pflanze, die durch entsprechende Beschriftung einen Fund dokumentiert (⇨Herbarbeleg).
(2) Bild (meist Fotografie) zur Dokumentation eines Pflanzenfundes (Bildbeleg).

bemehlt Mehlartiger Überzug einer Oberfläche, oft aus ⇨Blasenhaaren entstehend. ⇨TAFEL 3, 4

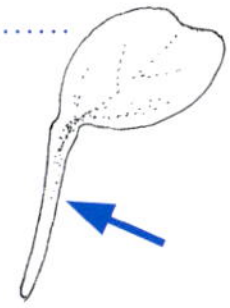

benagelt Bezeichnung für ⇨Kronblätter mit schmalem Stiel (Nagel). Bsp. *Sinapis* (Kronblatt 🗋).

Benthos Lebensraum in der Bodenzone von Gewässern, bzw. die Gesamtheit der dort lebenden Organismen. Vgl. ⇨Litoral.

bereift Bezeichnung für eine Oberfläche, die mit einer dünnen, hellen und meist abwischbaren Wachsschicht (mit «Reif») überzogen ist. Bsp. *Salix daphnoides* (junge Zweige). Fachausdruck: pruinos. ⇨TAFEL 3

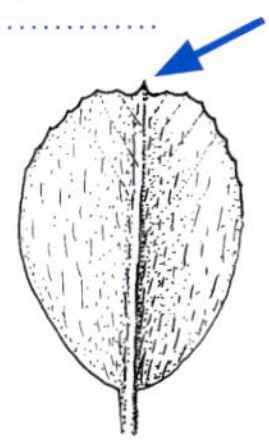

bespitzt Bezeichnung eines Organs (v. a. eines Blattes) mit aufgesetztem Spitzchen, d. h. die Spitze eines sonst abgerundeten Organs endet in einem abrupt geformten, kleinen, aber flächigen (nicht nur durch einen austretenden Nerv entstandenen) Spitzchen. Bsp. *Medicago lupulina* (Teilblättchen 🗋). Fachausdruck: mucronat. Vgl. ⇨begrannt, zugespitzt, stachelspitzig. ⇨TAFEL 13

Bestand (1) Gruppe von Individuen einer Art, bezogen auf einen vorgegebenen Raum (z. B. einen Fundort oder auch ein ganzes Land).
(2) Konkreter («betrachteter») Vegetationsausschnitt aus einer ± homogenen Vegetation.

Bestäubung Übertragung von ➪Blütenstaub (Pollen) auf eine ➪Narbe der gleichen Art. Die ➪Befruchtung erfolgt erst später nach Auswachsen des ➪Pollenschlauchs. ➪TAFEL 26, 40

Bestockung Basale Verzweigung (Seitensprossbildung) bei grasartigen Pflanzen, die zu einer Vermehrung von Blühtrieben führt. Die Seitensprosse können ➪intravaginal oder ➪extravaginal weiterwachsen. Bsp. *Dactylis glomerata* (Triebe). ➪TAFEL 36

bewimpert Bezeichnung für den Rand eines Organs (z. B. Blatt, Blütenblatt, Stängel), der mit ➪Wimperhaaren versehen ist, also feine, ± regelmäßig stehende, deutlich abstehende Haare aufweist. Bsp. *Thymus serpyllum* aggr. (Blattgrund). Vgl. ➪Wimperhaare. ➪TAFEL 4

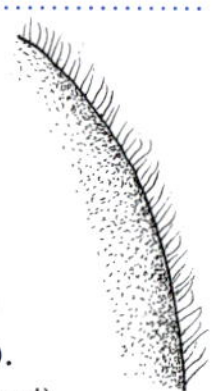

biannuell ➪zweijährig.

Bienne ➪zweijährige Pflanzen.

bifazial Bezeichnung für Blätter, die eine (morphologisch oder anatomisch) ungleiche Ober- und Unterseite haben. Gegensatz zu ➪äquifazial.

bigenerische Hybride ➪Gattungsbastard.

bilateralsymmetrisch ➪disymmetrisch.

Bildungsgewebe ➪Meristem.

binäre Nomenklatur Benennung der Arten durch Kombination aus dem Namen der ➪Gattung und einem die Art bezeichnenden Zusatznamen (➪Artepithet). Dadurch entstehen zweiteilige Artnamen, die als Binomen bezeichnet werden. Der Gattungsname wird stets groß, das Artepithet stets klein geschrieben. ➪TAFEL 38

Binomen Zweiteiliger, wissenschaftlicher Artname, zusammengesetzt aus Gattungsname (z. B. *Bellis*) und ➪Artepithet (z. B. *perennis*). ➪TAFEL 38

binsenartig, binsenförmig Pflanze mit an große Binsen (*Juncus*) erinnernde Wuchsform. Die Sprosse oder Blätter sind stielrund, steif und doch biegsam, sehr lang und schmal, oft röhrig. Bsp. *Schoenoplectus lacustris* (Wuchsform). Vgl. ➪borstenförmig. ➪TAFEL 34

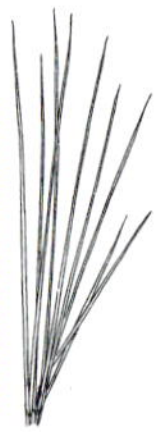

birnenförmig In der Form an eine Birne erinnernd: unten breit und kugelig und nach oben spitz zulaufend. Bsp. *Pinguicula* (Frucht ◳). Fachausdruck: piriform. ➪TAFEL 1

biseriat In zwei Reihen oder Kreisen angeordnet, z. B. biseriate Blüte mit zwei Perigonblattkreisen. Vgl. ➪uniseriat.

Blasenhaar Blasig bis kugelig aufgetriebene Haare. Durch kleine, abwischbare Blasenhaare ergibt sich eine «mehlbestäubte» Oberfläche («bemehlt»). Bsp. *Chenopodium album* («Bemehlung»). Vgl. ➪mehlbestäubt. ➪TAFEL 3

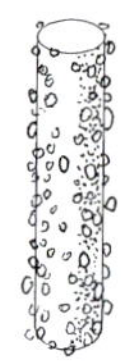

blasenhaarig Mit ➪Blasenhaaren versehen. ➪TAFEL 3, 4

Blatt Eines der drei ➪Grundorgane der Pflanzen. Blätter setzen als Seitenorgane am ➪Spross an und werden im Verlauf der Pflanzenentwicklung an der Sprossspitze gebildet. Blätter sind normalerweise flächig ausgebildet und dadurch gut kenntlich. ➪TAFEL 9

Blattabschnitt Teil eines durch tiefe Einbuchtungen und Einschnitte in verschiedene Abschnitte geteilten Blattes. Nicht zu verwechseln mit ➪Teilblättern. Bsp. *Crataegus monogyna* (Laubblatt ◳).

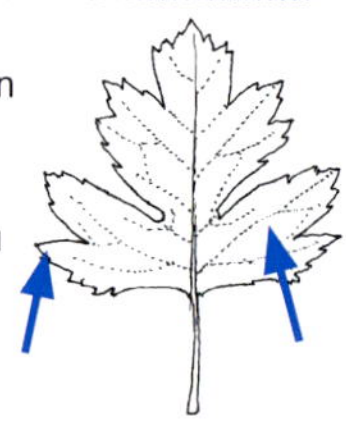

Blattachsel Winkel zwischen Spross und dem seitlich abgehenden Blatt. In der Blattachsel befinden

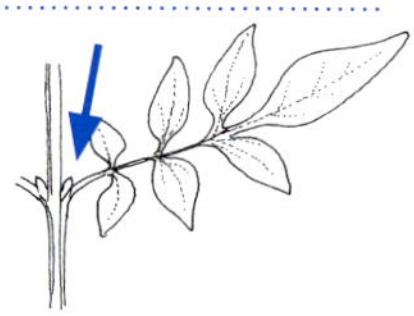

sich oft ⇨Achselknospen, aus denen sich Seitenorgane ausbilden können. Fachausdruck: Axilla. Vgl. ⇨Sprossachsel.

Blattaderung ⇨Blattnervatur.

Blattansatz Art des Übergangs zwischen Spross und Blatt, z. B. ⇨durchwachsen, ⇨gestielt, ⇨herablaufend, ⇨sitzend, ⇨stängelumfassend. ⇨TAFEL 10

Blättchen ⇨Teilblatt. Fachausdruck: Phyllidium.

Blattdorn In einen harten Dorn umgewandeltes Blatt oder (z. B. bei Disteln) ein in eine harte Spitze zulaufender Blattabschnitt. Bsp. *Berberis vulgaris* (Nebenblätter), *Cirsium eriophorum* (Blattabschnitte ◳). Vgl. ⇨Sprossdorn.

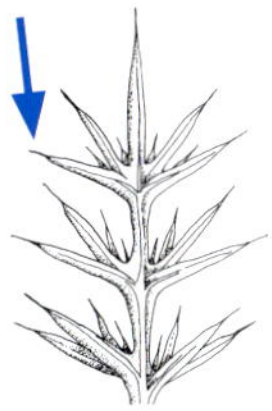

Blattfieder ⇨Teilblatt. ⇨TAFEL 11

Blattfolge Abfolge der oft unterschiedlich geformten Blättern entlang eines Sprosses. Meist werden in der Blattfolge die folgenden Blatttypen (von unten nach oben) unterschieden: ⇨Keimblätter, ⇨Primärblätter, ⇨Laubblätter, ⇨Hochblätter. Bsp. *Helleborus foetidus*.

Blattgelenk Verdickte Basis des Blattes bzw. des Blattstiels, an der durch Druckveränderungen in den Zellen (Turgordruck) Bewegungen stattfinden können. Bsp. *Oxalis corniculata* (Basis der Blattstiele). Fachausdruck: Pulvinus.

Blattgliederung Aufteilung des Blattes in ⇨Blattstiel (St), ⇨Blattgrund (Gr) und ⇨Blattspreite (Sp). ⇨TAFEL 11

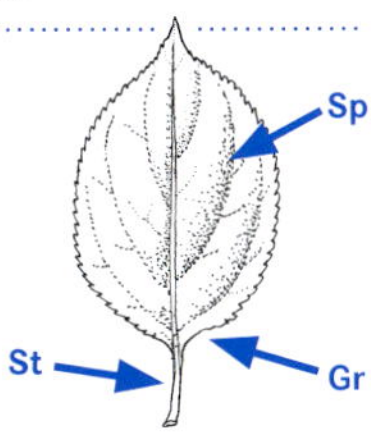

Blattgrün Farbstoffe in Pflanzenzellen, die für die Fotosynthese zuständig sind, indem sie Licht absorbieren und als Energie weiterleiten können. Fachausdruck: Chlorophyll.

Blattgrund Unterster Teil der ⇨Blattspreite, am Übergang zum Blattstiel (falls vorhanden). Manche Autoren unterscheiden Blattgrund (Basis des Blattstiels) und Spreitengrund (Basis der Blattspreite). ⇨TAFEL 9, 13

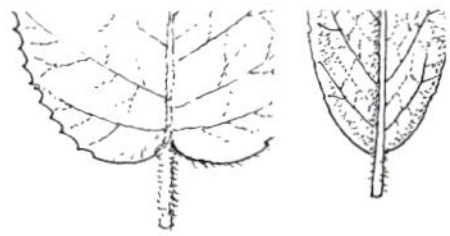

Blatthäutchen Der abzweigenden ⇨Blattspreite zugewandtes und dem Stängel anliegendes, häutiges oder schuppiges Anhängsel der ⇨Blattscheide. Blatthäutchen spielen v. a. bei der Bestimmung von grasartigen Pflanzen (Poaceae, Cyperaceae usw.) eine wichtige Rolle. Bsp. *Poa trivialis, Carex otrubae*. Fachausdruck: Ligula. ⇨TAFEL 32

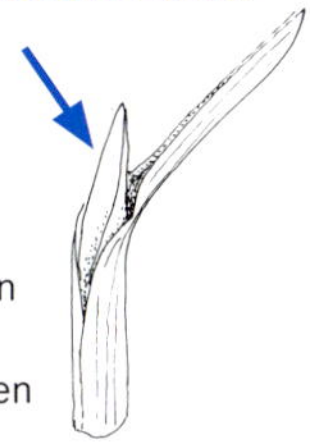

Blattinsertion ⇨Blattansatz.

Blattknospe Bezeichnung einer ⇨Knospe, die zu einem nur mit Blättern (oder einem einzelnen Blatt) versehenen Spross auswächst. Vgl. ⇨Blütenknospe.

Blattlappen Breite ⇨Blattabschnitte eines ± tief geteilten Blattes. ⇨TAFEL 11

Blattnarbe Sichtbare Bruchstelle des abgefallenen Blattes, insbesondere bei laubwerfenden Pflanzen.

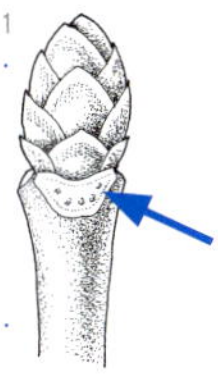

Blattnervatur Von außen sichtbare Musterung des Blattes, hervorgerufen durch die Gesamtheit seiner ⇨Leitbündel. Die Nervatur kann sehr charakteristisch sein und man unterscheidet z. B. ⇨parallelnervig, ⇨netznervig, ⇨handnervig, aber auch eingetiefte oder hervortretende Nerven. ⇨TAFEL 15

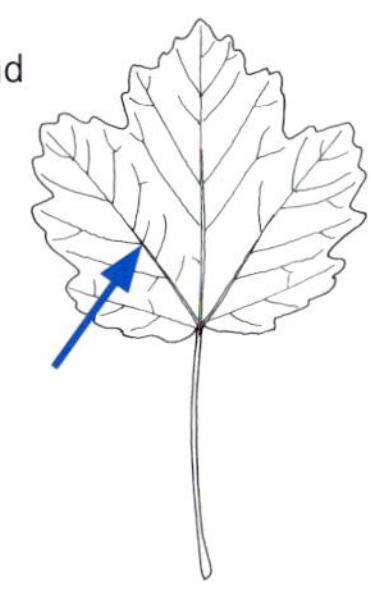

Blattöhrchen Kleine, zum ⇨Blattgrund gehörende Läppchen beiderseits des Blattgrunds, oft den Stängel ± umfassend. Bsp. *Brassica napus* (Stängelblatt). Fachausdruck: Auriculae. ⇨TAFEL 10

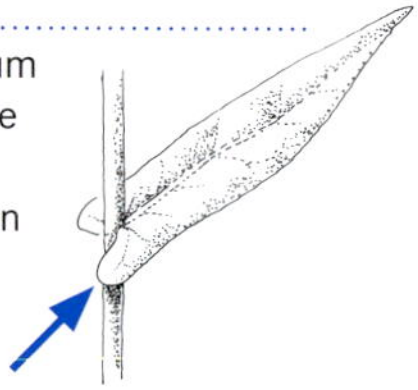

Blattquerschnitt Ansicht des rechtwinklig zum Hauptnerv geschnittenen Blattes.

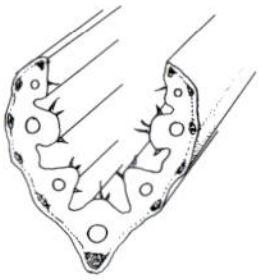

Blattquerschnitte liefern bei einigen Gattungen wichtige Bestimmungsmerkmale, z. B. bei *Festuca*. Bsp. *Festuca amethystina* (Grundblatt). ⇨TAFEL 14

Blattquirl Bezeichnung einer Blattanordnung, bei der drei oder mehr Blätter auf gleicher Höhe am Spross angesetzt sind. Synonym: Blattwirtel. Bsp. *Galium aparine* (Stängelblätter). Vgl. ⇨quirlständig.

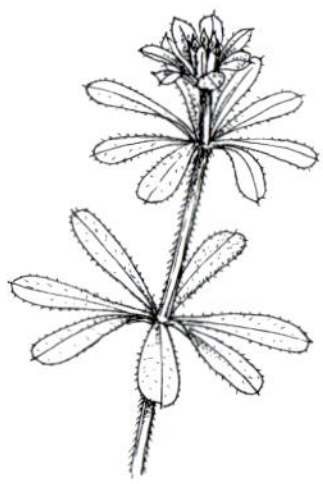

Blattrand Seitlicher Abschluss des Blattes. Die Ausformung des Blattrandes liefert oft wichtige Bestimmungsmerkmale. ⇨TAFEL 9, 14

Blattranke Zu einer ⇨Ranke umgebildete Teile eines Blattes, die kletternden oder sich abstützenden Pflanzen als Befestigungsorgan dient. Bsp. *Lathyrus sylvestris* (Blattspitze). Vgl. ⇨Sprossranke.

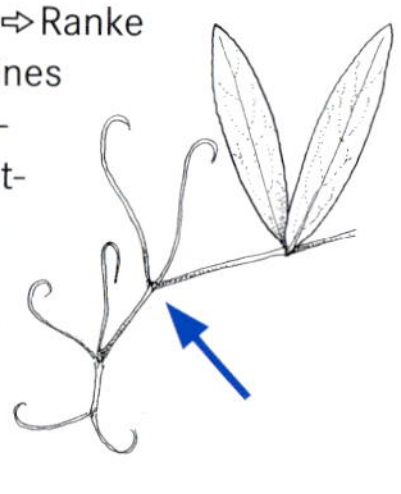

Blattrhachis ⇨Blattspindel.

Blattscheide Zumindest zeitweise den Stängel umhüllender, oft röhrenförmiger unterer Teil eines Blattes. Fachausdruck: Vagina. ⇨TAFEL 10, 32

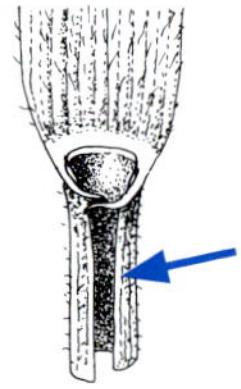

Blattscheidemündung Übergang von der am Stängel (Halm) anliegenden ⇨Blattscheide und der (meist flächigen) vom Halm abstehenden Blattspreite. ⇨TAFEL 32

Blattsegment ⇨Blattabschnitt.

Blattspindel Spreitenfreier Mittelnerv eines zusammengesetzten Blattes. Bsp. *Colutea arborescens* (Blatt). Fachausdruck: Rhachis. ⇨TAFEL 11

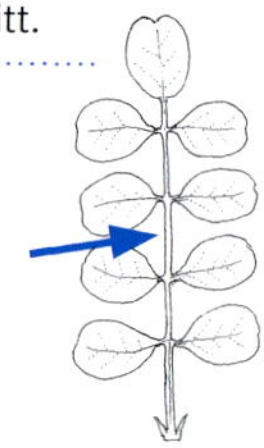

Blattspitze Oberer Abschluss des Blattes. Die Ausformung der Blattspitze kann wichtige Erkennungsmerkmale liefern. ⇨TAFEL 9, 13

Blattspreite Flächiger Teil des Blattes. Die Ausformung der Fläche kann wichtige Bestimmungsmerkmale liefern. ⇨TAFEL 9, 27, 32

Blattstellung Die ± regelmäßige bzw. gesetzmäßige Anordnung der Blätter am Spross. Man unterscheidet z. B. ⇨gegenständig, ⇨quirlständig oder ⇨wechselständig. Fachausdruck: Phyllotaxis.

Blattstiel Träger der ⇨Blattspreite, durch ± schmale, stielartige Gestalt von der ⇨Blattspreite abgesetzt. Bei fehlender Blattspreite kann der Blattstiel die Funktion des Blattes übernehmen (⇨Phyllodium). Fachausdruck: Petiolus. ⇨TAFEL 9, 27

Blattstielblatt ⇨Phyllodium.

blattsukkulent Wuchsform einer Pflanze mit Blättern, die ⇨sukkulentes

Gewebe enthalten. Bsp. *Sedum* (Blätter □).
⇨TAFEL 14, 34

Blattwinkel ⇨Blattachsel.

blattwinkelständig Im Winkel der ⇨Blattachsel stehend.

Blattwirtel Blätter, die aus dem gleichen Knoten (und damit auf gleicher Höhe am Spross) entspringen. Synonym: Blattquirl. Bsp. *Polycarpon tetraphyllum* (Stängelblätter □).

Blattzipfel Äußerste, meist kleine Abschnitte eines fein zerteilten Blattes. Bsp. *Achillea atrata* (Grundblatt □).

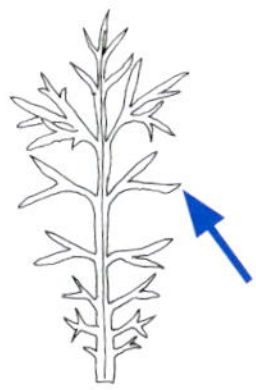

Blaulila Zwischen Blau und Rotviolett stehende Farbe. Bsp. *Hepatica nobilis* (Blüte). Vgl. ⇨Rotviolett.
⇨TAFEL 43

Blume Funktionelle Einheit der Blütenökologie. Diese funktionelle Einheit kann aus einer Blüte, aus mehreren Blüten oder ganzen Blütenständen bestehen. Der Blütenstand von *Bellis* bildet funktionell eine Blume. Umgekehrt bildet eine einzelne Blüte von *Iris* funktionell drei Blumen.

Blumenblatt Kronblattartig ausgebildetes ⇨Honigblatt. Bsp. *Ranunculus* (Blüte).

Blüte Gestauchter Spross mit spezialisierten Blättern, die der geschlechtlichen Fortpflanzung dienen. Typischerweise mit männlichen (⇨Staubblätter) und weiblichen (⇨Fruchtblätter) Organen sowie einer ⇨Blütenhülle. Fachausdruck: Flos. ⇨TAFEL 19

Blütenachse Gestauchter Sprossabschnitt, von dem die Blütenorgane abgehen. Die Blütenachse kann flach oder gewölbt (vgl. ⇨Blütenboden) oder verlängert sein. Bsp. *Myosurus* (verlängerte Blütenachse □).

Blütenachsenbecher ⇨Blütenbecher.

Blütenbecher Stark verbreiterte und vertiefte ⇨Blütenachse, an deren Rand die ⇨Blütenhülle und oft auch die ⇨Staubblätter sitzen. Synonyme: Blütenachsenbecher, Achsenbecher, Blütenbodenröhre, Kelchbecher. Bsp. *Rosa* (Blüte □). Fachausdruck: Hypanthium. ⇨TAFEL 22

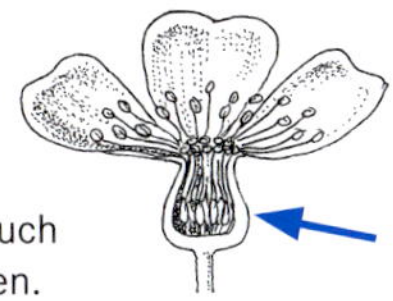

Blütenblätter (1) Allgemeinbegriff für die ursprünglich aus Blättern hervorgegangenen Organe im Blütenbereich, also Kelch-, Kron-, Perigon-, Staub- oder Fruchtblätter. (2) Oft vereinfachend als Synonym zu ⇨Kronblätter oder ⇨Perigonblätter verwendeter Begriff.

Blütenboden Abgeflachte oder gewölbte Form der ⇨Blütenachse, die Blütenorgane (Kelch- und Kronblätter, Staubblätter, Fruchtblätter) tragend. Fachausdruck: Receptaculum. ⇨TAFEL 19

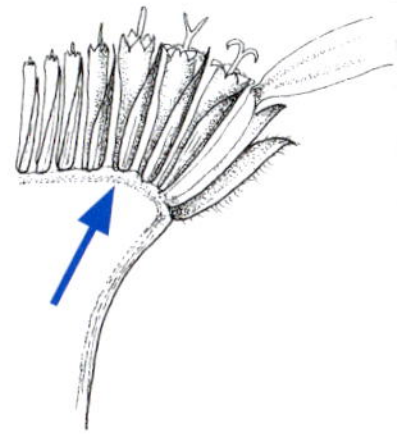

Blütenbodenröhre ⇨Blütenbecher.

Blütendiagramm Schematischer Grundriss des Blütenaufbaus von Arten und (generalisiert) von Gattungen und Familien. Im Grundriss sind die Kreise der Blütenorgane von innen nach außen vom ⇨Gynözium über das ⇨Andrözium bis zu den verschiedenen Kreisen der ⇨Blütenhülle dargestellt. ⇨TAFEL 19

Blütendimorphismus ⇨Dimorphismus.

Blütenformel Formelartige Zusammenstellung der Zahlenverhältnisse in einer Blüte, z. B. $K_5\,C_5\,A_{10}\,\overline{G_2}$. Die Buchstaben sind Abkürzungen für K: Kelch, C: Krone (corolla), A: Staubblattkreis (Andrözium),

G: Fruchtblattkreis (Gynözium). Die Zahlen geben die Anzahl der Glieder im jeweiligen Kreis (Wirtel) an. Eine sehr große Anzahl Elemente wird mit ∞ ausgedrückt, und 0 bedeutet «nicht vorhanden». Weitere Eigenschaften des Blütenbaus werden mit Sonderzeichen angedeutet: Verwachsene Organe werden in Klammern gesetzt, z. B. $K_{(5)}$; Verwachsungen mehrerer Kreise (Wirtel) werden mit eckigen Klammern zusammengefasst, z. B. $[C_{(5)}\ A_5]$. Ein Balken über oder unter den Codes für die Fruchtblätter zeigt an, ob ein oberständiger (z. B. $\overline{G}_2$) oder ein unterständiger Fruchtknoten vorliegt. Ein vorangestellter Stern (*) deutet auf eine ⇨radiärsymmetrische, ein vorangestellter Pfeil (↓) auf eine ⇨monosymmetrische Blüte hin.

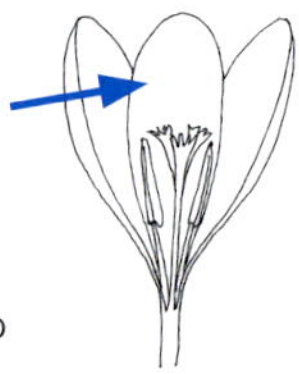

Blütenhülle Die Fortpflanzungsorgane (⇨Staub- und Fruchtblätter) umschließende Blütenteile. Die Blütenhülle ist entweder ungleichförmig (heterochlamydeisch), also in Kelch und Krone geteilt, oder gleichförmig (homoiochlamydeisch), also ein ⇨Perigon bildend. Fachausdruck: Perianth. ⇨TAFEL 19

Blütenknäuel Unregelmäßig geformter Blütenstand aus vielen kleinen, eng aneinanderliegenden Blütchen. Bsp. *Amaranthus albus* (Blütenstand 🗋).

Blütenknospe Knospe, die zu einer Blüte oder einem Blütenstand auswächst.

Blütenkopf ⇨Köpfchen. Bsp. *Sanguisorba officinalis* (Blütenstand 🗋). ⇨TAFEL 17

Blütenkreis Bezeichnung eines ⇨Blattwirtels aus gleichartigen, spezialisierten Blättern (Blütenorganen) im Blütenbereich. Man unterscheidet zwischen Kelchblattkreis, Kronblattkreis, Staubblattkreis usw.

Blütenpflanzen ⇨Samenpflanzen.

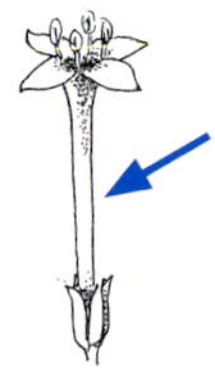

Blütenröhre Röhriger Teil einer verwachsenen Blüte im Unterschied zum zerschlitzten Teil (Zipfel) oder zu erweiterten oder verengten Teilen der Blüte. Bsp. *Sherardia* (Blüte 🗋). Fachausdruck: Tubus.

Blütensaum ⇨Kronblattsaum.

Blütenschaft Krautiger Spross aus einem einzigen, langen ⇨Internodium, der die Blüte oder den Blütenstand trägt.

Blütenscheide ⇨Spatha.

Blütenstand Gesamtheit aller Blüten eines mit Blüten abschließenden, zusammenhängenden Sprosssystems. Fachausdruck: Infloreszenz. ⇨TAFEL 16–18, 30, 31

Blütenstandkugel Kugeliger Kopf, gebildet aus eng aneinanderliegenden kleinen Blütenständen. Bsp. *Echinops* (Blütenstand). ⇨TAFEL 16

Blütenstandsachse Hauptachse eines Blütenstandes. ⇨TAFEL 16

Blütenstandsstiel Sich vom Hauptspross unterscheidender Sprossabschnitt, der den Blütenstand trägt. Fachausdruck: Pedunculus. ⇨TAFEL 16

Blütenstaub Den männlichen Vorkeim enthaltende ⇨Mikrosporen, die in großer Zahl in den ⇨Staubbeuteln der Blütenpflanzen gebildet werden. Fachausdruck: Pollen. ⇨TAFEL 19, 21, 40

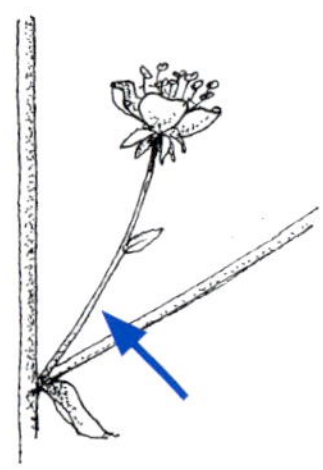

Blütenstiel Die unmittelbar unter der Blüte ansetzende Sprossachse, die sich zum Tragen der Blüte von einem Muttersspross abtrennt. Fachausdruck: Pedicellus. Vgl. ⇨Fruchtstiel.

Blütenträger Stielartige Verlängerung der ⇨Blütenachse zwischen dem Kelch und den restlichen Blütenteilen. Bsp. *Silene* (Fruchtknoten). Fachausdruck: Anthophor. Vgl. ⇨Fruchtknotenstiel.

Blütentraube In einer ⇨Traube angeordnete Blüten. ⇨TAFEL 17

Blutformen Formen von Gehölzen mit dunkelrot verfärbten Blättern oder Sprossen.

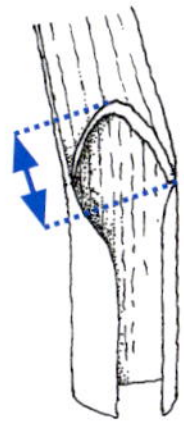

Bogenhöhe Höhe eines gebogenen Merkmals, z. B. die Bogenhöhe eines Blatthäutchens bei diversen *Carex*-Arten. Bsp. *Carex divulsa* (Blatthäutchen □).

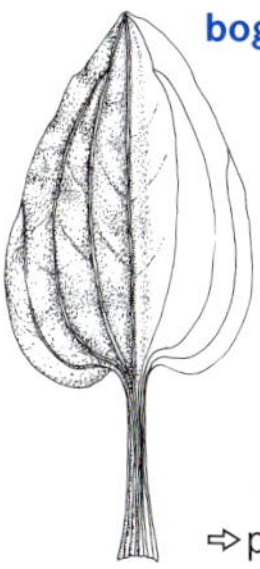

bogennervig Form der ⇨Blattnervatur. Alle oder ein Teil der Seitennerven verlaufen bogenförmig längs über die Blattspreite und gehen dabei meist in der unteren Blatthälfte vom Hauptnerv ab. Bsp. *Plantago major* (Grundblatt □). Vgl. ⇨parallelnervig. ⇨TAFEL 15

bogig aufsteigend Sich in einem Bogen vom Grund her allmählich in die Vertikale aufrichtender Spross. Bsp. *Gypsophila repens* (Triebe □). ⇨TAFEL 33

boleochor Ausbreitung von ⇨Diasporen (z. B. Samen oder Früchten) einer Pflanzenart durch Windstöße (Windstreuer). Bsp. *Draba, Viola*. Vgl. ⇨anemochor.

Borke Äußerstes Abschlussgewebe bei Holzpflanzen und damit äußerster Teil der ⇨Rinde. Bei Bäumen reißt die Borke oft in charakteristischer Form auf und liefert so Erkennungsmerkmale. ⇨TAFEL 8

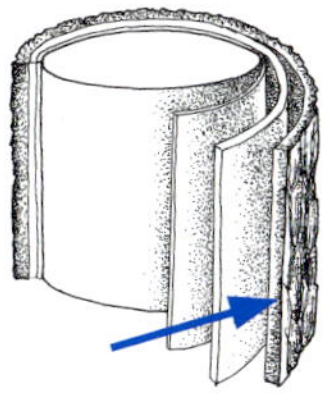

borstenförmig Sehr schmale, länglich Form, nur 0,5–2 mm breit, mindestens 20x so lang wie breit und ziemlich steif, an eine große Borste erinnernd. Bsp. *Festuca* (Borstenblätter □). Vgl. ⇨binsenartig.

Borste, Borstenhaar Steifes, kräftiges, fast stechendes Haar. Bsp. *Echium vulgare* (Stängelhaare). ⇨TAFEL 4

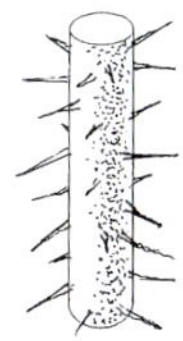

borstenhaarig Mit steifen, kräftigen ⇨Borstenhaaren versehen, die locker oder dicht stehen können. Fachausdruck: setos. ⇨TAFEL 4

borstig ⇨borstenhaarig.

borstlich ⇨borstenförmig.

Bostryx ⇨Schraubel.

Botrys ⇨Traube.

Braktee ⇨Deckblatt.

Brakteole ⇨Vorblatt.

breit eiförmig ⇨eiförmig.

Brennhaare Haare, die brennende Hautreizungen hervorrufen. Bei Berührung brechen die Spitzen ab und injizieren eine die Haut reizende Flüssigkeit. Bsp. *Urtica dioica* (Behaarung □).

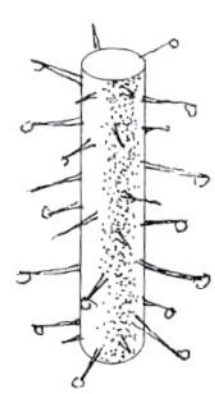

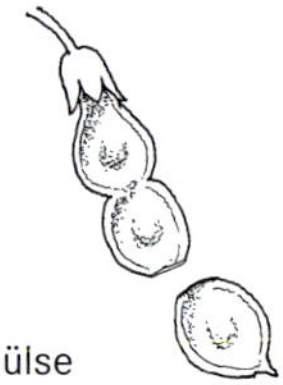

Bruchfrucht Fruchtform, bei welcher die reife Frucht entlang falscher Scheidewände in einsamige Teilfrüchte zerfällt. Je nach Entstehung wird sie auch ⇨Gliederschote, ⇨Gliederhülse oder ⇨Klausenfrucht genannt. Bsp. *Hedysarum* (Frucht 🗋). Vgl. ⇨Spaltfrucht.

Brutknöllchen ⇨Brutknospe.

Brutknospe Der vegetativen Vermehrung dienende knollenförmige, abfallende Knospen im Blütenstand oder in Blattachseln. Bsp. *Ranunculus ficaria* (Blattachsel 🗋), *Polygonum viviparum* (Blütenstand). Fachausdruck: Bulbille. Vgl. ⇨Brutzwiebel.

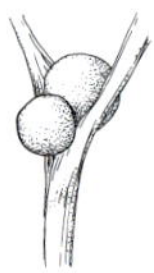

Brutzwiebel Zwiebelförmige Seitenknospen, die als vegetative Verbreitungseinheit dienen. Bsp. *Allium oleraceum* (Blütenstand 🗋). Fachausdruck: Bulbille. Vgl. ⇨Brutknospe, Tochterzwiebel.

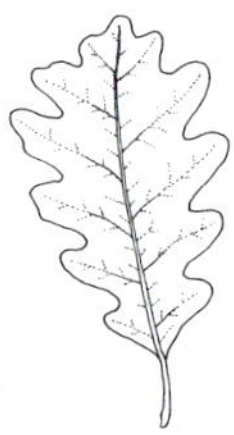

buchtig gelappt Bezeichnung einer bis zu 1/3 eingeschnittenen Blattspreite, bei der die Abschnitte durch runde Buchten voneinander getrennt sind. Bsp. *Quercus petraea* (Blatt 🗋). ⇨TAFEL 14

buchtig gezähnt Bezeichnung eines ⇨gezähnten Blattrandes, bei dem die Zähne durch runde Buchten voneinander getrennt sind. Bsp. *Doronicum grandiflorum* (Blatt). ⇨TAFEL 14

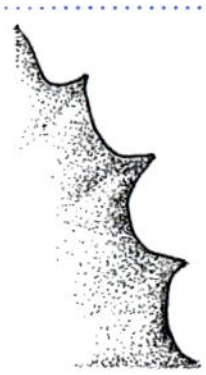

buchtig fiederteilig Bezeichnung einer ⇨fiederteiligen Blattspreite, bei der die Abschnitte durch runde Buchten voneinander getrennt sind. Bsp. *Sisymbrium* (Blatt 🗋). ⇨TAFEL 11

buckelig Beschreibung einer Oberfläche mit markanten, mehrere Millimeter großen, blasenartigen Aufwölbungen. Stärker als ⇨höckerig. ⇨TAFEL 3

Bulbille ⇨Brutknospe oder ⇨Brutzwiebel.

Bulte, bultenartig Bezeichnung für den horstförmigen Wuchs einer Pflanze, bei der die Horste durch jahrelanges Wachstum Bodenerhöhungen hervorrufen. Bsp. *Carex elata*. ⇨TAFEL 36

Büschelhaare Haare, die zu mehreren büschelig gruppiert sind. Die einzelnen Haare können einfach oder verzweigt sein. Bsp. *Potentilla pusilla* (Behaarung am Blatt 🗋).

büschelhaarig Mit ⇨Büschelhaaren versehen. ⇨TAFEL 4

C

calcifug ⇨kalkmeidend.

calciphil ⇨kalkliebend.

Calyx ⇨Kelch.

Cambium ⇨Kambium.

campanulat ⇨glockenförmig.

cantharophil Bezeichnung für Blüten, die an eine Bestäubung durch Käfer angepasst sind. Bsp. *Fraxinus ornus, Trientalis europaea*. ⇨TAFEL 40

Capitulum ⇨Köpfchen.

Carina ⇨Schiffchen.

carnivor ⇨karnivor.

Carpell ⇨Karpell.

Caryopse ⇨Karyopse.

Cataphyll ⇨Niederblatt.

Caudicula Stielchen der ⇨Pollinien der Orchidaceae und Apocynaceae. ⇨TAFEL 30

cauliflor ⇨kauliflor.

Chamaephyt Zwergstrauchige, halbstrauchige oder krautige Pflanzen, deren Überdauerungsknospen deutlich über dem Erdboden, aber unter der schützenden Schneedecke liegen (eine der Lebensformtypen von Pflanzen nach Christen Raunkiær). Die typische Höhe der Überdauerungsknospen liegt somit zwischen 1 und 30 cm über dem Erdboden. Bsp. *Dryas octopetala*. Vgl. ⇨Nanophanerophyt. ⇨TAFEL 35

chasmogam Bestäubung bei offener Blüte (offenblütig). Vgl. ⇨Kleistogamie.

Chasmophyt Felsspaltenpflanze. Pflanze, deren Wuchsorte typischerweise Felsspalten sind. Bsp. *Asplenium septentrionale.*

Chlorenchym Wenig differenziertes Gewebe (⇨Parenchym), dessen Zellen viele Chloroplasten enthalten und vorwiegend der Fotosynthese dienen. Synonym: Assimilationsgewebe.

Chlorophyll ⇨Blattgrün.

chorikarp Freifruchtblättrig. Alle ⇨Fruchtblätter sind frei und unverwachsen und haben je einen ⇨Griffel. Bsp. *Ranunculus* (Fruchtblätter). Vgl. ⇨Synkarpie.

choripetal ⇨freikronblättrig. ⇨TAFEL 20

Chorologie Lehre der geografischen Verbreitung von Lebewesen. Synonym: Arealkunde.

Cladodium ⇨Kladodium.

Code ⇨Internationaler Code.

collin ⇨kollin.

Collenchym ⇨Kollenchym.

Columella ⇨Griffelsäule.

Columna ⇨Griffelsäule.

Commissur ⇨Kommissur.

Compositae Alternative, ebenfalls anerkannte Bezeichnung für die Familie der Korbblütler (Asteraceae).

Concaulescenz ⇨Konkauleszenz.

Connectiv ⇨Konnektiv.

cordat ⇨herzförmig.

Cormus ⇨Kormus.

Corolla ⇨Krone.

Corymbus ⇨Schirmrispe.

Cotyledo, Cotyledon ⇨Keimblatt.

crenat ⇨gekerbt.

crenulat ⇨fein gekerbt.

Cruciferae Alternative, ebenfalls anerkannte Bezeichnung für die Brassicaceae.

Cultivar ⇨Kultivar.

Cupula Becherartig ausgebildete Hülle um eine oder mehrere Früchte, gebildet aus der Blütenachse und aus Hüllblättern. Synonym: Fruchtbecher. Bsp. *Quercus* (Frucht). ⇨TAFEL 24

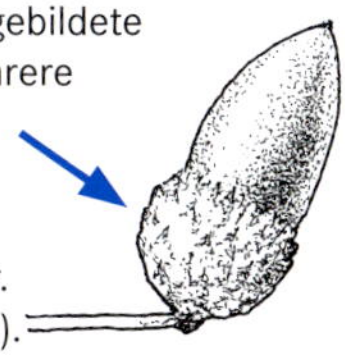

Cuticula Wachsartiger, Wasser abweisender Überzug über das Abschlussgewebe (Epidermis) von Pflanzen. Die Cuticula vermindert den Wasserverlust und die Benetzbarkeit und kann das Licht bei Bedarf reflektieren. ⇨TAFEL 8, 9

cv. ⇨Kultivar.

Cyathium Teilblütenstand der Gattung *Euphorbia*, bestehend aus ⇨Hüllbecher (aus Hüllblättern), männlichen Blüten und einer endständigen weiblichen Blüte.

Dieser Teilblütenstand funktioniert als scheinbare Einzelblüte (⇨Pseudanthium). Bsp. *Euphorbia* (Scheinblüte 🗋). ⇨TAFEL 31

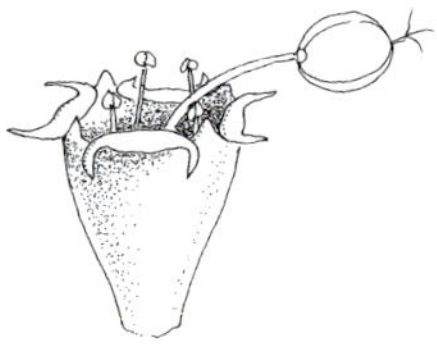

Cyme ⇨Zyme.

cymös ⇨zymös.

Cytotaxonomie ⇨Karyosystematik.

D

dachziegelig Beschreibung dicht aufeinanderliegender, untereinander leicht versetzter Blätter, die gegenseitig anliegen und sich teilweise überlappen. Bsp. *Centaurea* (Körbchenhülle 🗋). Fachausdruck: imbrikat. ⇨TAFEL 10

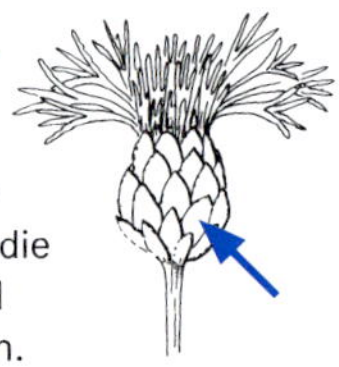

Deckblatt Kleines ⇨Tragblatt im Blütenbereich, z. B. an der Abzweigung einer Blüte oder eines Blütenstiels von der Achse. Bsp. *Globularia cordifolia* (Blättchen unterhalb der Blüte 🗋). Fachausdruck: Braktee.

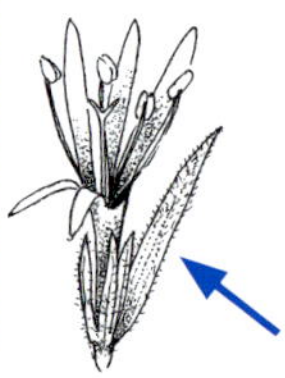

Deckelkapsel Eine sich mit einem Deckel öffnende, aus 2 oder mehreren Fruchtblättern entstandene ⇨Kapsel. Bsp. *Anagallis arvensis* (Frucht 🗋). Fachausdruck: Pyxidium. Vgl. ⇨Porenkapsel. ⇨TAFEL 24

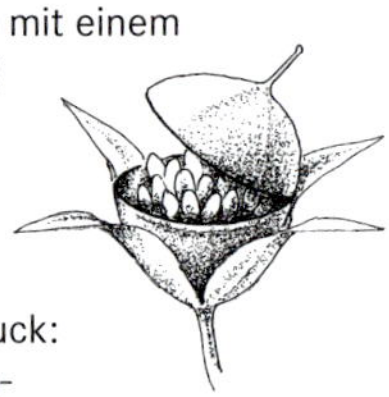

Deckhaare Einfache Haare, also Haare, die unverzweigt und drüsenlos sind.

Deckschuppe Schuppenförmiges, als Tragblatt interpretiertes Organ bei Zapfen von Nadelgehölzen. In ihren Achseln stehen die ⇨Samenschuppen. Synonym: Tragschuppe. Bsp. *Pinus mugo* (Schuppe eines Zapfens 🗋).

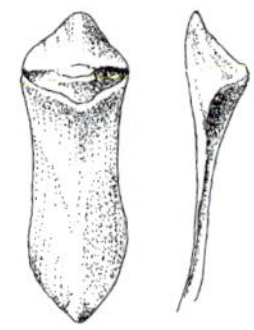

Deckspelze Schuppenförmiges ⇨Tragblatt der Blüte bei den Gräsern (Poaceae). Die Deckspelze umhüllt direkt die eigentliche Blüte (mit ⇨Vorspelze, ⇨Schwellkörper, Staubblättern und Fruchtblatt). An der Spitze oder auf dem Rücken trägt die Deckspelze oft eine verlängerte Borste, die Granne. Fachausdruck: Lemma. Vgl. ⇨Hüllspelze. ⇨TAFEL 32

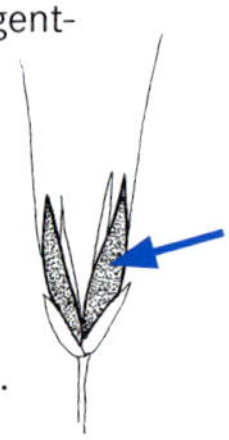

dekussiert ⇨kreuzgegenständig. ⇨TAFEL 10

dentat ⇨gezähnt.

denticulat ⇨gezähnelt.

derb Bezeichnung für leicht verhärtete, aber immer noch gut biegsame Pflanzenorgane (v. a. Blätter). ⇨TAFEL 14

dextrors ⇨rechtswindend.

diadelphisch (1) Zu einem Bündel bzw. einer Röhre verwachsene ⇨Staubblätter einer Blüte, die einem einzelnen freien Staubblatt (der gleichen Blüte) gegenüberstehen.
(2) Zu zwei Gruppen verwachsene ⇨Staubblätter einer Blüte. Vgl. ⇨monadelphisch, polyadelphisch. ⇨TAFEL 21

Diaphyse ⇨Durchwachsung.

Diaspore Ausbreitungseinheit einer Pflanze. Dies sind meist ⇨Samen, oft aber auch ganze ⇨Früchte oder sogar ⇨Fruchtstände oder vegetativ entstandene Einheiten (z. B. ⇨Brutknospen). ⇨TAFEL 40

dichasial Scheingabelig (im Gegensatz zu ⇨dichotom, echtgabelig), ein ⇨Dichasium bildend.

Dichasium Spezielle Form eines ⇨zymösen, also sympodialen Blütenstandes, bei dem jeweils zwei (oft gegenständige) Seitentriebe die Entwicklung eines Blütenstandes fortsetzen. Bsp. *Moehringia trinerva* (Blütenstand 🗋). Vgl. ⇨Monochasium. ⇨TAFEL 17

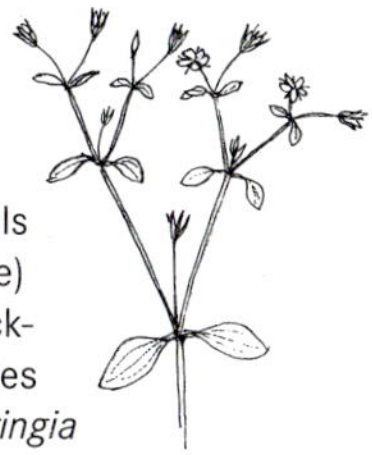

dichlamydeisch Blüte mit doppelter, also in Kelch und Krone differenzierter Blütenhülle. Gegensatz zu ⇨monochlamydeisch. Vgl. ⇨achlamydeisch.

Dichogamie Zeitliche Trennung der Reifung von männlichen und weiblichen Organen der Blüten. Man unterscheidet zwischen ⇨vormännlich und ⇨vorweiblich.

dichotom Zweigabelig, also in zwei gleichwertige Sprosse verzweigt. Vgl. ⇨dichasial. ⇨TAFEL 7

Dichotomie ⇨dichotome Verzweigung.

dichthaarig Dicht stehende, kurze oder lange Haare aufweisend.

dichtrasig Durch starke basale Verzweigungen dicht stehende Sprosse, entstanden aus einer einzigen Pflanze. Bsp. *Poa angustifolia* (Wuchsform 🗋). Vgl. ⇨lockerrasig. ⇨TAFEL 36

Dicotyledonae Veraltete taxonomische Gruppe der ⇨Bedecktsamer, die als gemeinsames Merkmal zwei Keimblätter aufweisen. Einst als große Einheit den ⇨Einkeimblättrigen gegenübergestellt, wird die ⇨polyphyletische Gruppe heute in ⇨Basale Bedecktsamer und Echte Zweikeimblättrige (⇨Eudikotyledonen) aufgeteilt. Vgl. ⇨Bedecktsamer.

didynamisch Blüte mit 2 kürzeren und 2 längeren Staubblättern. Diese Anordnung findet sich v. a. bei den Lippenblütlern (Lamiaceae). Bsp. *Stachys recta* (Staubblätter 🗋). ⇨TAFEL 21

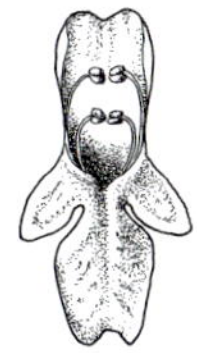

digitat ⇨gefingert.

diklin Bezeichnung für eine Pflanze mit ausschließlich eingeschlechtigen Blüten. Gegensatz zu ⇨monoklin. Vgl. ⇨monözisch, diözisch.

dimer ⇨zweizählig.

dimorph Zweigestaltig. Vgl. ⇨Dimorphismus.

Dimorphismus Zweigestaltigkeit eines Organs (Vorkommen verschieden gestalteter Blüten innerhalb der gleichen Art) oder eines Organismus (z. B. einer Art), beispielsweise durch getrennte Geschlechter oder durch saisonale Formen.

diözisch ⇨zweihäusig. Vgl. ⇨monözisch. ⇨TAFEL 19

diploid Mit doppeltem Chromosomensatz (abgekürzt als «2n»). Vgl. ⇨haploid. ⇨TAFEL 26

diplostemon Blüte mit zwei Staubblattkreisen, wobei die ⇨Staubblätter des äußeren Staubblattkreises in den Lücken zwischen den ⇨Kronblättern stehen. Bsp. *Geranium* (Blüte). Vgl. ⇨obdiplostemon, polystemon. ⇨TAFEL 21

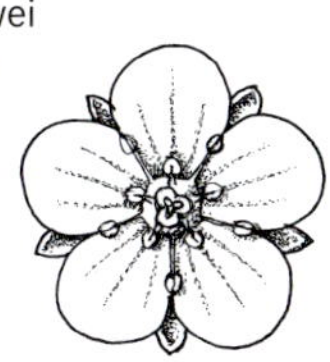

disjunkt Vorkommen einer Sippe (z. B. einer Art) in zwei oder mehreren durch größere Verbreitungslücken getrennten Gebieten. Bsp. *Horminum pyrenaicum*.

D

Diskus Scheibenförmige Verdickung der Blütenachse zwischen den Blütenkreisen, oft mit ⇨Nektarien versehen.

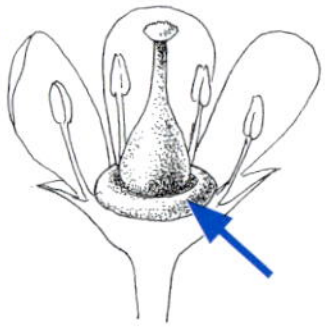

distal Vom Verzweigungspunkt oder der Anwachsstelle eines Organs entfernt stehend oder ihr gegenüberliegend. So ist z. B. die Blattspitze der distale Teil des Blattes. Gegensatz zu ⇨proximal. Vgl. ⇨adaxial.

distich ⇨zweizeilig.

disymmetrisch Mit zwei senkrecht aufeinander stehenden Symmetrieebenen. Synonym: bilateralsymmetrisch. Disymmetrische Blüten kommen v. a. bei den Kreuzblütlern (Brassicaceae) vor, seltener auch bei den Mohngewächsen (Papaveraceae). Bsp. *Sinapis arvensis* (Blüte).

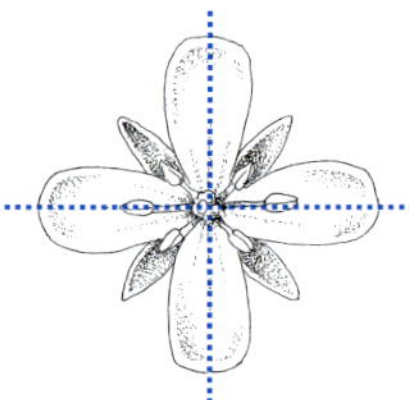

Divergenz Winkel zwischen den Mittelachsen von zwei aufeinanderfolgenden Blättern entlang des Sprosses (Spross von oben her betrachtet!).

Döldchen Dolde zweiter Ordnung bei den Apiaceae, also ein doldenartiger Teilblütenstand innerhalb einer ⇨Dolde. Fachausdruck: Umbellula. ⇨TAFEL 18

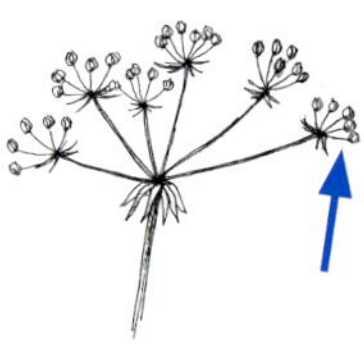

Dolde Spezielle Form eines traubigen Blütenstandes, bei dem die Hauptachse so stark gestaucht ist, dass die Blütenstiele (⇨Doldenstrahlen) aus einem Punkt zu kommen scheinen. Bei der Dolde erfolgt die Blühreihenfolge stets von außen nach innen. Bsp. *Holosteum umbellatum* (Blütenstand □). Fachausdruck: Umbella. Vgl. ⇨Doppeldolde. ⇨TAFEL 17

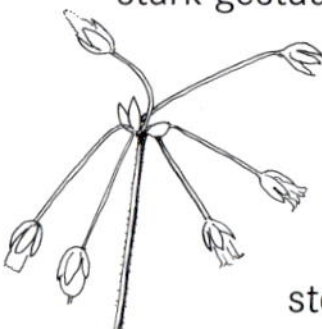

Doldenhülle Gesamtheit der an der Basis der ⇨Doldenstrahlen ansetzenden Hüllblätter. Bsp. *Allium carinatum* (Hülle an der Blütenstandsbasis). Fachausdruck: Involucrum. ⇨TAFEL 17

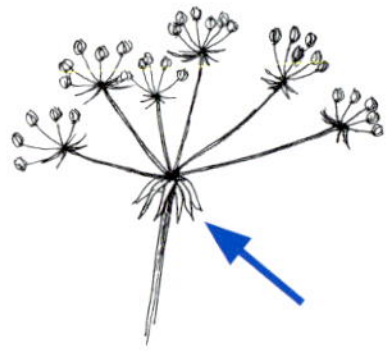

Doldenrispe ⇨Schirmrispe.

Doldenstrahlen Blütenstiele oder Stiele der Teilblütenstände in einem als ⇨Dolde bzw. ⇨Doppeldolde zusammengesetzten Blütenstand. Bsp. *Baldellia* (Blütenstand □).

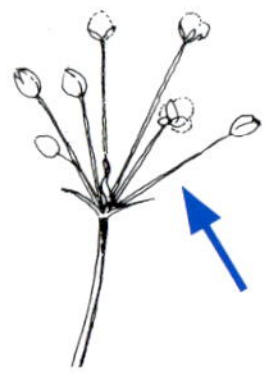

Doldentraube Traubiger Blütenstand, bei dem die unteren Blüten länger gestielt sind, sodass sich die Blüten einer Ebene annähern. Synonym: Schirmtraube, Ebenstrauß. Bsp. *Ornithogalum umbellatum* (Blütenstand). Vgl. ⇨Schirmrispe, Scheindolde. ⇨TAFEL 17

Domatium Kleine, oft behaarte Höhlungen an geschützten Stellen (meist auf der Blattunterseite in Winkeln von Blattadern), die Raubmilben und Insekten als Aufenthaltsort dienen. Bsp. *Tilia platyphyllos* (Blattunterseite □).

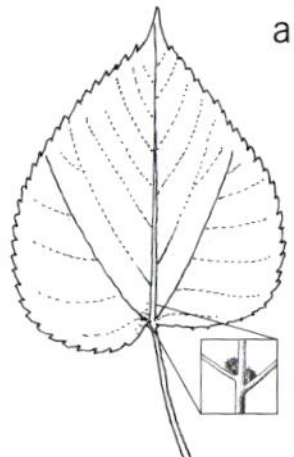

Dominanz (1) Überdurchschnittliches Vorhandensein von Individuen einer Pflanzenart in einem Lebensraum bzw. einem Vegetationsausschnitt (⇨Bestand).

(2) In der ➪Pflanzensoziologie Bezeichnung für den Deckungsgrad eines Taxons in Bezug auf die Aufnahmefläche. Vgl. ➪Abundanz.

Doppelähre Komplex verzweigter Blütenstand, bei dem die Seitenachsen einer ➪Ähre selbst wieder Ähren bilden. Bsp. *Echinochloa crus-galli* (Blütenstand). ➪TAFEL 18

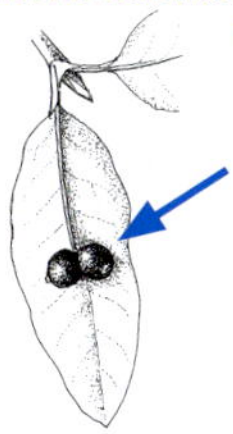

Doppelbeere Aus dem teilweisen oder vollständigen Zusammenwachsen von zwei Fruchtblättern entstandene Beere. Bsp. *Lonicera nigra* (Frucht 🗋). Fachausdruck: Bibacca.

Doppeldolde Spezieller, zusammengesetzter Blütenstand, wo am Ende von ➪Doldenstrahlen nochmals kleine ➪Dolden (Döldchen) ansetzen. Bsp. *Daucus carota* (Blütenstand). ➪TAFEL 18

Doppelrille Bezeichnung für die beiden parallel verlaufenden Rillen in der Mitte einiger Gräser, umgangssprachlich auch «Skispur» genannt. Bsp. *Poa alpina* (Blatt 🗋).

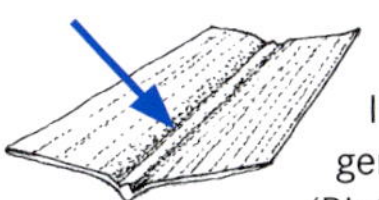

Doppelschraubel Komplex verzweigter Blütenstand, der als ➪Dichasium beginnt (Hauptachse schließt mit Endblüte ab und zwei gegenständige Seitentriebe entwickeln sich weiter) und sich auf beiden Seiten ➪monochasial als ➪Schraubel weiterentwickelt.

doppelt dreizählig Zusammengesetztes Blatt mit 3 Teilblättern, die ihrerseits wiederum aus 3 Teilblättern zusammengesetzt sind. Bsp. *Clematis alpina* (Blatt). Fachausdruck: biternat. Vgl. ➪dreizählig.

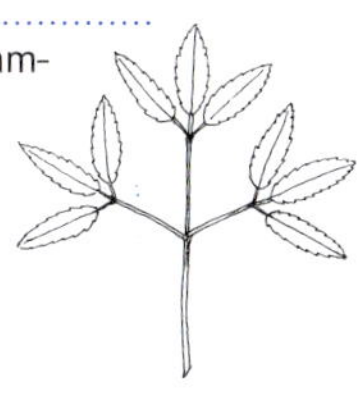

doppelt fiederschnittig Bezeichnung für ein ➪fiederschnittiges Blatt, bei dem die Abschnitte ihrerseits wiederum fiederschnittig sind. Bsp. *Ambrosia artemisiifolia* (Stängelblatt 🗋). ➪TAFEL 27

doppelt gefiedert Bezeichnung für ein ➪zusammengesetztes, gefiedertes Blatt, bei dem die Teilblätter wiederum gefiedert, also aus Teilblättchen zusammengesetzt sind. Bsp. *Athyrium filix-femina* (Blatt 🗋). Fachausdruck: bipinnat. Vgl. ➪gefiedert. ➪TAFEL 11

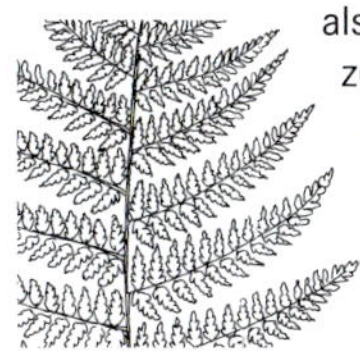

doppelt gesägt Blattrand ➪gesägt und die Zähne sind ihrerseits wieder fein gesägt. Bsp. *Alnus incana* (Blatt). Fachausdruck: biserrat. ➪TAFEL 14

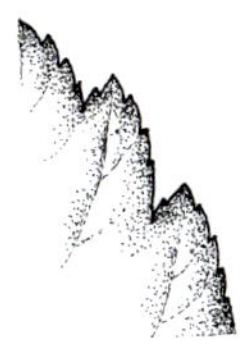

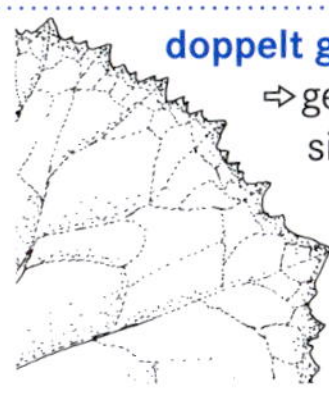

doppelt gezähnt Blattrand ➪gezähnt und die Zähne sind ihrerseits wieder ➪gezähnelt. Bsp. *Petasites* (Blatt 🗋). Fachausdruck: bidentat. ➪TAFEL 14

Doppeltraube Komplex verzweigter Blütenstand, bei dem die Seitenachsen einer ➪Traube selbst wieder Trauben bilden. ➪TAFEL 18

Doppelwickel Komplex verzweigter Blütenstand, der als ➪Dichasium beginnt (Hauptachse schließt mit Endblüte ab und zwei gegenständige Seitentriebe entwickeln sich weiter) und sich auf beiden Seiten ➪monochasial als ➪Wickel weiterentwickelt. Bsp. *Phacelia tanacetifolia* (Blütenstand). Fachausdruck: Dibotryum.

D

Dorn Stechend spitze, schmale, verholzende Umwandlung von Organen oder Organteilen, z. B. Sprossdorn, Blattdorn. Nicht zu verwechseln mit den aus dem Abschlussgewebe (Epidermis) entstandenen ⇨Stacheln. Bsp. *Prunus spinosa* (Kurztriebe 🗋). ⇨TAFEL 7

dorsal ⇨rückenständig.

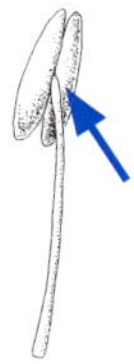

dorsifix Bezeichnung für ⇨Staubfäden, die am Rücken der ⇨Staubbeutel ansetzen. Bsp. *Lilium martagon* (Staubblätter). Vgl. ⇨basifix. ⇨TAFEL 21

dorsiventral ⇨bifazial.

dreieckiger Spross Bezeichnung für einen Spross mit etwas abgerundetem, dreieckigem Querschnitt. Vgl. ⇨dreikantiger Spross. ⇨TAFEL 8

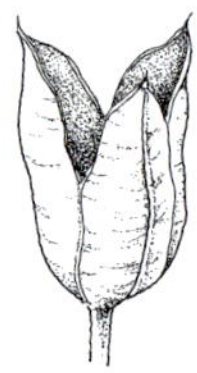

dreifächerige Fruchtknoten Im Querschnitt des Fruchtknotens sind drei ⇨Fruchtfächer erkennbar, meist entstanden aus drei zusammengewachsenen ⇨Fruchtblättern. Besonders häufig bei einkeimblättrigen Pflanzen. Bsp. *Iris* (Frucht 🗋).

dreifurchenpollige Zweikeimblättrige ⇨Eudikotyledonen. Synonym: Echte Zweikeimblättrige. ⇨TAFEL 29, 37

dreihäusig Pflanzenarten, bei denen weibliche, männliche und zwittrige Blüten je auf getrennten Individuen vorkommen. Bsp. *Fraxinus excelsior*. Fachausdruck: triözisch.

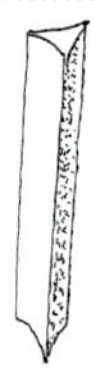

dreikantiger Spross Bezeichnung für einen Spross mit zugespitztem, dreieckigem Querschnitt. Bsp. *Carex acuta* (Stängel 🗋). Vgl. ⇨dreieckiger Spross. ⇨TAFEL 8

dreiklappig Mit drei Klappen aufspringend (⇨Kapsel).

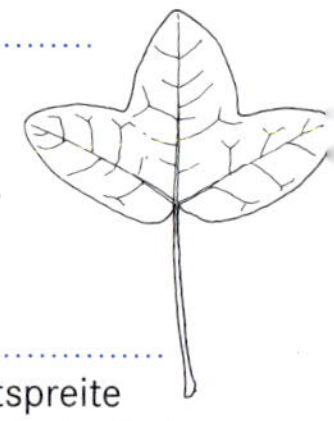

dreilappig Blattspreite mit drei deutlich erkennbaren Lappen (± breite Abschnitte). Bsp. *Acer monspessulanum* (Blatt 🗋).

dreispaltig Blattspreite tief in drei Abschnitte geteilt. Bsp. *Eupatorium cannabinum* (Blatt 🗋). ⇨TAFEL 2

dreiteilig Bezeichnung für ein ⇨zusammengesetztes Blatt mit drei Teilblättern. Bsp. *Trifolium* (Blatt 🗋). Fachausdruck: ternat. Vgl. ⇨dreizählig. ⇨TAFEL 11

dreizählig Bezeichnung für Blüten, deren einzelne Blütenkreise jeweils aus drei Einzelorganen (z. B. drei Staubblättern) zusammengesetzt sind. Dies ist typischerweise bei den ⇨Einkeimblättrigen der Fall. Fachausdruck: trimer. Vgl. ⇨-zählig, dreiteilig. ⇨TAFEL 2, 29

dreizeilig Anordnung von Organen (Blättern, Seitensprosse) an einem Spross mit einem Winkel von 135° zwischen aufeinanderfolgenden Abzweigungen. Dadurch liegen die abzweigenden Organe, von oben betrachtet, in drei Ebenen. Vgl. ⇨zweizeilig. ⇨TAFEL 10

Drupa ⇨Steinfrucht.

Drüse Kleines, meist kugeliges Organ, das ein Sekret absondert. Drüsen können auf der Oberfläche von Sprossen und Blättern auftauchen, sie können sitzend (⇨Sitzdrüse) oder gestielt (⇨Stieldrüse) sein. Fachausdruck: Glandula. Vgl. ⇨Nektardrüse.

Drüsenborsten Steife, borstige ➪Drüsenhaare. Bsp. *Rubus fruticosus* aggr. (Stängelborsten bei diversen Kleinarten).

Drüsenhaar Haare mit blasenartigem, Drüsensekret enthaltendem Endköpfchen, das manchmal duftend oder klebrig ist. Bsp. *Salvia glutinosa* (Behaarung). ➪TAFEL 4

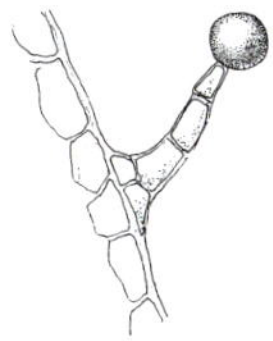

drüsenhaarig Drüsig behaart, also ➪Drüsenhaare tragend. ➪TAFEL 4

Drüsenkopf Kugelig verbreitertes Ende einer ➪Stieldrüse.

Drüsenring Scheibenförmiges ➪Nektarium in der Mitte von Blüten, oft als Ring zwischen dem Staubblatt- und dem Kronblattkreis ausgebildet. Bsp. *Campanula* (Blüte). Fachausdruck: Diskus.

drüsig Bezeichnung eines mit Drüsen versehenen Pflanzenorgans (Spross, Blatt, Frucht). Normalerweise sind die Drüsen in 10-facher Vergrößerung (Lupe) gut erkennbar. Die Drüsen sind entweder als durchscheinende Punkte oder als aufsitzende bzw. gestielte Kügelchen erkennbar und sind oft klebrig oder duftend. Bsp. *Chenopodium botrys* (Blätter), *Ononis natrix* (Frucht 🗎). Fachausdruck: glandulös.

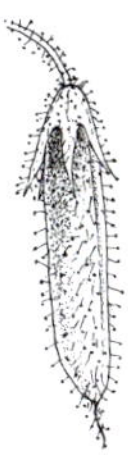

drüsig punktiert ➪punktiert.

Durchlüftungsgewebe ➪Aerenchym.

Durchlüftungszahl Ökologischer ➪Zeigerwert für die mittlere Sauerstoffversorgung des Bodens, die eine Pflanzenart typischerweise an ihrem Wuchsort hat. Hohe Durchlüftungszahlen bedeuten, dass die Art auf gut durchlüfteten Böden anzutreffen ist (z. B. auf Lockergesteinen).

durchscheinend Bezeichnung für Blätter mit dünnen oder wenig dichten Zellschichten, sodass durch das Blatt hindurch Formen und Gegenstände schemenhaft erkennbar sind («durchscheinen»). Bsp. *Potamogeton perfoliatum* (Blatt 🗎).

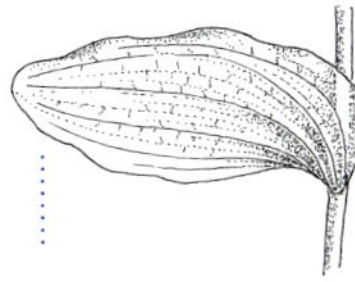

durchwachsen Bezeichnung für Blätter, bei denen der Blattgrund den Stängel so umfasst, dass er gleichsam «durchbohrt» erscheint. Bsp. *Bupleurum rotundifolium* (Stängelblatt 🗎). Fachausdruck: perfoliat. Vgl. ➪stängelumfassend. ➪TAFEL 10

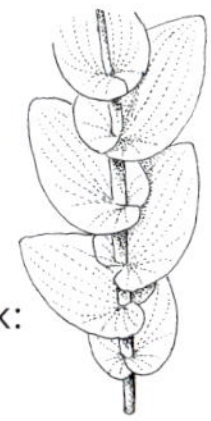

Durchwachsung Missbildung bei Blüten, bei der die Achse nicht mit dem innersten Blütenkreis abschließt, sondern verlängert ist und wiederum Blätter oder weitere Blüten tragen kann. Fachausdruck: Diaphyse.

dysochor Ausbreitung von ➪Diasporen (z. B. Samen oder Früchten) einer Pflanzenart, indem Tiere sie als (nicht stets aufgebrauchte) Nahrungsreserven in Depots anlegen. Bsp. *Corylus, Pinus cembra*. Vgl. ➪zoochor.

E

Ebenstrauß ➪Schirmrispe.

Echte Zweikeimblättrige ➪Eudikotyledonen. Synonym: dreifurchenpollige Zweikeimblättrige. ➪TAFEL 37

eiförmig Bezeichnung für ein ➪elliptisches Blatt mit der größten Breite unterhalb der Blattmitte. Manchmal wird der Begriff weiter unterteilt in schmal eiförmig oder eilänglich (3–8x so lang wie breit), eiförmig (Spreite 2–3x so lang wie breit) und breit eiförmig (Spreite 1,5–2x so lang wie

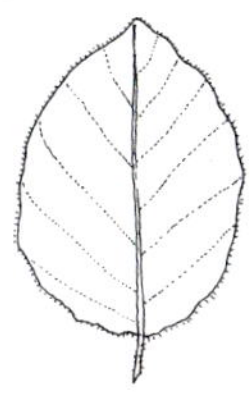

breit). Bsp. *Fagus sylvatica* (Laubblatt 🗋). Fachausdruck: ovat. Vgl. ⇨verkehrt eiförmig. ⇨TAFEL 1, 12

eilänglich Bezeichnung für ein ⇨längliches Blatt (3–8x so lang wie breit) mit der größten Breite unterhalb der Blattmitte. Synonyme: schmal eiförmig, länglich eiförmig. Bsp. *Mercurialis annua* (Blatt 🗋). Vgl. ⇨eiförmig.

eilanzettlich Bezeichnung für ein ⇨lanzettliches Blatt (3–8x so lang wie breit) mit der größten Breite unterhalb der Blattmitte. Bsp. *Phyteuma orbiculare* (Hüllblätter).

einährig Aus einer einzigen Ähre bestehend (Blütenstand).

Einblattfrucht Aus einem einzigen ⇨Fruchtblatt entwickelte Frucht. Fachausdruck: Karpidium.

einfaches Blatt Blatt, dessen Spreite eine zusammenhängende Fläche bildet, d. h. die Seitenabschnitte sind nie bis ganz zum Hauptnerv geteilt. Gegensatz zu ⇨zusammengesetztes Blatt. Bsp. *Crataegus monogyna*. ⇨TAFEL 11

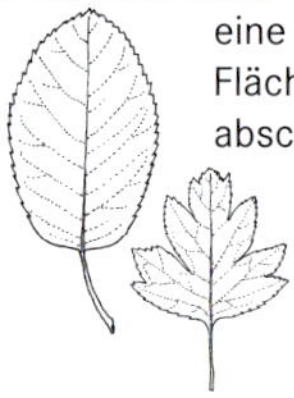

einfache Blüte Blüte aus nur einem ⇨Blütenkreis bestehend.

einfächerig ⇨einkammerig.

eingebürgert Nicht ursprünglich vorkommende Pflanzensippe, aber sich im Gebiet selbständig haltend oder sogar ausbreitend. Bsp. *Bromus inermis*. Vgl. ⇨adventiv, unbeständig.

eingerollt Blattrand oder die ganze Blattspreite nach oben eingerollt. Nicht zu verwechseln mit ⇨umgerollt. Bsp. *Pinguicula alpina* (Blattrand). Fachausdruck: involut. ⇨TAFEL 14

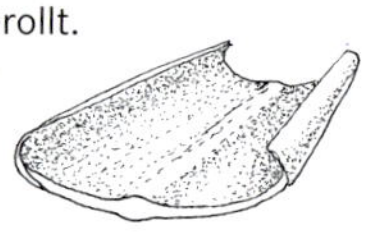

eingeschlechtig Eine Blüte oder ein Blütenstand besitzt entweder nur männliche oder nur weibliche Blütenorgane. Die Blüte ist «funktionell eingeschlechtig», wenn entweder die weiblichen oder die männlichen Blütenteile verkümmert sind. Gegensatz zu ⇨zwittrig.

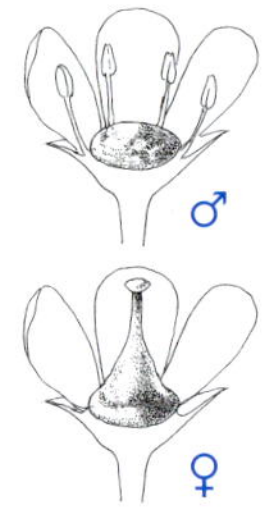

eingeschleppt ⇨adventiv, ⇨Xenophyt. Vgl. ⇨eingebürgert.

eingeschnürt Eine deutliche Einschnürung, also abrupte Verengung aufweisend. ⇨TAFEL 1, 30

einhäusig Bezeichnung für Pflanzen mit ⇨eingeschlechtigen Blüten, bei denen sich die weiblichen und männlichen Blüten oder Blütenstände auf demselben Individuum befinden. Bsp. *Alnus, Fagus*. Fachausdruck: monözisch. Vgl. ⇨zweihäusig. ⇨TAFEL 19

einheimisch ⇨indigen.

einjährig Bezeichnung für Pflanzen, die in einer Vegetationsperiode keimen, blühen, fruchten und absterben. Oft wird noch unterschieden zwischen ⇨winterannuell und ⇨sommerannuell. Bsp. *Arabidopsis thaliana*. Fachausdruck: annuell. Vgl. ⇨Therophyt, zweijährig. ⇨TAFEL 35

einkammerig Fruchtknoten mit nur einem Fruchtfach, sei es primär, weil aus nur einem Fruchtblatt bestehend, oder sekundär durch Zurückbildung der Zwischenwände. Synonym: einfächerig. Fachausdruck: unilokulär. Vgl. ⇨mehrkammerig. ⇨TAFEL 22

Einkeimblättrige Natürliche Gruppe (von einigen Autoren als Unterklasse bezeichnet) innerhalb der ⇨Bedecktsamer (Angiospermae), benannt nach der ⇨Keimung mit nur einem Keimblatt. Weitere Merkmale der Gruppe sind parallelnervige Blätter, dreizählige Blüten, (meist) fehlende Hauptwurzel, verteilte Leitbündel im Spross, fehlendes sekundäres Dickenwachstum usw. Die Einkeimblättrigen stehen den ⇨Basalen Bedecktsamern und den ⇨Eudikotyledonen gegenüber. Fachausdruck: Monokotyledonen. ⇨TAFEL 29, 37

einseitig Auf nur einer Seite entspringend.

einseitig rau Oberfläche, die sich in die eine Richtung gestrichen rau und in die andere Richtung gestrichen glatt anfühlt. Dies entsteht meist durch gleich gerichtete Zähnchen oder Börstchen auf der Oberfläche. ⇨TAFEL 3

einseitig symmetrisch ⇨monosymmetrisch.

einseitswendig Nach einer Seite gerichtet. Gegensatz zu ⇨allseitswendig. Bsp. *Melica nutans* (Blütenstand). ⇨TAFEL 2

einzählig Bezeichnung für Blüte mit ⇨Blütenkreisen, die aus nur einem einzigen Element (Organ) bestehen. Beispiel für ein einzähliges Gynözium ist der Fruchtblattkreis der Fabaceae, der aus nur einem Fruchtblatt besteht. Bsp. *Vicia*. Fachausdruck: monomer.

Elaiophor Struktur innerhalb ölführender Blüten (⇨Ölblumen), die fettes Öl ausscheidet. Bsp. *Lysimachia*.

Elaiosom Öl- oder eiweißreiches Anhängsel an Samen (Samenanhängsel) oder Früchtchen (Fruchtanhängsel). Es dient als Köder zum Anlocken von Ameisen, damit diese die Samen- oder Fruchtverbreitung unterstützen. Bsp. *Scilla bifolia* (Samen 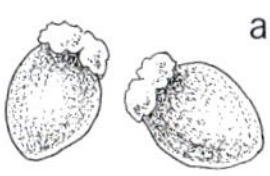). Vgl. ⇨myrmekochor. ⇨TAFEL 40

elliptisch Blattform, die 1,5–2x so lang wie breit ist, mit der größten Breite etwa in der Blattmitte und mit abgerundeten Enden. Bsp. *Cotoneaster integerrimus* (Blatt), *Rosa canina* (Teilblättchen). Fachausdruck: oval. ⇨TAFEL 12

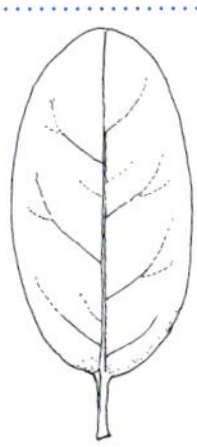

Embryo Junger, aus der befruchteten Eizelle entstandener Keim. Embryonen werden von allen Landpflanzen gebildet (auch von Moosen, Farnen und Bärlapppflanzen). Bei den Samenpflanzen ist der Embryo im Samen eingeschlossen (im Ruhestadium). Synonym: Keimling. ⇨TAFEL 25

Embryosack Weiblicher ⇨Gametophyt (= Gameten bildende, haploide, sexuelle Generation) in den Samenanlagen von Samenpflanzen, umgeben von Hüllen (Integumenten). Fachausdruck: Megagametophyt. ⇨TAFEL 26

emend. ⇨emendavit.

emendavit Bezeichnung für ein Taxon (⇨Sippe), dessen Umfang modifiziert wurde, indem entweder Formen abgespalten oder hinzugefügt wurden. Früher wurde dies mit der Abkürzung «emend.» (gefolgt vom ⇨Autorzitat) gekennzeichnet.

Emergenz Vielzellige, meist verhärtete Auswüchse aus dem Rindengewebe (Epidermis). Sie sind vielgestaltig und meist deutlich größer als einfache ⇨Haare. Bsp. *Rosa canina* (Stacheln), *Urtica dioica* (Brennhaare).

emers Bezeichnung für auftauchende, teilweise aus dem Wasser ragende Wasserpflanzen. Bsp. *Sparganium erectum* (Wuchsform).

Endabschnitt Der an der Spitze stehende Abschnitt eines geteilten Blattes.

Endblüte Blüte, welche die Hauptachse des Blütenstands abschließt. Fachausdruck: Terminalblüte. Vgl. ⇨Blütenstandsachse.

endemisch Nur in einem bestimmten (oft nicht sehr großen) Gebiet vorkommend. Wenn von endemischen Pflanzen die Rede ist, muss der geografische Bezug angegeben werden, z. B. «endemisch in Mitteleuropa» oder «endemisch in den Westalpen».

Endemit Eine nur in einem bestimmten Gebiet vorkommende ⇨Sippe, z. B. ein Endemit der Schweiz (nur in der Schweiz vorkommende Sippe) oder ein Alpenendemit (nur im Alpenraum vorkommende Sippe). Bsp. *Campanula rhomboidalis* (Endemit der Alpen), *Myosotis rehsteineri* (Bodensee-Endemit), *Draba ladina* (Endemit der Rhätischen Alpen).

Endfieder Das an der Spitze stehende Teilblatt (Fiederblatt) eines gefiederten Blattes. Bsp. *Sium latifolium* (Blatt ◳).

Endknospe Abschluss eines in der Weiterentwicklung begriffenen Sprosses. Synonyme: Gipfelknospe, Hauptknospe, Terminalknospe. Vgl. ⇨Knospe. ⇨TAFEL 7, 25

Endokarp Innerste Schicht der Fruchtwand. Vgl. ⇨Exokarp. ⇨TAFEL 23, 24

Endosperm Nährgewebe des Samens, das aus dem ⇨Embryosack in den Samenanlagen entsteht. Das Endosperm umgibt im Samen den ⇨Embryo und führt ihm bei der ⇨Keimung Nährstoffe zu. Bei den ⇨Nacktsamern bleibt das Endosperm haploid, bei den ⇨Bedecktsamern wird es durch die doppelte Befruchtung triploid.

endozoochor Ausbreitung der ⇨Diasporen durch Früchte, die von Tieren gefressen werden. Die Samen passieren den Darmtrakt unbeschadet und profitieren vom Transport. Bsp. *Empetrum, Rumex* (Früchte). Vgl. ⇨epizoochor. ⇨TAFEL 40

endständig Stellung eines Pflanzenorgans (z. B. Blüte oder Blatt), das am Ende eines Haupt- oder Seitensprosses ansetzt. Bsp. *Dianthus sylvestris* (Blüte). Fachausdruck: terminal. Vgl. ⇨seitenständig.

Endzipfel Letzter, zipfelförmiger Abschnitt letzter Ordnung eines Blattes bzw. Teilblattes.

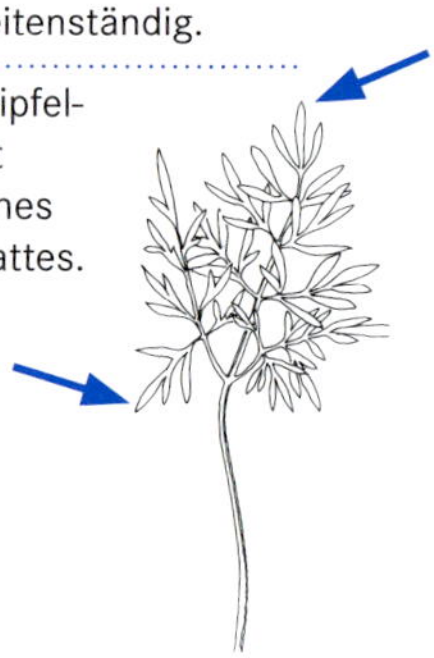

entfernt gebuchtet Blattrand ⇨buchtig gelappt, mit wenig vorspringenden, weit voneinander entfernt stehenden Lappen.

entfernt gesägt Blattrand ⇨gezähnt, mit weit voneinander entfernt stehenden Sägezähnen.

entomogam Insektenbestäubt. Bezeichnung für Pflanzen, die durch Insekten bestäubt werden. Typisch für entomogame Pflanzen sind zwittrige Blüten und klebriger Pollen. Vgl. ⇨anemogam. ⇨TAFEL 40

entomophil ⇨entomogam.

ephemer (1) Bezeichnung für sehr kurzlebige, einjährige Pflanzen. Finden sowohl die ⇨Keimung als auch die abschließende Fruchtbildung bereits im Frühling statt, spricht man von «Frühlingsephemeren». Bsp. *Erophila verna*.
(2) Bezeichnung für das vorübergehende, kurzzeitige Auftreten einer Pflanze in einem Gebiet. Vgl. ⇨einjährig.

Epicalyx ⇨Außenkelch.

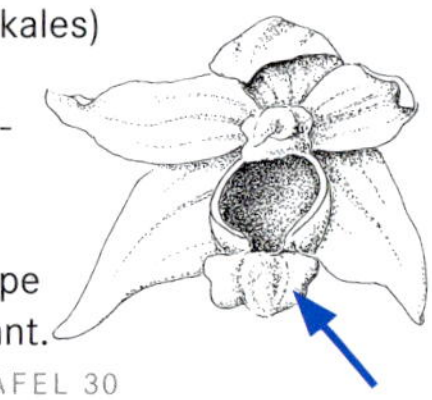

Epichil Äußeres (apikales) ⇨Lippenglied bei der Lippe der Orchidaceae, durch eine Einschnürung vom basalen Teil der Lippe (⇨Hypochil) getrennt. Bsp. *Epipactis*. ⇨TAFEL 30

Epidermis Äußeres, fast immer aus einer Zellschicht bestehendes Abschlussgewebe, das von einer ⇨Cuticula überzogen ist. ⇨TAFEL 9

epigäische Keimung Durch Streckung des ⇨Hypokotyls werden die ⇨Keimblätter durch den Boden ans Licht gestoßen und sind bis zur Ausbildung der ⇨Primärblätter fotosynthetisch aktiv. Vgl. ⇨hypogäische Keimung. ⇨TAFEL 25

epigyn Position der äußeren Blütenorgane (Kelch-, Kron- und Staubblätter) bei einem mit der Blütenachse verwachsenen, ⇨unterständigen Fruchtknoten. ⇨TAFEL 22

Epikotyl Sprossabschnitt zwischen den ⇨Keimblättern und den ⇨Primärblättern. ⇨TAFEL 25

epipetal Staub- oder Fruchtblatt vor einem Blütenblatt stehend, also gleich ausgerichtet wie ein Blütenblatt. Vgl. ⇨episepal. ⇨TAFEL 21

Epiphyt Pflanze, die auf anderen Pflanzen wächst, zumeist auf Bäumen (Aufsitzerpflanzen). Die den Epiphyten tragende Pflanze nennt man ⇨Phorophyt. In den Tropen häufige, in gemäßigten Breiten seltene Wuchsform. Bsp. *Polypodium vulgare*. ⇨TAFEL 34

episepal Staub- oder Fruchtblatt vor einem Kelchblatt stehend, also gleich ausgerichtet wie ein Kelchblatt. Vgl. ⇨epipetal. ⇨TAFEL 21

Epithet ⇨Artepithet. ⇨TAFEL 38

epizoochor Ausbreitung der ⇨Diasporen (z. B. Samen oder Früchte) über die Oberfläche von Tieren («Klettausbreitung»). Viele epizoochore Pflanzen haben klebrige Oberflächen oder hakige Borsten, die sich im Fell von Tieren verfangen. Bsp. *Geum urbanum* (Fruchtstand ◳). Vgl. ⇨endozoochor. ⇨TAFEL 40

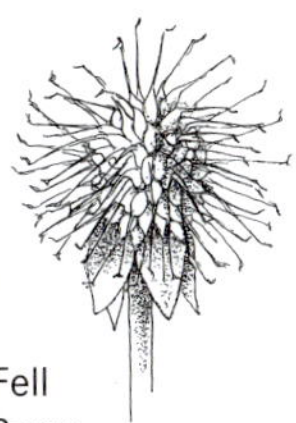

Ergasiophygophyt Pflanze, die in einem Gebiet primär in Kultur vorkommt, die gelegentlich verwildert, aber nicht wirklich ⇨eingebürgert ist. Bsp. *Anethum graveolens, Secale cereale*. Vgl. ⇨unbeständig.

Ergasiophyt Pflanze, die in einem Gebiet nur in Kultur vorkommt. Bsp. *Ginkgo biloba*.

Erneuerungsknospe An der Basis blühender Triebe ansetzende Knospe, die normalerweise im Folgejahr austreibt und den Spross weiterführt. Fachausdruck: Innovationsknospe.

Erneuerungsspross An der ⇨Erneuerungsknospe austreibender Spross. Synonym: Erneuerungstrieb. Fachausdruck: Innovationsspross.

Erneuerungstrieb ⇨Erneuerungsspross.

Eudikotyledonen Dreifurchenpollen-Zweikeimblättrige («Echte Zweikeimblättrige»). Größte Gruppe der ⇨Bedecktsamer, zahlreiche Ordnungen umfassend, aber nach heutiger Auffassung kein in sich abgeschlossenes Taxon darstellend. Die Gruppe steht den ⇨Basalen Bedecktsamern und den ⇨Einkeimblättrigen gegenüber. An der Basis der Eudikotyledonen steht die Ordnung der Ranunculales. Vgl. ⇨Bedecktsamer. ⇨TAFEL 29, 37

eutroph Reich an Nährstoffen (z. B. Boden, Wasser usw.). Gegensatz zu ⇨oligotroph.

ex Verknüpfung von zwei Autorennamen bei ⇨Autorenzitaten von Pflanzennamen. Dabei bedeutet «Autor-1 ex Autor-2», dass Autor-1 den Namen geprägt hat, er aber erst durch den Autor-2 gültig veröffentlicht wurde (z. B. *Cotoneaster dielsianus* Pritzel ex Diels).

Exokarp Äußerste Schicht der ⇨Fruchtwand. Vgl. ⇨Endokarp. ⇨TAFEL 23, 24

extrafloral Außerhalb der Blüten vorkommend, z. B. extraflorale ⇨Nektarien. Bsp. *Sambucus racemosa* (Nektarien zwischen den Laubblättern).

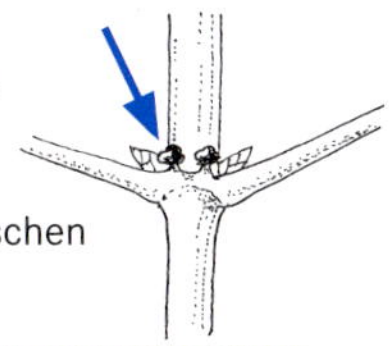

extravaginal Basistriebe (Verzweigungen am Grund der Triebe), welche die Blattscheiden bzw. Triebscheiden durchstoßen, um kürzere oder längere Ausläufer zu bilden. Wichtiges Unterscheidungsmerkmal beim Wuchs von *Festuca*-Arten. Bsp. *Festuca rubra* (Sprossbasis ◳). Vgl. ⇨intravaginal. ⇨TAFEL 36

extrors Bezeichnung für sich nach außen (in Richtung Blütenblätter) öffnende ⇨Staubbeutel. Gegensatz zu ⇨intrors. ⇨TAFEL 21

E

F

f. ⇨Form.

Fach ⇨Fruchtfach.

Fächel Bezeichnung für einen ⇨monochasialen Blütenstand, spezielle Form eines ⇨Wickels, bei dem die Achsen jeweils in einer Ebene liegen und so eine Fläche bilden. Bsp. *Iris pseudacorus* (Blütenstand). Fachausdruck: Rhipidium.

fächerartig ⇨fächerförmig.

fächerförmig Vom ⇨Blattgrund aus mit mehreren Nerven ausstrahlend, sodass sich der Eindruck eines Fächers ergibt. Bsp. *Trachycarpus fortunei* (Blatt). ⇨TAFEL 12

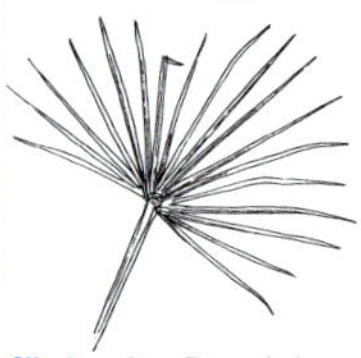

-fächerig Bezeichnung für die Anzahl der Fächer in einer Frucht, entspricht meist der Anzahl der Fruchtblätter, aus welcher die Frucht entstanden ist. Zweifächerig = aus zwei Fruchtblättern bestehend.

fachspaltig Öffnungsform einer ⇨Kapsel. Die Kapsel öffnet sich entlang eines Längsspalts am Rücken der Fruchtfächer (Fruchtblätter). Bsp. *Iris, Lilium* (Frucht). Fachausdruck: loculizid. Vgl. ⇨scheidewandspaltig. ⇨TAFEL 24

Fadenblüten Spezielle Blüten, die zur Bestimmung der Gattung *Erigeron* wichtig sind. Es handelt sich um unscheinbare, sehr engröhrige, weibliche Blüten ohne ausgebildete Zipfel oder Zungen. Die Blütenröhre ist oft kürzer als ihr Pappus und nicht einfach zu erkennen. Die Fadenblüten befinden sich im Blütenkörbchen in einem Kreis zwischen den (zwittrigen) Röhrenblüten und den Zungenblüten. Manchmal gibt es Übergänge zu den Zungenblüten, d. h. es sind eigentlich umgebildete Zungenblüten. Bsp. *Erigeron neglectus* (Blütenkörbchen ◳).

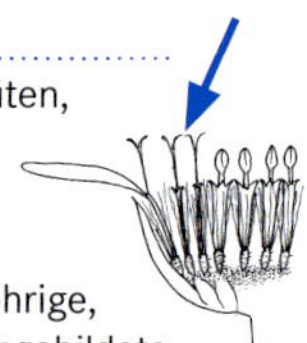

fadenförmig Sehr dünn, meist deutlich weniger als 1 mm breit. Bsp. *Carex mucronata* (Blätter). ⇨TAFEL 2

fädig Bezeichnung für ⇨fadenförmig, etwas dicker als ⇨haardünn, haarfein. Bsp. *Coronilla coronata* (Nebenblätter).

fädlich Bezeichnung für ⇨fadenförmig, deutlich dicker als ⇨haardünn, haarfein.

Fahne Oberstes, oft vergrößertes ⇨Kronblatt der Schmetterlingsblüte (Fabaceae). Fachausdruck: Vexillum. ⇨TAFEL 30

Fallenblume Blüten, in denen die Bestäuber (meist kleine Insekten) zeitweise festgehalten werden. Die Fallenblumen sind meist so eingerichtet, dass die Bestäuber bei der Befreiung aus der Falle die Bestäubung auslösen. Bsp. *Arum maculatum, Aristolochia clematitis*.

Familie Wichtige Hauptrangstufe in der Pflanzensystematik, welche mehrere verwandte Gattungen zusammenfasst. Familienmerkmale sind sehr oft eine wichtige Hilfe zum Erkennen von Arten. Die Familiennamen haben stets die Endung -aceae. ⇨TAFEL 38

Fangbläschen Blattspitzen bei der Gattung *Utricularia*, die zu wenige Millimeter großen Bläschen umgewandelt worden sind und als Fallen für winzige Wassertiere dienen. Bsp. *Utricularia australis* (Blatt ◳).

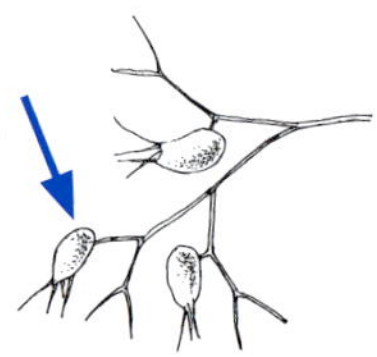

farnartig Blattgestalt, die wie ein ⇨Wedel eines ⇨Farns wirkt oder aussieht. Wird z. B. bei mehrfach regelmäßigen, ⇨fiederschnittigen Blättern als Begriff verwendet. Bsp. *Tanacetum vulgare* (Blatt ◳).

Farne Gruppe gefäßführender Sporenpflanzen, die in der Gruppe «Monilophyta» (von manchen Autoren in der ⇨Klasse Polypodiopsida) zusammengefasst werden.

Von ihnen werden die ⇨Bärlapppflanzen als andere Gruppe der Gefäßsporenpflanzen abgetrennt. Fachausdruck: Polypodiopsida. ⇨TAFEL 27, 37

fasernd ⇨zerfasernd.

Faserschopf Am Grund des Sprosses dicht gepackte, bleibende faserige Reste von Stängeln und Blättern, die Schutz vor Kälte und Feuer bieten. Bsp. *Carex umbrosa* (Sprossbasis ◳). Vgl. ⇨Fasertunika. ⇨TAFEL 32

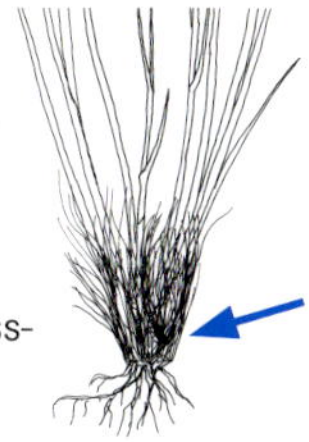

Fasertunika Verlängerte, eng anliegende Ummantelung des Sprossgrundes durch dicht gepackte, sehr feine fasrige Blattreste. Gegenüber dem Faserschopf sind die Fasern feiner und enger anliegend. Bsp. *Koeleria vallesiana* (Sprossbasis ◳). Vgl. ⇨Faserschopf.

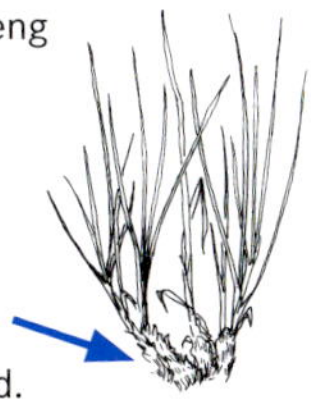

Faszikel Selten verwendete Bezeichnung für eine Gruppierung von Blüten mit ± gleich langen Blütenstielen.

Fegehaare Winzige Haare auf der Außenseite des Griffels von vielen Korbblütlern (Asteraceae), mit deren Hilfe der Blütenstaub beim Vorbeiwachsen an den Staubblättern aus der Blütenröhre hinausgetragen wird. Bsp. *Cirsium, Aster* (Griffel). Vgl. ⇨Pollenpräsentation.

fein gekerbt Blattrand ⇨gekerbt, mit vergleichsweise kleinen Kerbzähnen. Bsp. *Campanula patula* (Blatt). Fachausdruck: crenulat.

fein gesägt Blattrand ⇨gesägt, mit vergleichsweise kleinen Sägezähnen. Bsp. *Prunus padus* (Blatt). Fachausdruck: serrulat.

fein gezähnt ⇨gezähnelt.

feinhaarig Mit kurzen, weichen und ± dicht stehenden Haaren. Oft braucht es eine Lupe, um die Behaarung zu erkennen.

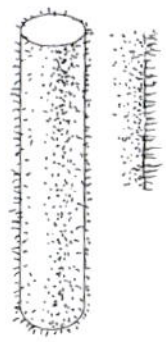

Feinwurzeln Feine, dünne Wurzelzweige mit einer Dicke von ca. 1–2 mm, die für die Wasser- und Nährstoffaufnahme zuständig sind und die oft nur kurzlebig sind. Vgl. ⇨Grobwurzeln. ⇨TAFEL 5

feinzipflig Bezeichnung für sehr schmale, äußerste Abschnitte (Blattzipfel) eines stark geteilten Blattes. Bsp. *Athamanta cretensis* (Blattzipfel ◳).

fertil Fruchtbar, d. h. Blüten bzw. Sporangien tragend. Bei farnartigen Pflanzen tragen fertile Blätter die ⇨Sori bzw. ⇨Sporangien, im Gegensatz zu den sterilen Blättern. ⇨TAFEL 27

Festigungsgewebe Der Festigung und Versteifung dienendes Gewebe aus meist lang gestreckten Zellen mit verdickten Zellwänden. Fachausdruck: Sklerenchym.

Feuchtezahl Ökologischer ⇨Zeigerwert für die mittlere Feuchtigkeit des Bodens, die einer Pflanzenart typischerweise an ihrem Wuchsort zur Verfügung steht. Hohe Feuchtezahlen bedeuten, dass die Art an Standorten mit hoher Bodenfeuchte anzutreffen ist. Vgl. ⇨Reaktionszahl.

Feuchtigkeitszahl ⇨Feuchtezahl. ⇨TAFEL 39

Fieder Teilblättchen eines zusammengesetzten Blattes. Der Begriff wird insbesondere bei den ⇨Wedeln der ⇨Farne verwendet. Fachausdruck: Pinna. ⇨TAFEL 27

Fiederblatt (1) Gefiedertes, also aus getrennten Teilblättchen zusammengesetztes Blatt.
(2) Teilblatt (1. Ordnung) eines gefiederten Blattes. Bsp. *Asplenium adianthum-*

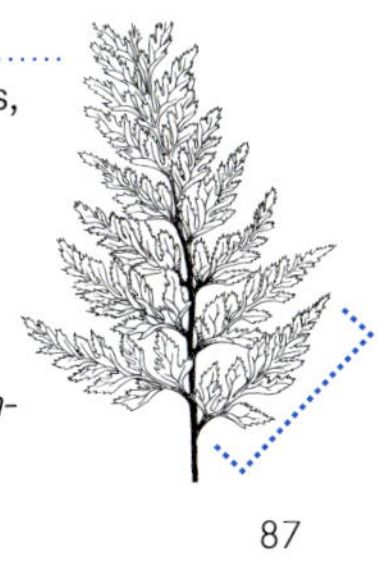

nigrum (Teilblatt 1. Ordnung 🗋).
Vgl. ⇨Fiederblättchen.

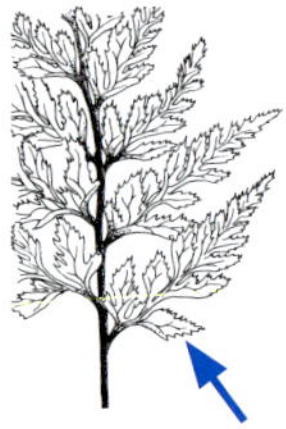

Fiederblättchen ⇨Fiederchen. Bsp. *Asplenium adianthum-nigrum* (Teilblatt 2. Ordnung 🗋).

Fiederchen Je nach Kontext ein Teilblatt eines ⇨gefiederten Battes (Teilblatt 1. Ordnung) oder eines ⇨Fiederblattes (Teilblatt 2. oder 3. Ordnung). Der Begriff wird insbesondere bei den ⇨Wedeln der ⇨Farne verwendet. ⇨TAFEL 27

Fiederlappen Schmale, eher stumpfe Abschnitte eines ⇨fiederlappigen Blattes.

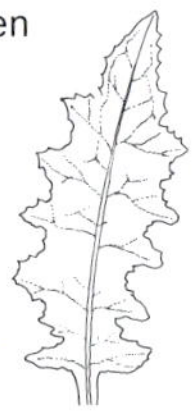

fiederlappig Form eines ⇨gelappten Blattes, bei dem die Buchten zwischen den Blattlappen deutlich weniger als bis zur Mitte einer Blatthälfte gehen. Bsp. *Crataegus laevigata* (Blatt). ⇨TAFEL 11

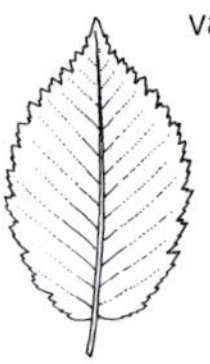

fiedernervig Form der ⇨Blattnervatur eines ⇨netznervigen Blattes, bei dem von einem Hauptnerv beidseitig mehrere etwa gleich starke Seitennerven abgehen. Bsp. *Carpinus betulus* (Blatt 🗋). ⇨TAFEL 15

Fiederpaar Zwei in einem ⇨gefiederten Blatt einander gegenüberliegende Teilblätter.

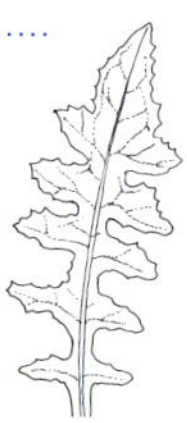

fiederschnittig Form eines ⇨gefiederten Blattes, bei dem die Buchten zwischen den Blattabschnitten weit über die Mitte einer Blatthälfte bis fast zum Mittelnerv des Blattes gehen. Bsp. *Valeriana officinalis* (Blatt). ⇨TAFEL 11, 27

fiederspaltig Form eines ⇨gefiederten Blattes, bei dem die Buchten zwischen den Blattabschnitten bis etwa zur Mitte einer Blatthälfte gehen. Bsp. *Hypochaeris radicata* (Blatt). ⇨TAFEL 11

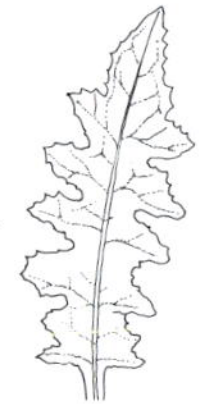

fiederteilig Form eines ⇨gefiederten Blattes, bei dem die Buchten zwischen den Blattabschnitten bis über die Mitte einer Blatthälfte gehen. ⇨TAFEL 11

Filament ⇨Staubfaden.

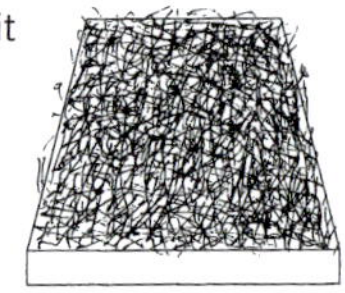

filzhaarig Dicht behaart mit ineinander verflochtenen Haaren. Da die Haare in alle Richtungen weisen, ergibt sich kein Seidenschimmer. Bsp. *Leontopodium alpinum*. Vgl. ⇨seidenhaarig, samthaarig. ⇨TAFEL 4

filzig ⇨filzhaarig.

fimbriat ⇨gefranst.

fingerförmig (1) Form eines zusammengesetzten Blütenstandes bei den Poaceae. Fingerförmige Blütenstände sind aus mehreren langen, schmalen Ähren oder Trauben zusammengesetzt, die am Ende des Halmes aus einem Punkt oder doch einander stark genähert entspringen. Bsp. *Digitaria sanguinalis* (Blütenstand 🗋). ⇨TAFEL 2
(2) Form eines zusammengesetzten Blattes mit 4 oder mehr handförmig (am gleichen Punkt) abgehenden Teilblättern. Synonym: gefingert. Bsp. *Potentilla verna* (Blatt). Vgl. ⇨handförmig.

fingerlappig Form eines ⇨gefingerten Blattes, bei dem die Buchten zwischen den Blattlappen deutlich weniger weit als bis zur Mitte einer Blatthälfte gehen. Bsp. *Malva neglecta* (Blatt). ⇨TAFEL 11

fingernervig ⇨handnervig. ⇨TAFEL 15

fingerschnittig Form eines ⇨gefingerten Blattes, bei dem die Buchten zwischen den Blattabschnitten weit über die Mitte einer

Blatthälfte bis fast zur Mittelrippe des Blattes gehen. Bsp. *Geranium dissectum* (Blatt). ⇨TAFEL 11

fingerspaltig Form eines ⇨gefingerten Blattes, bei dem die Buchten zwischen den Blattlappen etwa bis zur Mitte einer Blatthälfte gehen. Bsp. *Geranium pyrenaicum* (Blatt). ⇨TAFEL 11

fingerteilig Form eines ⇨gefingerten Blattes, bei dem die Buchten zwischen den Blattabschnitten bis über die Mitte einer Blatthälfte gehen. Bsp. *Geranium sylvaticum* (Blatt). ⇨TAFEL 11

flächig (1) Wenig eingeschnitten und daher im Verhältnis zum Blattumriss eine große Blattfläche bildend.
(2) Gegenüber verwandten Arten flach, 2-dimensional.

Flachspross Flächiger, oft blattartig verbreiterter Sprossabschnitt. Bsp. *Genista sagittalis*. Fachausdruck: Phyllokladium.

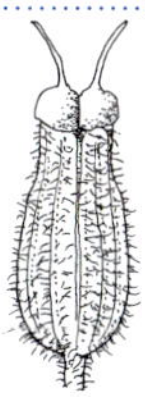

flaschenförmig Die Form einer Flasche bildend, mit breiterer Basis und plötzlich verschmälertem «Flaschenhals», z. B. bei flaschenförmigen Früchten. Bsp. *Athamanta cretensis* (Frucht 🗋).

Flaumhaare Feine, weiche, kurze bis mittellange Haare.

flaumhaarig Fein, weich behaart. Die Haare können locker oder dicht stehen. Synonym: weichhaarig. Bsp. *Quercus pubescens* (Blattunterseite). Fachausdruck: pubeszent. Vgl. ⇨rauhaarig. ⇨TAFEL 4

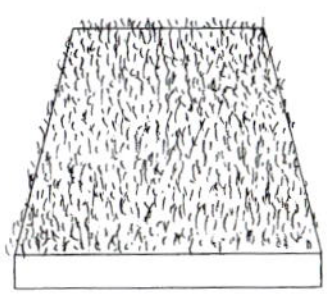

flaumig ⇨flaumhaarig.

fleischfressend ⇨karnivor. ⇨TAFEL 34

fleischig ⇨sukkulent. ⇨TAFEL 14

flockenhaarig Locker bis mäßig dicht behaart mit gruppierten und daher flockig wirkenden, sich leicht ablösenden und meist verzweigten Haaren. Bsp. *Verbascum pulverulentum* (Stängelhaare). Fachausdruck: floccosus.

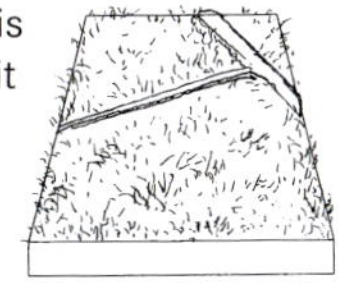

Flora (1) Gesamter Bestand an Pflanzenarten eines Gebietes.
(2) Schriftliche Zusammenstellung aller Pflanzen eines Gebietes, z. B. in Form eines Buches, meist mit Beschreibungen, Bestimmungsschlüsseln oder Abbildungen.

Florenelement Pflanzenarten, die einem bestimmten Gebiet (einer bestimmten ⇨Flora) zugeordnet werden, weil sie nur dort oder typischerweise dort vorkommen. Bsp. *Viola calcarata* in den Alpen. Vgl. ⇨Florengebiet.

Florengebiet Ein durch seine charakteristische Zusammensetzung von vornehmlich in ihm vorkommenden Pflanzenarten gekennzeichnetes Gebiet. Vgl. ⇨Florenelement.

Floristik Wissenschaft über das Vorkommen und die Verbreitung von Pflanzenarten in einem Gebiet. Dazu gehört auch die vollständige Erfassung des Florenbestandes eines Gebietes und deren Dokumentation. Synonym: floristische ⇨Geobotanik.

Flos ⇨Blüte.

Flügel (1) Bezeichnung der seitlichen Kronblätter bei Schmetterlingsblütlern (Fabaceae) und Kreuzblumengewächsen (Polygalaceae). Bsp. *Lotus* (Blüte). ⇨TAFEL 30
(2) Flächige Verbreiterung von Kanten, z. B. am Stängel oder entlang von Fruchträndern. Bsp. *Lathyrus latifolius* (Stängel),

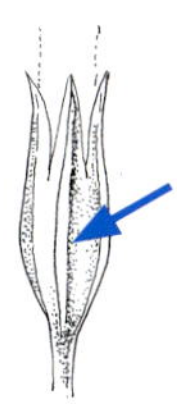

Gentiana verna (Kelch 🗋). Fachausdruck: Alae.

Flügelfrucht ⇨Flügelnuss.

flügelig gekielt Im Querschnitt einen Spitzbogen bildend, im Spitz mit einer flügelartigen Längsleiste versehen. Bsp. *Callitriche* (Frucht). Vgl. ⇨gekielt.

Flügelnuss (1) Spezialform einer nussartigen ⇨Schließfrucht, bei der die äußere Fruchtwand zu papierartigen Flügeln auswächst. Die Flügelform der Frucht dient der Windausbreitung. Bsp. *Acer, Tilia, Ulmus* (Frucht). Fachausdruck: Samara. ⇨TAFEL 24
(2) Deutscher Name der Gattung *Pterocarya*.

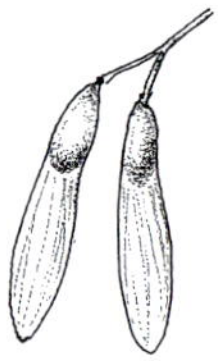

Flügelsaum Geflügelter Rand eines Organs, z. B. bei Früchten bzw. Teilfrüchten der Doldenblütler (Apiaceae). Bsp. *Heracleum sphondylium* (Frucht).

flutend Bezeichnung für untergetauchte, in Strömungsrichtung weisende Pflanzenteile im mehr oder weniger stark bewegten Wasser. Bsp. *Ranunculus fluitans* (Wasserblätter). Vgl. ⇨submers.

fo. ⇨Form.

Follikel ⇨Balgfrucht.

Form Selten verwendete, tiefe Rangstufe der Pflanzensystematik, noch unterhalb der ⇨Varietät stehend. Die Form wird gelegentlich für Individuen mit abweichenden Blütenfarben verwendet. Abkürzung: f. oder fo. Bsp. *Corydalis cava* f. *alba*. Fachausdruck: Forma.

Forma ⇨Form.

Formel ⇨Blütenformel.

Fortsetzungsspross Bezeichnung des Seitensprosses bei einer ⇨sympodialen Verzweigung, der die Weiterführung der Achse, also des Sprosssystems, übernimmt. Bsp. *Moehringia trinervia* (Sprosssystem 🗋).

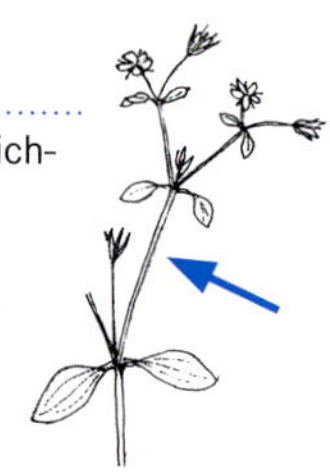

freifruchtblättrig Blüten mit freien, nicht miteinander verwachsenen Fruchtblättern. Gegensatz zu ⇨verwachsenfruchtblättrig (synkarp). Bsp. *Ranunculus acris* (Fruchtstand 🗋). Fachausdruck: apokarp. ⇨TAFEL 22

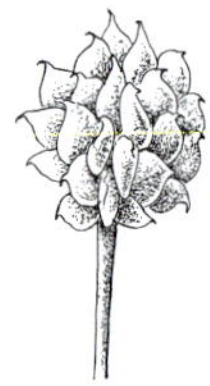

freikronblättrig Blüten mit freien, nicht miteinander verwachsenen ⇨Kronblättern. Gegensatz zu ⇨verwachsenkronblättrig (sympetal). Bsp. *Geranium pusillum* (Blüte). Fachausdruck: choripetal. ⇨TAFEL 20

Fremdbestäubung Bestäubung mit Blütenstaub eines anderen Individuums derselben Art. Fachausdruck: Xenogamie.

Frucht Gesamtheit der in der Regel vergrößerten ⇨Fruchtblätter einer Blüte, mit reifenden oder reifen Samen (selten ohne Samen). Echte Früchte werden nur bei den ⇨Bedecktsamern entwickelt, deren Samenanlagen in die Fruchtblätter eingeschlossen sind. Die Samen können auch nach der Fruchtreife in der Frucht eingeschlossen bleiben (⇨Schließfrucht) oder aus der Frucht freigelassen werden (⇨Streufrucht). Fachausdruck: Fructus. ⇨TAFEL 23, 24

Fruchtachse Gestauchter Sprossabschnitt, von dem die einzelnen Früchte abgehen. Bsp. *Adonis aestivalis* (fruchtende Einzelblüte 🗋).

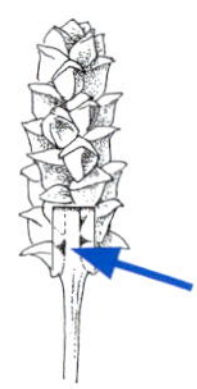

Fruchtbecher ⇨Cupula. ⇨TAFEL 24

Fruchtblatt Spezialisiertes Blatt bedecktsamiger Pflanzen, das die Samenanlagen trägt bzw. umschließt. Die Fruchtblätter bilden stets den innersten Kreis in einer Blüte. Fachausdruck: Karpell. ⇨TAFEL 19, 22

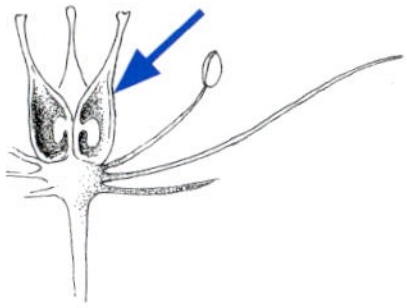

Fruchtboden Abgeflachte oder gewölbte Form der ⇨Fruchtachse.

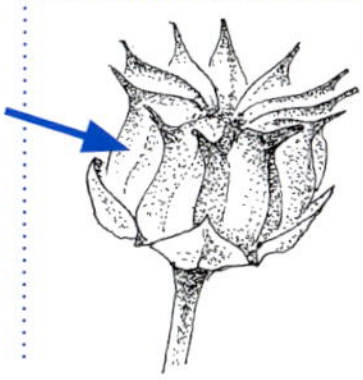

Fruchtfach Einzelne Kammer eines durch Scheidewände unterteilten ⇨Fruchtknotens. Fachausdruck: Loculus, Loculament. ⇨TAFEL 22

Fruchtfleisch Saftige Teile einer Frucht, oft aus der Fruchtwand entstehend. Fachausdruck: Pulpa. ⇨TAFEL 24

Fruchthalter ⇨Fruchtträger.

Fruchthülle Aus freien oder verwachsenen ⇨Vorblättern entstandene Umhüllung der Frucht. Bsp. *Carpinus betulus* (Frucht ◳).

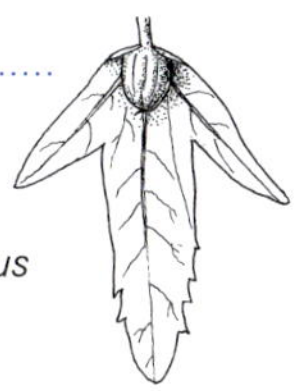

Fruchtkapsel ⇨Kapsel.

Fruchtklappen Teile der Fruchtwand, die sich bei der Fruchtreife durch Risse voneinander trennen. Bsp. *Epilobium* (Frucht ◳). Fachausdruck: Valven. ⇨TAFEL 23, 24

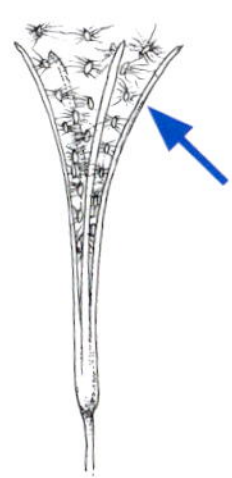

Fruchtknoten Unterer, meist verdickter Teil eines ⇨Fruchtblattes (bzw. des Stempels). Fruchtknoten können dem Blütenboden aufgesetzt (oberständiger Fruchtknoten), halb mit dem Blütenboden verwachsen (halb unterständig) oder vollständig mit dem Blütenboden verwachsen (unterständig) sein. Aus der Reifung des Fruchtknotens entwickelt sich die Frucht. Fachausdruck: Ovar. ⇨TAFEL 19, 22

Fruchtknotenstiel Mehr oder weniger deutlicher (oft sehr kurzer) Stiel zwischen ⇨Fruchtknoten und Blütenboden. Der Stiel besteht entweder aus Gewebe des Fruchtknotens oder aus Gewebe des Blütenbodens. Mit der Fruchtreife entsteht aus ihm der ⇨Fruchtträger. Bsp. *Gentiana, Salix, Silene*. Fachausdruck: Gynophor. Vgl. ⇨Blütenträger.

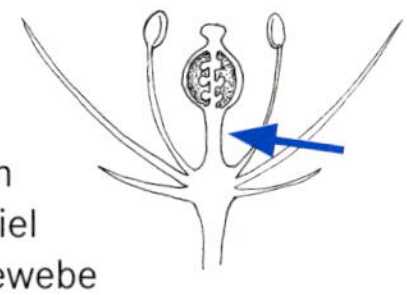

Fruchtschlauch Bei den Seggen (Gattung *Carex*) den ⇨Fruchtknoten vollständig umhüllendes, flaschenförmiges ⇨Vorblatt, einen Fruchtknoten vortäuschend und oft vereinfachend als Frucht bezeichnet, da der Fruchtknoten stets zusammen mit dem Fruchtschlauch abfällt. Bsp. *Carex*. Fachausdruck: Utriculus. ⇨TAFEL 32

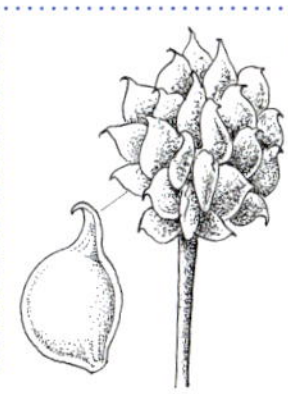

Fruchtschnabel Verschmälerter Fortsatz an der Fruchtspitze, oft aus dem ⇨Griffel hervorgehend («geschnäbelte Frucht»). Bsp. *Ranunculus acris* (Frucht). ⇨TAFEL 24

Fruchtschuppe Ein die Frucht tragendes bzw. umhüllendes, schuppenartiges Vorblatt. Vgl. ⇨Samenschuppe.

Fruchtstand Gesamtheit der Früchte, die aus einem ⇨Blütenstand hervorgehen. Manchmal wird der Begriff nur dann angewendet, wenn der Fruchtstand eine funktionelle Einheit bildet und wie eine Einzelfrucht wirkt. Bsp. *Medicago lupulina* (fruchtendes Köpfchen), *Arum maculatum* (Fruchtstand

aus Beeren). Fachausdruck: Infruteszenz. Vgl. ⇨Fruchtverband.

Fruchtstiel Die unmittelbar unter der Frucht ansetzende Sprossachse, die sich zum Tragen der Frucht von einem Muttерspross abtrennt. Vgl. ⇨Blütenstiel.

Fruchtträger Mit einem Stiel auf dem ursprünglichen Blütenboden aufgesetzte ⇨Frucht. Die Träger der Teilfrüchte von Doldenblütengewächsen (Apiaceae) werden manchmal ebenfalls Fruchtträger genannt. Bsp. *Silene rupestris* (Frucht 🗋). Fachausdruck: Karpophor. Vgl. ⇨Fruchtknotenstiel.

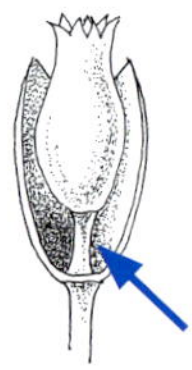

Fruchtverband Aus einem ⇨Fruchtstand entstandene Verbreitungseinheit (Diaspore). Bsp. *Ficus, Morus* (Fruchtstand).

Fruchtwand Außenwand einer Frucht, entwickelt aus der Fruchtknotenwand. An ihrer Innenseite sind oft die Samen angeheftet. Sie gliedert sich (von innen nach außen) in das ⇨Endokarp, das ⇨Mesokarp und das ⇨Exokarp auf. Fachausdruck: Perikarp. ⇨TAFEL 23, 24

Fruchtzähne Auffällige, der Frucht aufgesetzte, zahnartige Anhängsel. Bsp. *Oenothera* (Fruchtspitze).

Fructus ⇨Frucht.

Frühblüher Pflanzenarten, deren Hauptblütezeit im zeitigen Frühjahr liegt (in tiefen Lagen: Februar–April). Bsp. *Corydalis cava*. Vgl. ⇨ephemer.

Frühjahrsblätter Bei etlichen Pflanzen sind die sich im Frühjahr entwickelnden Blätter morphologisch verschieden von den sich im Sommer entwickelnden Blättern. Bsp. *Alchemilla, Pulmonaria*. Vgl. ⇨Sommerblätter.

frühjahrsgrün Bezeichnung für Pflanzen, deren Blätter sich jeweils im zeitigen Frühling entwickeln und bereits im Frühsommer wieder absterben. Bsp. *Anemone nemorosa*.

Frühlingsephemere ⇨ephemer.

Fundort Geografisch definierter Ort (mit Flurnamen oder geografischen Koordinaten) mit Vorkommen eines Individuums bzw. einer Population einer bestimmten Pflanzenart oder eines Pflanzenbestandes. Nicht zu verwechseln mit dem ökologisch definierten Begriff ⇨Standort.

fünffächerig ⇨-fächerig.

fünfteillig (1) Geteilte Blätter mit 5 Teilblättchen (⇨gefiedert oder ⇨gefingert). (2) Organ vollständig in 5 etwa gleiche Untereinheiten getrennt. Vgl. ⇨fünfzählig.

fünfzählig Blütenkreis (z. B. Kronblattkreis, Staubblattkreis) mit fünf Einheiten. Fünfzählige Blütenkreise kommen bei den ⇨Eudikotyledonen sehr häufig vor. Fachausdruck: pentamer. Vgl. ⇨-zählig, fünfteilig. ⇨TAFEL 2, 29

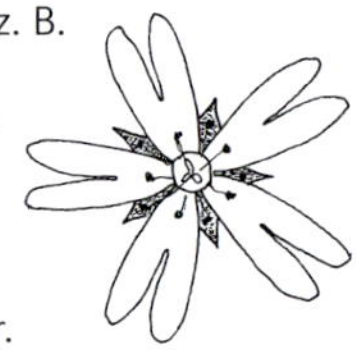

Funiculus ⇨Samenstielchen.

fußförmig In Abschnitte oder Teilblätter geteilt, dabei entspringen die Abschnitte einer Querachse und nicht einem Punkt. Bsp. *Dacunculus vulgaris* (Blatt). Fachausdruck: pedat. Vgl. ⇨handförmig. ⇨TAFEL 12

G

Gabelhaar Haar mit einem Stielchen, das sich an der Spitze in zwei ± gleich große Ästchen verzweigt. Bsp. *Leontodon hispidus* (Blatthaare). Vgl. ⇨Kompasshaare. ⇨TAFEL 4

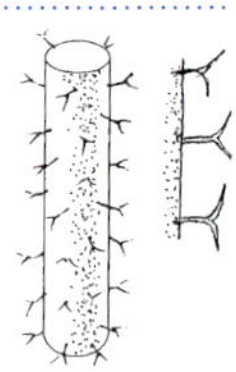

gabelhaarig Mit ⇨Gabelhaaren besetzt. ⇨TAFEL 4

gabelig verzweigt Verzweigung in zwei ± gleichwertige Seitensprosse. Fachausdruck: dichotom verzweigt. ⇨TAFEL 7

gabelnervig Verzweigung der Nerven in zwei ± gleichwertige Seitennerven. Bsp. *Nuphar lutea* (Blattnerven). ⇨TAFEL 15

Gabelung ⇨gabelig verzweigt. Bsp. *Myosotis arvensis* (Blütenstand). Fachausdruck: Dichotomie.

Gametophyt Beim Generationswechsel der Pflanzen diejenige Pflanzengeneration bezeichnend, welche die Gameten (sexuell differenzierte, haploide Zellen für die Fortpflanzung) bildet und einen haploiden (einfachen) Chromosomensatz enthält. Bei den Bärlappen und Farnen ist dies das ⇨Prothallium (Vorkeim), bei den Samenpflanzen ist dies der Embryosack der Samenanlagen (weiblicher Gametophyt) bzw. der Pollenschlauch (männlicher Gametophyt). Vgl. ⇨Sporophyt. ⇨TAFEL 26

ganzes Blatt Blattspreite mit zusammenhängender Fläche, die entweder ungegliedert ist oder sich in Abschnitte gliedert, die vom Blattrand her gegen den Mittelnerv höchstens bis zu 1/4 tief abgetrennt sind. Bsp. *Frangula alnus* (Blatt ◻ links), *Crataegus laevigata* (Blatt ◻ rechts). Vgl. ⇨geteiltes Blatt.

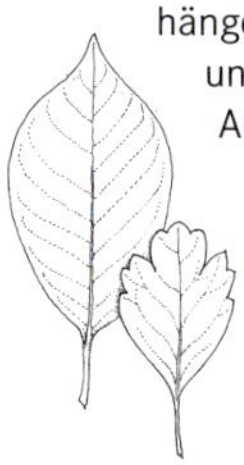

ganzrandig Blattrand ohne irgendwelche Einschnitte, Lappen oder Zähnungen. Bsp. *Ligustrum vulgare* (Blattrand). Fachausdruck: integer. ⇨TAFEL 11, 14

Gattung Wichtige Hauptrangstufe in der Pflanzensystematik, welche mehrere verwandte Arten zusammenfasst. Die Gattungsnamen bilden den ersten Teil des wissenschaftlichen, binären Namens einer Art. Fachausdruck: Genus. ⇨TAFEL 38

Gattungsbastard Kreuzung (⇨Hybride) mit Pflanzenarten aus zwei verschiedenen Gattungen. Bsp. *Triticum* × *Secale* (= ×*Triticale*). Fachausdruck: bigenerische Hybride.

Gaumen ⇨Schlundwulst. Bsp. *Linaria* (Blüte).

gebuchtet Blattrand mit Einbuchtungen. Bsp. *Quercus petraea* (Blatt). Fachausdruck: sinuat. Vgl. ⇨wellig. ⇨TAFEL 14

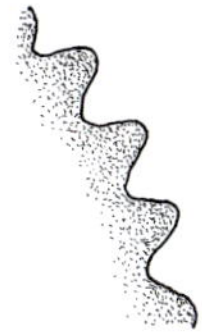

gedreht Drehung von Organen (z. B. ⇨Granne bei *Avena*) oder drehsymmetrisch angeordnete Organe. Bsp. *Vinca minor* (Kronzipfel).

gedrungen Spross im Vergleich mit ähnlichen oder nahe verwandten Arten etwas verkürzt bzw. mit leicht verkürzten ⇨Internodien. Bei noch stärker verkürzten Internodien spricht man von einem ⇨gestauchten Spross. Bsp. *Anacamptis pyramidalis* (Blütenstand). ⇨TAFEL 7

gefächert Bezeichnung für ⇨Fruchtknoten, die durch ⇨Scheidewände getrennt sind. Vgl. ⇨-fächerig.

gefaltet Blattspreite im Querschnitt schmal V-förmig. Bei den Poaceae werden in der Knospenlage gefaltete Blätter von spiralig ⇨gerollten Blättern unterschieden. Bsp. *Lolium perenne* (Blatt in der Knospenlage), im Gegensatz zu *L. multiflorum*. Fachausdruck: plicat. ⇨TAFEL 14

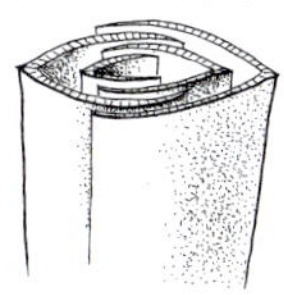

Gefäß Aneinandergereihte Zellen ohne Querwände in einem Leitbündel. Gefäße dienen der Wasserleitung innerhalb der Pflanze. Auch als Oberbegriff für Trachee und Tracheiden verwendet.

Gefäßbündel ⇨Leitbündel.

Gefäßkryptogamen Zusammenfassung der gefäßführenden Sporenpflanzen, also ⇨Bärlapppflanzen und ⇨Farne.

Gefäßpflanzen Pflanzen, die für die Wasserleitung über ⇨Gefäße verfügen. Mit dieser Bezeichnung werden die gefäßführenden Pflanzen in einer Gruppe (oft als ⇨Abteilung) zusammengefasst. Dazu gehören die Untergruppen ⇨Bärlapppflanzen, ⇨Farne und ⇨Samenpflanzen. Fachausdruck: Tracheophyta. ⇨TAFEL 37

Gefäßsporenpflanzen ⇨Gefäßkryptogamen.

gefiedert Bezeichnung für ein ⇨zusammengesetztes Blatt, bei dem mindestens je zwei Teilblätter beiderseits der Mittelrippe (⇨Blattspindel) angeordnet sind. Unpaarig gefiederte Blätter besitzen ein Endblättchen, paarig gefiederte Blätter besitzen kein Endblättchen; dieses ist oft in ein Spitzchen oder in eine ⇨Ranke umgebildet. Bsp. *Sorbus aucuparia* (Blatt □). Fachausdruck: pinnat.

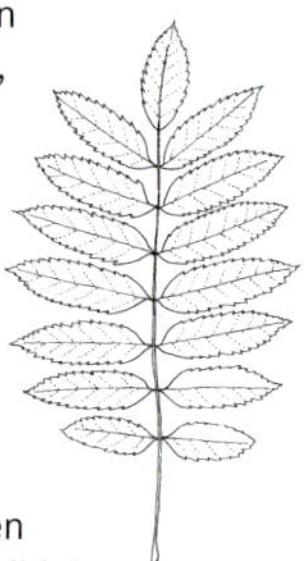

gefingert Bezeichnung für ein ⇨zusammengesetztes Blatt mit 4 oder mehr handförmig (am gleichen Punkt) angeordneten Teilblättern. Synonym: fingerförmig. Bsp. *Parthenocissus inserta* (Blatt □). Fachausdruck: digitat. ⇨TAFEL 11

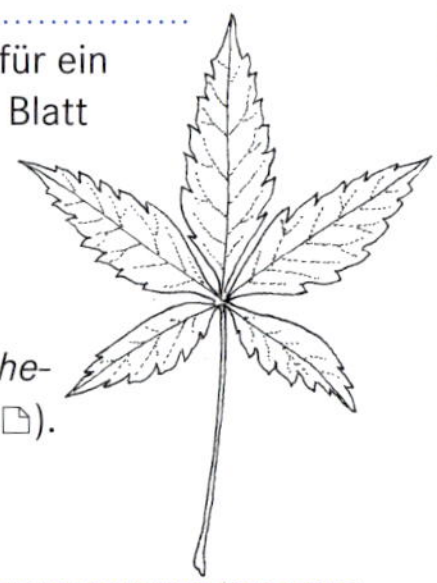

geflügelt Mit flächigen Längsleisten (⇨Flügeln) versehen. Flügel gibt es bei verschiedenen Organen (z. B. Stängeln oder Früchten). Bsp. *Lathyrus latifolius* (Stängel □), *Betula* (Samen). Fachausdruck: alat. Vgl. ⇨kantig. ⇨TAFEL 8, 9

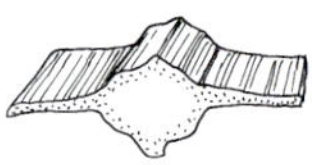

gefranst Mit Fransen versehener Blattrand (z. B. Laubblatt oder Kronblatt). Fransen sind verlängerte, schmal zugespitzte Zähne oder Abschnitte. Nicht zu verwechseln mit ⇨bewimpert. Bsp. *Gentiana ciliata* (Kronzipfel). Fachausdruck: fimbriat. ⇨TAFEL 9, 14, 20

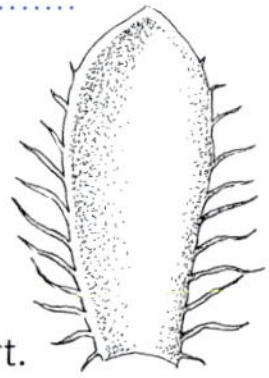

gefurcht Längs gerichtete, deutlich erkennbare Furchen auf der Oberfläche (z. B. von Stängeln), die im Querschnitt buchtig gezähnelt erscheinen. Bsp. *Ranunculus tuberosus* (Blütenstiel), *Dianthus armeria* (Kelchschuppen). Fachausdruck: sulcat. Vgl. ⇨gerillt, gerieft. ⇨TAFEL 8

gegabelt ⇨gabelig verzweigt.

gegenständig Zwei Organe (Blätter, Blüten) auf gleicher Höhe (aus gleichem Knoten) vom Spross abgehend. Bsp. *Cerastium fontanum* (Stängelblätter). Fachausdruck: opposit. Vgl. ⇨wechselständig. ⇨TAFEL 10

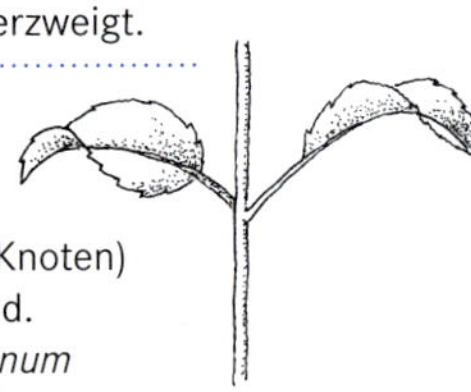

gegliedert In mehrere Abschnitte unterteilt. ⇨TAFEL 11

Gehölz ⇨Holzpflanze. ⇨TAFEL 33

geigenförmig Ähnlich der ⇨leierförmigen Blattform, aber ohne deutliche Seitenlappen, sondern mit verbreiterter Blattbasis und verbreitertem Blattende sowie einer dazwischenliegenden Einbuchtung. Bsp. *Prenanthes purpurea* (untere Stängelblätter). Fachausdruck: panduriform. ⇨TAFEL 12

Geitonogamie Bestäubung durch Blütenstaub einer Nachbarblüte desselben Individuums. Da die Bestäubung durch denselben Genotyp erfolgt, entspricht Geitonogamie einer Selbstbestäubung (⇨Autogamie).

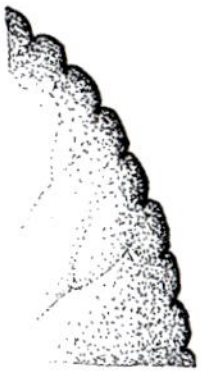

gekerbt Blattrand mit stumpfen Vorsprüngen, die durch spitze Buchten getrennt sind. Bsp. *Glechoma hederacea* (Blatt). Fachausdruck: crenat. Vgl. ⇨gesägt, gezähnt. ⇨TAFEL 14

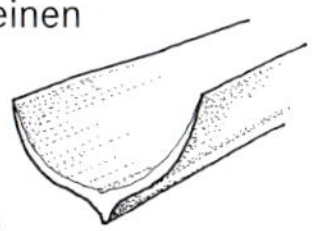

gekielt (1) Im Querschnitt einen Spitzbogen bildend. Bsp. *Poa trivialis* (Deckspelze). (2) Im Querschnitt nach oben gebogenes Blatt, das auf der Unterseite einen deutlichen Knick aufweist, der oft eine Längsleiste bildet. Fachausdruck: carinat. ⇨TAFEL 14

geknäuelt In kleinen, eng aneinanderliegenden Blütchen gruppiert, die so einen unregelmäßig geformten Blütenstand bilden.

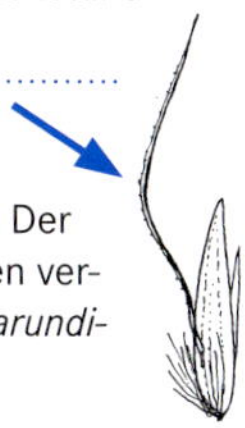

gekniet Natürlicherweise in einem stumpfen Winkel geknicktes, schmales Organ. Der Begriff wird oft bei ⇨Grannen verwendet. Bsp. *Calamagrostis arundinacea* (Granne 🗋).

gelappt Blatt wenig tief geteilt, typischerweise ca. 1/4 bis 1/3 einer Blatthälfte. Die Abschnitte (Lappen) können stumpf oder spitz sein. Nicht zu verwechseln mit ⇨wellig. Bsp. *Lycopus europaeus* (Blatt). ⇨TAFEL 14

genagelt Bezeichnung für ein ⇨Kronblatt, das gegen die Basis hin plötzlich in einem verlängerten, schmalen Teil zusammengezogen ist und so in einen schmalen (Nagel) und einen breiten (Platte) Teil gegliedert ist. Fachausdruck: unguikulat.

Generationswechsel Wechselnde Aufeinanderfolge von geschlechtlicher (⇨Gametophyt, ⇨haploide Phase) und ungeschlechtlicher Generation (⇨Sporophyt, ⇨diploide Phase). Bei den Gefäßkryptogamen ist der Generationswechsel deutlich ausgeprägt, indem in der haploiden Phase ein ⇨Prothallium gebildet wird. Bei den ⇨Samenpflanzen verbleibt die haploide Phase an der Mutterpflanze (⇨Embryosack und ⇨Pollenschlauch) und bleibt so im Verborgenen. ⇨TAFEL 26

Genintrogression ⇨Introgression.

Genotyp Gesamtheit des Erbmaterials (der Gene) eines Individuums, also sein «Erbbild». Verschiedene Genotypen derselben Art können, je nach Plastizität der Gene, äußerlich immer noch sehr ähnlich aussehen. Umgekehrt können ähnliche Genotypen aufgrund von ⇨Modifikationen sehr unterschiedlich aussehen. Vgl. ⇨Phänotyp.

Genpool Gesamtheit aller verschiedenen Gene innerhalb der Population einer Art.

Genus ⇨Gattung.

geöhrt Mit ⇨Öhrchen versehen. ⇨TAFEL 13

Geobotanik Lehre über die Verbreitung der Pflanzen. Die Wissenschaft im Übergang zwischen Botanik und Geografie vereinigt Aspekte der Standortskunde (Verbreitung der Pflanzen in der Landschaft), der Arealkunde (Verbreitung der Pflanzen auf der Erde) und der Vegetationsgeschichte (Entstehung der heutigen Verbreitung).

Geophyt Krautige Pflanzen, deren Überdauerungsknospen im Erdboden liegen, meist in speziellen unterirdischen Organen wie ⇨Rhizomen, ⇨Zwiebeln oder ⇨Knollen (eine der Lebensformtypen von Pflanzen nach Christen Raunkiær). Diese Lebensform ist typisch für kurzzeitig günstige Standorte wie z. B. den feuchten, hellen Frühlingswald kurz vor dem Laubaustrieb. Bsp. *Corydalis cava, Polygonatum multiflorum*. ⇨TAFEL 35

gepaart Zu zweit, also paarweise, nebeneinander angeordnet, z. B. zwei nebeneinanderstehende Blüten oder Früchte. Bsp. *Lonicera xylosteum* (Blüten). ⇨TAFEL 2

G

gerieft Mit «Riefen» versehen, also feinen, wenig tief eingeschnittenen, aber deutlich erkennbaren Längslinien. Der Begriff wird oft bei der Beschreibung der Oberfläche grasartiger Blätter verwendet. Die Längslinien geriefter Blätter sind weniger markant als bei ⇨gerillten Blättern. Bsp. *Equisetum hyemale* (Spross 🗋), *Agrostis stolonifera* (Blattoberfläche).

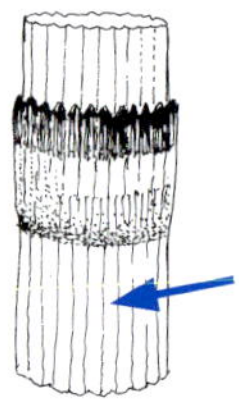

gerillt Bezeichnung für meist in der Längsrichtung verlaufende, feine (fein gerillt) oder grobe (grob gerillt) Rillen auf der Oberfläche eines Organs. Die Längslinien gerillter Blätter sind markanter als bei ⇨gerieften Blättern. Bsp. *Deschampsia caespitosa* (Blattoberfläche 🗋). ⇨TAFEL 8

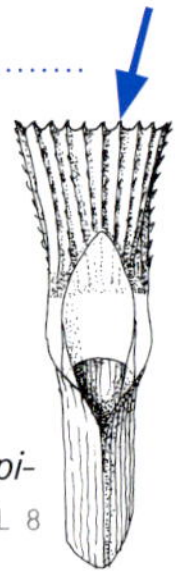

gerippt Oberfläche eines Organs (Spross, Frucht, Blatt), die im Querschnitt mit kleineren, spitzen oder abgerundeten Erhebungen versehen ist. Die Längslinien gerippter Organe sind markanter als bei ⇨gerillten Organen. Bsp. *Carum carvi* (Frucht 🗋). Vgl. ⇨gefurcht, kantig. ⇨TAFEL 8

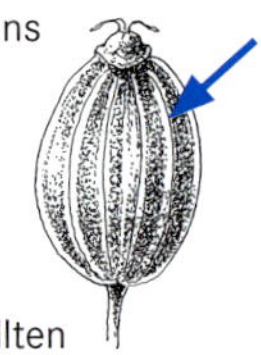

gerollt Blattspreite im Querschnitt spiralig. Bei den Poaceae werden in der Knospenlage gerollte Blätter von ⇨gefalteten Blättern unterschieden. Bsp. *Lolium multiflorum* (Blatt in Knospenlage, im Gegensatz zu *L. perenne*). ⇨TAFEL 14

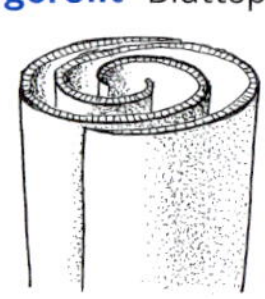

gerundet ⇨abgerundet.

gesägt Blattrand mit spitzen Vorsprüngen, die durch spitze Buchten getrennt sind. Fachausdruck: serrat. Vgl. ⇨gezähnt, gefurcht. ⇨TAFEL 14

gescheitelt An einem waagrechten Spross sind die Blätter so angeordnet, dass sie zusammen in einer Ebene liegen. Bsp. *Abies alba* (Nadeln).

geschlängelt Wellig verformter Sprossabschnitt, oft bei ⇨Rispenästen der Poaceae anzutreffen. Bsp. *Avenella flexuosa* (Rispenäste 🗋).

Geschlechtsdimorphismus Konstante Formenunterschiede zwischen weiblichen und männlichen Individuen derselben Pflanzenart. Bsp. *Silene pratensis*.

geschlechtslos ⇨steril.

geschnäbelt ⇨Fruchtschnabel.

geschnitten Blatt tief geteilt, ca. 2/3 einer Blattspreite bis fast zur Mittelrippe. Die Abschnitte können stumpf oder spitz sein. Bsp. *Senecio erucifolius*. Vgl. ⇨gespalten, gelappt.

geschweift Ergänzende Beschreibung eines Blattrandes, bei welchem z. B. die Zähne oder Lappen weit voneinander entfernt liegen und in weiten Bögen miteinander verbunden sind (z. B. geschweift gezähnt, geschweift gelappt). Bsp. *Alliaria petiolata* (Blattzähne bei großen Blättern).

gespalten Blatt tief geteilt, typischerweise ca. 1/3 bis 2/3 einer Blattspreite (Laubblatt oder Kronblatt). Die Abschnitte können stumpf oder spitz sein. Vgl. ⇨geschnitten, gelappt. ⇨TAFEL 20

gespornt Bezeichnung für Blüten, die mit einem ⇨Sporn versehen sind. Bsp. *Impatiens noli-tangere* (Blüte 🗋). Fachausdruck: calcarat. ⇨TAFEL 20, 30

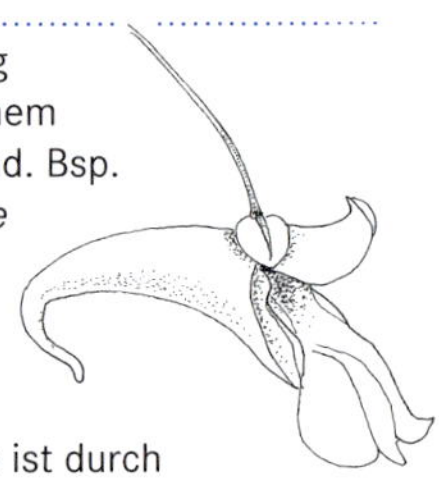

gestaucht Der Spross ist durch eng aufeinanderfolgende ⇨Internodien stark oder vergleichsweise stark (gegenüber ähnlichen Arten) verkürzt. Bei etwas weiter aufeinanderfolgenden Internodien wird eher von ⇨gedrungen gesprochen. Gegensatz zu ⇨gestreckt. Bsp. *Gentiana ramosa* (Stängel). Vgl. ⇨gedrungen. ⇨TAFEL 7

gestielt Bezeichnung für ein Pflanzenorgan (z. B. Blatt, Blüte, Knospe), das mit einem Stiel versehen ist. Fachausdruck: petiolat. Vgl. ⇨sitzend. ⇨TAFEL 10, 16

gestreckt Der Spross ist durch Streckung der ⇨Internodien verlängert. Gegensatz zu ⇨gestaucht. Bsp. *Cerastium fontanum* (Stängel). Vgl. ⇨gedrungen. ⇨TAFEL 7

gestutzt Durch eine gerade Querlinie abschließendes Blattende (oder anderes Pflanzenorgan), das somit an der Spitze abgeflacht ist und oft wie abgeschnitten erscheint. Bsp. *Deschampsia caespitosa* (Deckspelze), *Salix retusa* (Blatt 🗋). ⇨TAFEL 13

geteilt Bezeichnung für ein ⇨einfaches Blatt, bei dem die Spreite vom Rand her mindestens bis zu 1/4 durch Einschnitte oder Einbuchtungen gegliedert ist. Dabei wird zwischen gelappt (bis ca. 1/3), gespalten (bis ca. 2/3), geteilt (im engeren Sinne) (mehr als 2/3) und geschnitten (bis fast zum Grund) unterschieden. Gegensatz zum ⇨ganzen, ungeteilten Blatt.

getrenntgeschlechtig Männliche und weibliche Blüten befinden sich in getrennten Blüten bzw. getrennten ⇨Blütenständen. Vgl. ⇨monözisch, diözisch.

getrenntkronblättrig ⇨freikronblättrig.

gewellt ⇨wellig. ⇨TAFEL 14

gewimpert ⇨bewimpert.

gezähnelt Sehr fein ⇨gezähnter Blattrand. Fachausdruck: denticulat. ⇨TAFEL 14

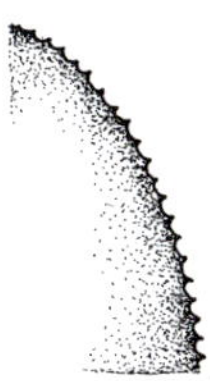

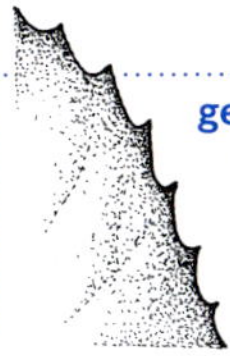

gezähnt Blattrand mit spitzen Vorsprüngen und stumpfen Buchten. Bsp. *Castanea sativa* (Blatt). Fachausdruck: dentat. Vgl. ⇨gesägt. ⇨TAFEL 14

Gipfelährchen Ährchen an der Spitze des Blütenstandes von Sauer- und Süßgräsern (Cyperaceae, Poaceae). Bsp. *Hordeum vulgare* (Blütenstand).

Gipfeldolde Dolde (eigentlich ⇨Doppeldolde) an der Spitze eines Blütenstandes aus mehreren Dolden.

G

Gipfelknospe ⇨Endknospe. ⇨TAFEL 7

gitternervig Eigenschaft der Rückwand von Blattscheiden der Gattung *Carex*, die sich nicht längsfaserig, sondern netzfaserig (aus Leitbündelfasern mit Querverbindungen gebildet) ablösen. Gitternervige Blattscheiden können ein wichtiges vegetatives Bestimmungsmerkmal sein. Bsp. *Carex acutiformis* (Blattscheidenrückwand).

glatt Oberfläche (z. B. Blatt) ohne Unebenheiten. Gegensatz zu ⇨rau, ⇨papillös, ⇨höckerig, ⇨gerillt usw. ⇨TAFEL 3

glauca ⇨glauk.

glauk Helle, blaugrüne Verfärbung der Oberfläche durch besonders ausgeprägte ⇨Cuticula. Fachausdruck: glauca. Vgl. ⇨bereift. ⇨TAFEL 3

gleichährig ⇨Homostachyae.

Gliederhaare Andere Bezeichnung für mehrzellige Haare, die oft als solche schon mit einer guten Lupe sichtbar sind. Bsp. *Centaurea nervosa* (Borstenhaare). Vgl. ⇨behaart.

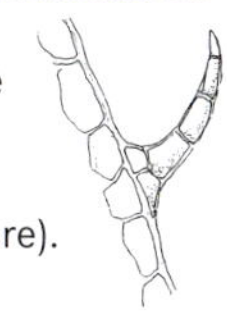

Gliederhülse Perlschnurartig verdickte, samenhaltige, mit quer stehenden (falschen) Scheidewänden versehene und quer in Glieder zerfallende ⇨Hülse. Die

Gliederhülse entsteht demnach ursprünglich aus einem einzigen Fruchtblatt. Bsp. *Hippocrepis comosa* (Frucht). Vgl. ⇨Hülse.

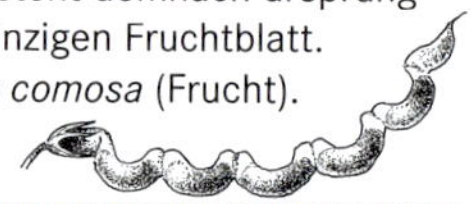

Gliederschote Perlschnurartig verdickte, samenhaltige, mit quer stehenden (falschen) Scheidewänden versehene und quer in Glieder zerfallende Schote. Sie ist also ursprünglich aus zwei längs verwachsenen Fruchtblättern entstanden. Bsp. *Raphanus raphanistrum* (Frucht □). Vgl. ⇨Schote.

Glochidien Einzellige Haare mit rückwärtsgerichteten, spitzigen Fortsätzen («Ankerhaaren»), die wie Widerhaken funktionieren. Bsp. *Opuntia humifusa*. ⇨TAFEL 4

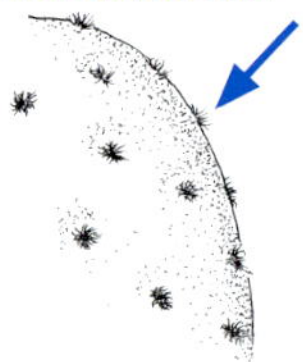

glockenförmig Verwachsene Blüte, die sich nach außen glockenartig (in geschwungener Linie von unten nach oben) erweitert. Bsp. *Campanula rotundifolia* (Blüte □). Fachausdruck: campanulat. ⇨TAFEL 1, 20

glockig ⇨glockenförmig. ⇨TAFEL 20

Glomerulus ⇨Knäuel.

Granne Borstenförmiger Fortsatz an einem Pflanzenorgan (z. B. Laubblatt, Kelchblatt, Blütenblatt). Grannen gibt es oft bei den ⇨Hüllspelzen oder ⇨Deckspelzen (Hochblätter) der Süßgräser (Poaceae). Bsp. *Trisetum flavescens* (Deckspelzen □). Fachausdruck: Arista. ⇨TAFEL 32

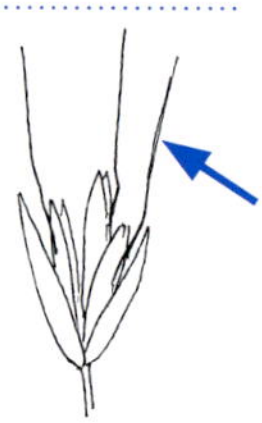

grannenartig Bezeichnung für eine kurze, borstenhaarige Verlängerung einer Blattspitze.

grannenspitzig Verlängerung des Mittelnervs als ⇨grannenartige, spitze Borste auf einer ± abgerundeten Blattspitze. Bei nur kurzer Verlängerung wird eher von ⇨stachelspitzig gesprochen. ⇨TAFEL 13

grannig gesägt Blattrand mit spitzen Vorsprüngen, die ⇨grannenartig verlängert sind.

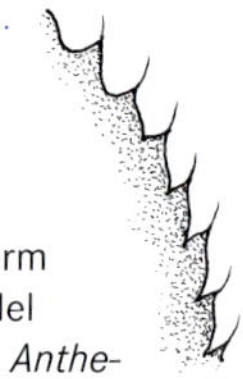

grasartig Schmale, lange Blattform mit über weite Strecken ± parallel verlaufenden Blatträndern. Bsp. *Anthericum ramosum* (Blatt). ⇨TAFEL 34

graufilzig Dichte, in alle Richtungen ineinander verwobene grauweiße Haare. Graufilzig behaarte Blätter weisen durch die in alle Richtungen zeigenden Haare keinen Seidenschimmer auf. Bsp. *Carduus personata* (Blattunterseite). Vgl. ⇨weißfilzig.

grauflaumig Behaarung aus grau gefärbten ⇨Flaumhaaren.

grauzottig Behaarung mit weichen, lang abstehenden, hellgrauen Haaren. Bsp. *Galinsoga quadriradiata* (obere Stängelabschnitte).

Griffel Verschmälerter Teil eines freien oder verwachsenen ⇨Fruchtblattes, der an seinem oberen Ende die ⇨Narben trägt. Bei verwachsenen Fruchtblättern können die Griffel frei sein (Anzahl der Griffel entspricht der Anzahl der Fruchtblätter) oder verwachsen sein. Wenn die Griffel nur im unteren Teil verwachsen sind, bilden sich Griffeläste. Fachausdruck: Stylus. ⇨TAFEL 19, 22

Griffelast Oberer, unverwachsener und oft spreizender Teil eines sonst aus mehreren ⇨Fruchtblättern verwachsenen Griffels. Bsp. *Blackstonia* (Fruchtknoten □).

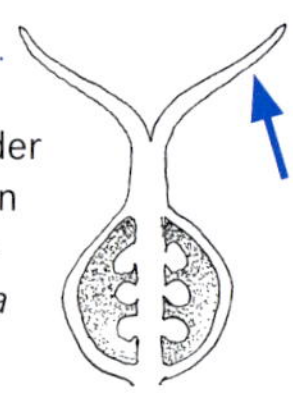

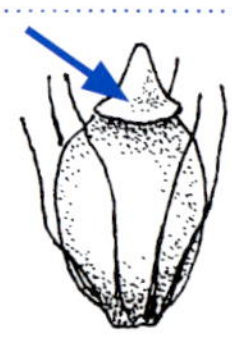

Griffelbasis Deutlich erkennbare Verdickung (z. B. ein abgesetzter Kegel) am Übergang zwischen dem Fruchtknoten und dem Griffel. Bsp. *Eleocharis* (Fruchtknoten □).

Griffelkanal Schmale, von einer Scheibe (Diskus) verdeckte, röhrige Öffnung des Fruchtbechers (der Hagebutte) bei der Gattung *Rosa*. Die Breite des Griffelkanals kann wichtige Bestimmungshinweise liefern. Um sie zu messen, muss die Frucht direkt unterhalb des Narbenköpfchens quer geschnitten werden. Bsp. *Rosa* (Sammelfrucht).

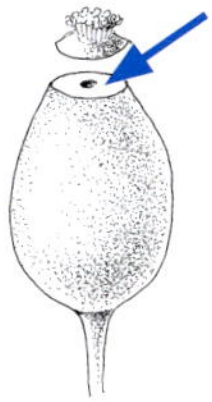

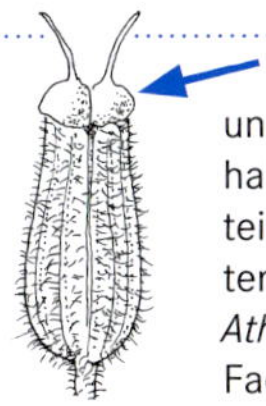

Griffelpolster Verdickter und meist Drüsengewebe enthaltender Basalteil des zweiteiligen Griffels bei Doldenblütengewächsen (Apiaceae). Bsp. *Athamanta cretensis* (Frucht □). Fachausdruck: Stylopodium.

Griffelsäule (1) Aus der Verwachsung von Griffel und Staubblättern entstandenes Blütenorgan. Oft werden die männlichen und weiblichen Gewebe durch ein Trenngewebe, das Schnäbelchen (Rostellum), voneinander abgetrennt. Bsp. Orchidaceae (Blüte). Fachausdruck: Gynostemium, Columella, Columna. (2) Säulenartig gebündelte Griffel in der Gattung *Rosa*. Bsp. *Rosa stylosa* (Blüte oder Frucht).

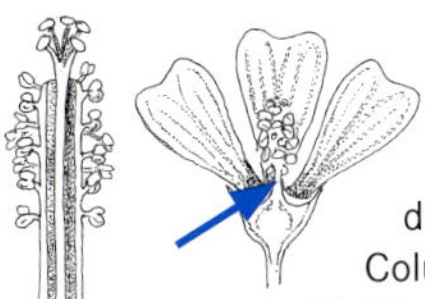

Grobwurzeln Kräftige, oft verholzte Wurzelteile, die meist dicker als 2 mm sind und vornehmlich das Wurzelgerüst aufbauen und der Verankerung dienen. Vgl. ⇨Feinwurzeln. ⇨TAFEL 5

grubig punktiert Eng aneinanderliegende, kleine Vertiefungen, welche eine Oberfläche in der Aufsicht gepunktet erscheinen lassen (evtl. erst durch die Lupe).

Grundblatt Am Grund des Sprosses abgehendes, also ⇨grundständiges Blatt, oft Teil einer grundständigen Blattrosette. Gegensatz zu ⇨Stängelblatt. ⇨TAFEL 7

Grundorgane Als Grundorgane der höheren Pflanzen gelten die Wurzel, die Sprossachse (bzw. der Spross) und das Blatt (mit all seinen Abänderungen). Die Blütenorgane sind keine Grundorgane. Sie werden als Spezialisierungen des Blattes gedeutet.

Grundrosette Am Grund des Sprosses, also ⇨basal angeordnete ⇨Rosette aus Laubblättern. Bsp. *Scilla siberica* (Grundblätter □).

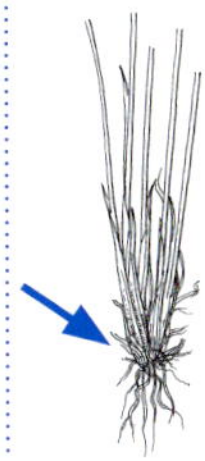

Grundscheiden Blattscheiden (mit oder ohne Spreiten) am Grund des Sprosses, die diesen oft in mehreren Lagen umschließen. Die Färbung oder die Art der Zerfaserung der Grundscheiden kann wichtige Bestimmungsmerkmale liefern. Bsp. *Carex* (Sprossgrund).

grundständig Pflanzenorgan (z. B. Blüte oder Blatt) am Grund eines Haupt- oder Seitensprosses, also ⇨basal ansetzend. Bsp. *Carex halleriana* (unterster weiblicher Blütenstand). Vgl. ⇨Grundblatt. ⇨TAFEL 10

Guttation Absonderung von Wasser in flüssiger Form, vornehmlich an Blatträndern, seltener auch an Sprossen. Bsp. *Alchemilla vulgaris* (Blattrand). Vgl. ⇨Hydathode.

Gymnospermen ⇨Nacktsamer. ⇨TAFEL 28, 37

gynobasisch Am Grund des Fruchtknotens ansetzend, z. B. gynobasischer Griffel.

gynodiözisch Unvollständig zweihäusige Pflanze, von der es zwittrige und rein weibliche Individuen gibt. Bsp. *Achillea, Thymus*. Vgl. ⇨androdiözisch. ⇨TAFEL 19

gynomonözisch Unvollständig einhäusige Pflanze, von der es am gleichen Individuum (oft sogar im gleichen Blütenstand) sowohl zwittrige als auch rein weibliche Blüten gibt. Bsp. *Bellis perennis*. Vgl. ⇨andromonözisch. ⇨TAFEL 19

Gynophor ⇨Fruchtknotenstiel.

Gynostegium Ein den Fruchtknoten bedeckender Kopf bei der Familie der Hundsgiftgewächse (Apocynaceae), entstanden aus dem Zusammenwachsen von Narben mit den anliegenden Staubbeuteln.

Gynostemium ⇨Griffelsäule.

Gynözium Gesamtheit der weiblichen Teile einer Blüte. Andere Schreibweise: Gynoeceum. ⇨TAFEL 19

H

haardünn Angabe zur Breite von Zipfeln. Haardünn ist meist noch feiner als ⇨fadenförmig. Synonym: haarfein. Bsp. *Aira caryophyllea* (Rispenast).

Haare Haarförmige, einzellige oder mehrzellige Auswüchse der ⇨Epidermis. Fachausdruck: Trichome.

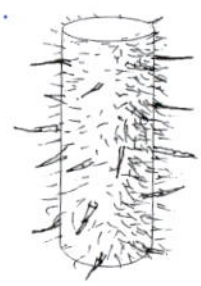

haarfein ⇨haardünn.

Haarkranz Haarleiste (Anhängsel der Blattscheide) am Übergang der Blattscheide in die Blattspreite bei verschiedenen Vertretern der Poaceae. Der Haarkranz ersetzt das sonst hier oft ausgebildete ⇨Blatthäutchen. Bsp. *Danthonia decumbens* (Blattbasis □).

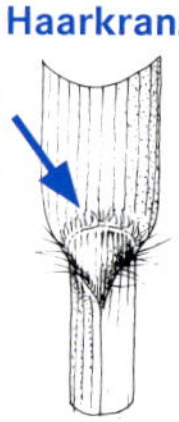

Haarleiste Entlang einer Linie angeordnete Haare. Bsp. *Stipa pennata* (Deckspelze), *Veronica chamaedrys* (Stängel).

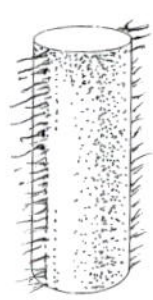

haarspitzig Mit einem auffallenden, endständigen Haar versehen. Bsp. *Athamanta cretensis* (Hüllblätter).

Habitat ⇨Standort.

Habitus Gesamterscheinung einer Pflanze, charakteristische Gesamtgestalt.

hängend Blüten oder Früchte vom Spross nach unten abzweigend. Vgl. ⇨überhängend. ⇨TAFEL 16

Haftkletterer Kletternde Pflanzen, die sich am Substrat mithilfe von Haftorganen (⇨Haftscheiben, ⇨Haftwurzeln) festhalten. Bsp. *Hedera helix*. Vgl. ⇨Kletterpflanze. ⇨TAFEL 33

Haftscheibe (1) Scheibenartig verbreitertes Ende von ⇨Blattranken oder ⇨Sprossranken, die sich an einer Oberfläche anhaften können. Sie weisen typischerweise einen Durchmesser von wenigen Millimetern auf. Bsp. *Parthenocissus inserta* (Sprossranken □). Fachausdruck: Appressorien. ⇨TAFEL 33
(2) Klebriges, auf dem Insekt haftendes Füßchen eines ⇨Pollinariums. Fachausdruck: Viszidium.

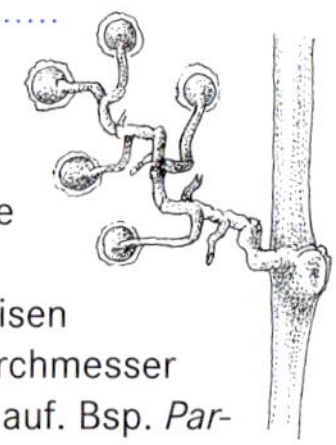

Haftwurzeln Sprossbürtige Wurzeln einiger ⇨Epiphyten und ⇨Kletterpflanzen, die dem Festhalten auf ihrer Unterlage dienen. Bsp. *Hedera helix*.

Hagebutte Spezielle Fruchtform der Gattung *Rosa*. Die ⇨Scheinfrucht entsteht durch die Vergrößerung des Achsenbechers, der im Innern die eigentlichen Früchte enthält. Bsp. *Rosa* (Scheinfrucht □).

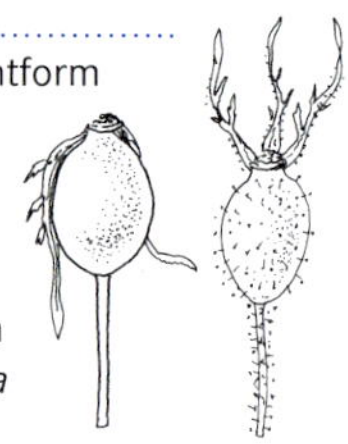

Hakenborsten Borstige, am Ende gekrümmte Haare, ähnlich wie ⇨Hakenhaare, aber kräftiger. Bsp. *Circaea lutetiana* (Frucht).

Hakenhaare Speziell geformte Haare, die am Ende einen Haken aufweisen. Meist dient diese Haarform der Verbreitung, indem sich eine mit Hakenhaaren versehene Diaspore im Fell von Tieren verfängt. Bsp. *Myosotis* (Kelch). Vgl. ⇨epizoochor. ⇨TAFEL 4

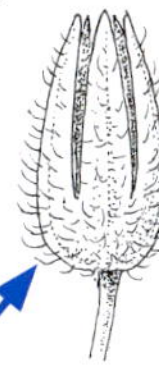

hakig (1) Gekrümmte Form eines Organs. (2) Oberfläche mit Haken besetzt. Bsp. *Tragus* (Borsten auf den Hüllspelzen).

halbkugelig Bezeichnung für Blütenstände, die im Umriss die Form einer Halbkugel bilden. Bsp. *Succisa pratensis* (Blütenstand). ⇨TAFEL 1

Halbparasit Pflanzen, die grüne Blätter besitzen und daher selbstständig Fotosynthese betreiben, die aber gleichzeitig einem Wirt durch Anzapfen seiner Wurzeln Wasser und darin gelöste Mineralien entnehmen. Bsp. *Rhinanthus, Thesium*. Fachausdruck: Hemiparasit. Vgl. ⇨Vollparasit. ⇨TAFEL 34

Halbquirl Bezeichnung für einen Teilblütenstand von Arten der Lippenblütler (Lamiaceae), bei denen die Blüten scheinbar etagenweise in Quirlen angeordnet erscheinen. Auf jeder Etage sitzen jedoch jeweils zwei gegenständige ⇨Dichasien, von denen je eines zum einfacheren Verständnis als Halbquirl bezeichnet wird. Bsp. *Calamintha menthifolia* (Teilblütenstand).

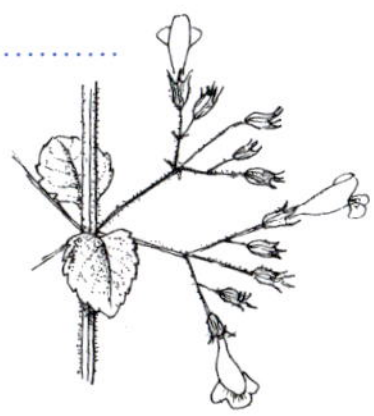

Halbrosettenpflanze Pflanze, die im Vergleich zu den ⇨Rosettenpflanzen neben den rosettig angeordneten Grundblättern auch entlang des Stängels Blätter (Stängelblätter) aufweist. Bsp. *Hieracium murorum*.

halbschattig Kennzeichnung der Lichtverhältnisse am Wuchsort einer Pflanze, der zwar beschattet ist, aber mindestens 10 % der relativen Beleuchtungsstärke aufweist. Vgl. ⇨Lichtzahl.

halbstängelumfassend Sitzendes Blatt, dessen Blattgrund («Öhrchen») den Stängel nur zur Hälfte umfasst. Bsp. *Cicerbita plumieri* (Stängelblatt). Fachausdruck: semiamplexikaul. Vgl. ⇨stängelumfassend. ⇨TAFEL 10

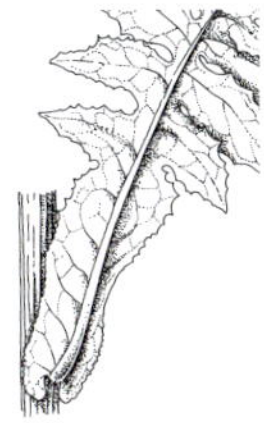

halbstielrund Bezeichnung für Sprosse oder Blätter mit halbkreisförmigem Querschnitt. Vgl. ⇨stielrund.

Halbstrauch Mehrjährige, in den unteren Teilen verholzte und in den oberen Teilen krautige Pflanze. Die krautigen Triebe sterben nach der Blüte, bei Trockenheit oder im Winter meist ab. Bsp. *Veronica fruticans*. Vgl. ⇨Chamaephyt. ⇨TAFEL 33

halb unterständig Bezeichnung für Blüten, deren ⇨Fruchtknoten im unteren Teil mit dem Blütenboden verwachsen ist. Die übrigen Blütenteile setzen seitlich am Rand des Achsenbechers an. Bsp. *Chrysosplenium alternifolium* (Blüte). Fachausdruck: perigyn. Vgl. ⇨mittelständig. ⇨TAFEL 22

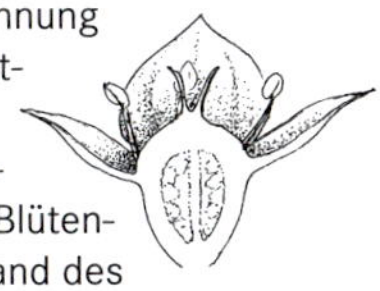

Halm Krautiger Stängel, der im Innern der ⇨Internodien in der Regel hohl ist, unterbrochen von Querwänden an den ⇨Knoten. Meist wird nur bei grasartigen Pflanzen von Halmen gesprochen. Besonders große oder verholzte Halme werden eher als Rohre bezeichnet. ⇨TAFEL 32

Halmknoten Bezeichnung für ⇨Knoten an den ⇨Halmen der Süßgräser (Poaceae). ⇨TAFEL 32

Halophyt ⇨Salzpflanze.

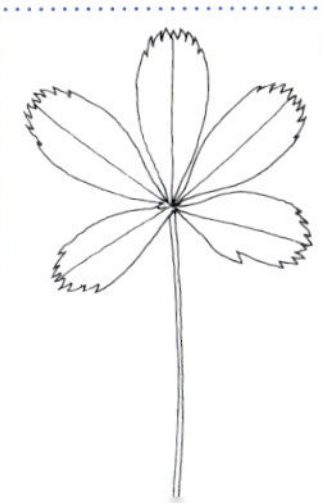

handförmig In Teilblätter oder tiefe Abschnitte geteiltes Blatt, bei dem die Teilblätter einem Punkt entspringen (handförmig geteilt, handförmig gefingert). Bsp. *Alchemilla alpina* (Blatt ⎘). Fachausdruck: palmat. Vgl. ⇨fußförmig. ⇨TAFEL 11

handnervig Form der ⇨Blattnervatur, bei der vom Blattgrund aus strahlenförmig mehrere Hauptnerven abgehen. Synonym: fingernervig. Bsp. *Malva sylvestris*, *Abutilon theophrasti* (Blatt ⎘). ⇨TAFEL 15

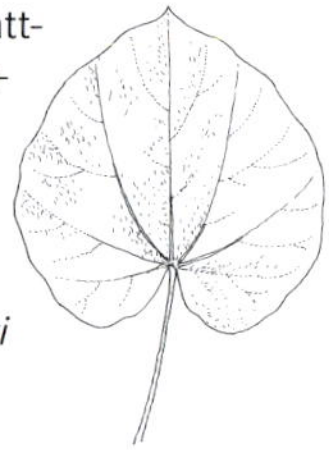

hapaxanth Wuchsform einer nur einmal blühenden bzw. fruchtenden Pflanze. Neben ⇨Einjährigen gibt es auch mehrjährige hapaxathe Pflanzenarten, die oft erst nach Jahren vegetativen Wachsens einmal blühen (wie z. B. Agaven). Gegensatz zu ⇨pollakanth. Synonym: monokarpisch. Bsp. *Saxifraga cotyledon*.

haploid Mit einfachem Chromosomensatz. Gegensatz zu ⇨diploid. ⇨TAFEL 26

haplostemon Blüte mit einem einzigen Staubblattkreis. Bsp. *Campanula* (Blüte). Vgl. ⇨diplostemon, polystemon. ⇨TAFEL 21

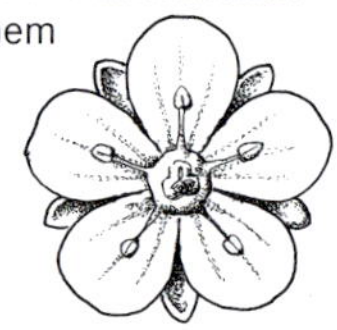

hartlaubig ⇨sklerophyll.

Harzdrüsen Harz ausscheidende, mit der Lupe meist gut erkennbare Drüsen, die auf der ⇨Epidermis von Pflanzenorganen (z. B. der Rinde von Sprossachsen) sitzen. Bsp. *Betula pendula* (junge Zweige).

Harzkanal Unterschiedlich gestalteter, kleinerer oder größerer Hohlraum im Sprossinneren, in dem sich Harz ansammelt.

Hauptachse ⇨Hauptspross.

Hauptader ⇨Hauptnerv, ⇨Mittelnerv.

Hauptknospe ⇨Endknospe.

Hauptnerv Größter Nerv der Blattspreite, meist in der Verlängerung des Blattstiels angeordnet und meist bis zur Blattspitze reichend. Vgl. ⇨Mittelnerv. ⇨TAFEL 9

Hauptrippen Meist gut erkennbare Leisten auf der Rückenseite (gegenüber der Berührungsfläche der beiden Teilfrüchte) der Früchte von Doldenblütlern (Apiaceae). Im häufigsten Fall zeigt jede der beiden Teilfrüchte 5 Hauptrippen, die dazwischen noch Nebenrippen haben können. Bei manchen Gattungen sind diese Hauptrippen geflügelt. Fachausdruck: juga primaria. Vgl. ⇨Nebenrippen.

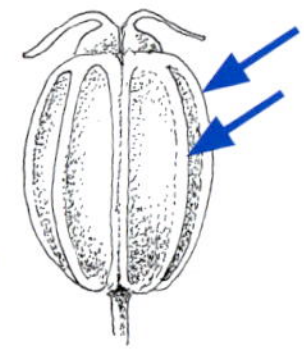

Hauptspross (1) Der sich unmittelbar aus der Sprossanlage des Keimlings entwickelnde Spross.
(2) Der kräftigste, dominierende Spross eines Sprosssystems, dem die Verzweigungen (⇨Seitensprosse) untergeordnet sind.

Hauptwurzel Die kräftigste, dominierende Wurzel einer Pflanze. Oft geht die Hauptwurzel aus der ⇨Primärwurzel hervor. ⇨TAFEL 5, 25, 29

Haustorium ⇨Saugwarze. ⇨TAFEL 5

häutig Sehr dünne, durchscheinende Blätter oder Blattränder ohne Blattgrün.

hautrandig Blätter (meist Hochblätter) mit einem ± breiten, häutigen Rand. Bsp. *Cerastium semidecandrum* (Hochblätter).

Helm (1) Helmförmig ausgebildetes (aufgewölbtes), oben ansetzendes ⇨Kronblatt, meist die inneren Blütenorgane abdeckend und schützend. Bsp. *Aconitum napellus* (Blüte ⎘).
(2) Helmartig zusammenneigende obere Perigonblätter bei den Orchidaceae. Bsp. *Orchis militaris* (Blüte). ⇨TAFEL 30

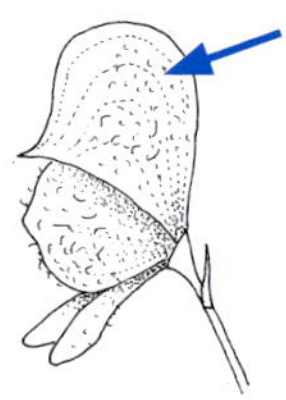

helmförmig Aufgewölbte (nach oben gewölbte) Form eines ⇨Kronblattes. ⇨TAFEL 20

Helophyt Pflanzenart an Ufern von Gewässern, deren Wurzelbereich bei mittlerem Wasserstand unter Wasser liegt. Der Begriff beschreibt also die Position einer Pflanze bezüglich eines Gewässers. Die entsprechende Art kann ein Hydrophyt, ein Hygrophyt oder eine andere Lebensform sein. Vgl. ⇨Hydrophyt, Hygrophyt. ⇨TAFEL 35

Hemerobie Die Hemerobie oder der Hemerobiegrad ist ein Maß für den gesamten Einfluss des Menschen (und seine Tätigkeiten) auf die Lebensräume. So gibt es z. B. naturnahe, naturferne oder naturfremde Lebensräume Synonym: Natürlichkeitsgrad. Vgl. ⇨anthropogen.

Hemikryptophyt Krautige Wuchsform, bei der die Überdauerungsknospen der Pflanze direkt auf dem Erdboden liegen und so im Winter von der Laubschicht geschützt sind (eine der Lebensformtypen von Pflanzen nach Christen Raunkiær). Zu den Hemikryptophyten gehören auch die ⇨zweijährigen (Biennen) und ⇨pluriennen Pflanzen. Bsp. *Anthriscus sylvestris*. Vgl. ⇨Chamaephyt. ⇨TAFEL 35

Hemiparasit ⇨Halbparasit. ⇨TAFEL 34

herablaufend Bezeichnung für Blätter, die sich von der Ansatzstelle am Spross an abwärts am Stängel als geflügelte Leiste deutlich erkennbar fortsetzen. Bsp. *Epilobium tetragonum* (Stängelblätter 🗋). ⇨TAFEL 10

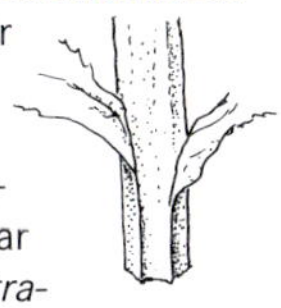

Herbarbeleg Auf einem Papierbogen fixierte, durch Pressen und Trocknen konservierte Pflanze, versehen mit einer Etikette, die Angaben zu Belegnummer, Taxonnamen, Fundort, Funddatum, Finder usw. enthält.

herbarisieren Konservieren von gesammelten Pflanzen durch gleichzeitiges Pressen und Trocknen und anschließendes Erstellen eines ⇨Herbarbeleges.

Herbarium Systematisch geordnete Sammlung von ⇨Herbarbelegen.

Herden bildend Typischerweise in mehr oder weniger dichten Gruppen (Beständen) vorkommende Pflanzenarten. Meist geschieht dies durch verlängerte unterirdische ⇨Ausläufer. Bsp. *Bromus inermis*. Vgl. ⇨dichtrasig.

herzförmig Blattform mit herzförmiger Einbuchtung am ⇨Blattgrund (Stielbucht) zwischen zwei abgerundeten Seitenlappen. Herzförmige Blätter sind meist mehr oder weniger lang gestielt. Bsp. *Viola riviniana*, *Morus nigra* (Blatt 🗋). Fachausdruck: cordat. ⇨TAFEL 12, 13

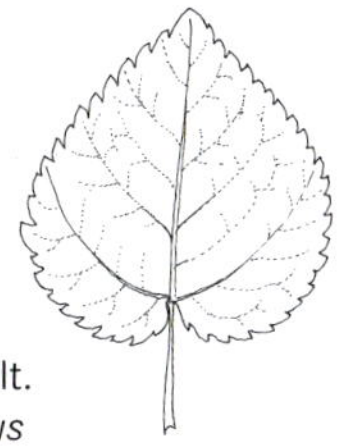

heterochlamydeisch Vollständig ausdifferenzierte, in Kelch und Krone geteilte ⇨Blütenhülle. ⇨TAFEL 21

Heterogamie Fremdbestäubung, also mit Pollentransfer zwischen verschiedenen Individuen.

Heterokarpie Auftreten unterschiedlicher Fruchtgrößen und Fruchtformen bei einem Individuum.

heteromer Blüte mit ungleicher Anzahl Glieder in den ⇨Blütenkreisen. Gegensatz zu ⇨isomer. Vgl. ⇨monomer.

heteromorph In verschiedenen Formen vorkommend.

Heterophyllie Auftreten unterschiedlicher Blattgrößen und Blattformen entlang der Sprossachse. Bsp. *Cirsium helenioides* (Stängelblätter).

heterospor Bezeichnung für ⇨Sporenpflanzen, die unterschiedlich große Sporen bilden. Aus den größeren Sporen (⇨Megasporen) entstehen weibliche, aus den kleineren (⇨Mikrosporen) entstehen männliche ⇨Prothallien. Gegensatz zu ⇨isospor. Bsp. *Isoëtes lacustris* (Sporen am Blattgrund).

Heterostachyae Gruppe von Seggen *(Carex),* die vorwiegend eingeschlechtige Ährchen aufweisen. Die Gruppe entspricht ungefähr der Untergattung *Carex* subg. *Carex*. Bsp. *Carex nigra*.

Heterostylie Auftreten von Individuen mit zwei (selten drei) verschiedenen Blütentypen, die sich durch unterschiedliche Griffellängen unterscheiden. Heterostylie fördert die Fremdbestäubung. Vgl. ⇨Dimorphismus. ⇨TAFEL 31

Hilum ⇨Samennabel. ⇨TAFEL 25

Himmelblau ⇨Azurblau. ⇨TAFEL 44

hinfällig Frühzeitig abfallend, d. h. weit weniger als eine Vegetationsperiode überstehend. Bsp. *Chelidonium majus* (Kelchblätter).

Hochblatt Sammelbegriff für Blätter oberhalb der Laubblattregion, in Form oder Größe meist einfach von den Laubblättern unterscheidbar. Fasst Begriffe wie ⇨Tragblatt, ⇨Hüllblatt, ⇨Spreublatt, ⇨Hüllspelze, ⇨Spatha usw. zusammen. Fachausdruck: Hypsophyll.

Hochblatthülle Zwei oder mehrere meist ⇨wirtelig angeordnete ⇨Hochblätter, welche zumindest zeitweise die Blüte, den Blütenstand oder die Frucht einhüllen. Vgl. ⇨Fruchthülle.

Hochstaude Mehrjährige, krautige Pflanzen (⇨Stauden), die normalerweise über 1 m hoch wachsen und oft große Blätter besitzen. Bsp. *Adenostyles alliariae*. Vgl. ⇨Hemikryptophyt. ⇨TAFEL 33

höckerig Mit größeren Auswüchsen oder Auswölbungen versehene Oberfläche. Bei kleineren Strukturen spricht man eher von ⇨warzig, bei größeren Auswüchsen eher von ⇨buckelig. Bsp. *Ophrys sphegodes* (Lippe 🗋). Vgl. ⇨papillös. ⇨TAFEL 3

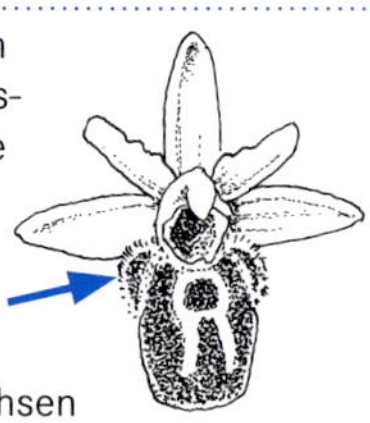

Höhenstufen Vertikale Gliederung der Landschaft durch die oft sprunghafte Veränderung im Spektrum der dominanten Arten, der typischen Lebensräume oder vorherrschenden Wuchsformen. Die Veränderungen werden durch die Abnahme der Temperatur und die Verkürzung der Vegetationszeit von unten (Tal) nach oben (Gebirge) ausgelöst. Es wird (von unten nach oben) zwischen der kollinen, montanen, subalpinen, alpinen und nivalen Stufe unterschieden. ⇨TAFEL 39

Holoparasit ⇨Vollparasit. ⇨TAFEL 34

Holotypus Das bei der Erstbeschreibung einer Art vom Autor festgelegte Belegexemplar, das als einzige Referenz zu gelten hat. Vgl. ⇨Lectotypus.

Holz Vom ⇨Kambium nach innen gebildetes, festes, stützendes Gewebe aus ⇨Ligninen.

Holzpflanze Pflanze, die verhältnismäßig viel Holzgewebe bildet. Man unterscheidet zwischen ⇨Baum, ⇨Strauch (inkl. ⇨Zwergstrauch, aber exkl. ⇨Halbstrauch) und ⇨Liane. Fachausdruck: Xylophyt. Vgl. ⇨Phanerophyt. ⇨TAFEL 33

homoiochlamydeisch Bezeichnung für eine wenig differenzierte, gleichförmige, nicht in Kelch und Krone geteilte ⇨Blütenhülle, die also ein ⇨Perigon bildet.

homogam Bezeichnung für autogame (selbstfertile) Blüten, bei denen die Narbe empfängnisbereit ist, wenn gerade auch der Pollen aus den Staubbeuteln ausgeschüttet wird.

homolog Gleichwertig bezüglich stammesgeschichtlicher Herkunft. Die Merkmale zweier Arten sind homolog, wenn sie sich vom gleichen Merkmal eines gemeinsamen Vorfahren ableiten. Vgl. ⇨analog, Konvergenz.

Homonym Ein mit einer Sippe identischer Name, der aber eine andere Sippe (Gattung, Art, Unterart) bezeichnet. Bsp. *Prunella* (ist sowohl Gattungsname einiger Pflanzen als auch Gattungsname einiger Vögel).

Homostachyae Gruppe von Seggen *(Carex),* die vorwiegend sitzende, gemischtgeschlechtige Ährchen aufweisen. Die Gruppe entspricht ungefähr der Untergattung *Carex* subg. *Vignea*. Bsp. *Carex paniculata*. Vgl. ⇨Heterostachyae.

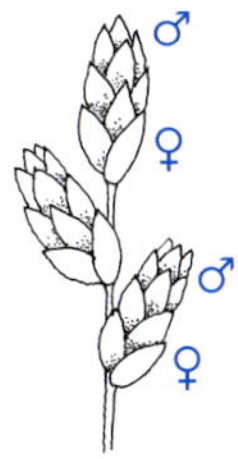

Honigblatt Ein ⇨Nektarien (Honigdrüsen) tragendes Blatt im Blütenbereich.

Honigdrüse ⇨Nektarium.

Honiggrübchen ⇨Nektarium. Bsp. *Ranunculus*.

Horst Dichter Sprossbüschel, entstanden durch eine Vielzahl basaler Verzweigungen, die dicht aneinanderliegen und keine Ausläufer bilden. Bsp. *Schoenus nigricans*. ⇨TAFEL 36

horstig Triebe am Grund durch starke (unterirdische oder oberirdische) basale Verzweigungen dicht gebüschelt. Vgl. ⇨rasig.

hort. ⇨hortulanorum.

hortulanorum Mit dem ⇨«Autorzitat» hort. (für hortulanorum) werden Namen bezeichnet, die nomenklatorisch nicht korrekt, im gärtnerischen Gebrauch aber geläufig sind. Bsp. *Petunia* ×*hybrida* hort.

Hüllbecher Aus verwachsenen ⇨Hüllblättern entstandene, becherartige Struktur, die Blüten bzw. Früchte einfasst oder enthält. Der Hüllbecher bei der Gattung *Euphorbia* enthält extrem reduzierte Blüten und bildet daher als Ganzes eine ⇨Scheinblüte (⇨Cyathium). Bsp. *Euphorbia* (Träger der Scheinblüte ⎕).

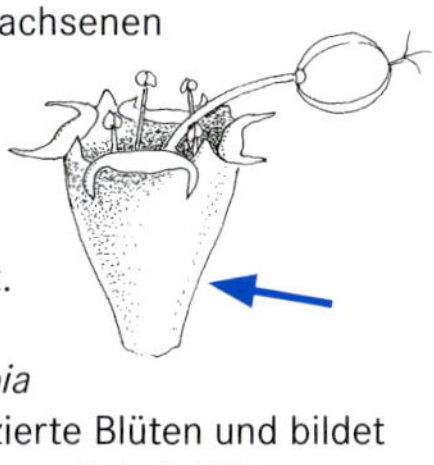

Hüllblatt Spezielles ⇨Hochblatt, das allein oder zu mehreren einen Blütenstand (z. B. ⇨Körbchen, ⇨Dolde), seltener eine Einzelblüte einfasst. Bsp. *Aster alpinus* (Körbchenhülle ⎕). Fachausdruck: Involukralblatt. ⇨TAFEL 31

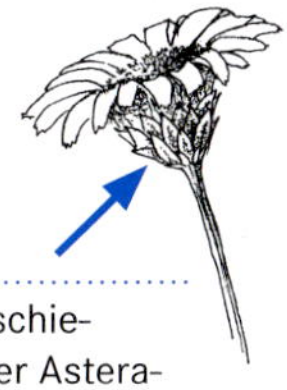

Hüllblattanhängsel Bei verschiedenen Arten der Asteraceae (v. a. bei der Gattung *Centaurea*) haben die Hüllbätter der Körbchen charakteristische Anhängsel, die oft zur Bestimmung herangezogen werden. Bsp. *Centaurea nervosa* (Körbchenhülle ⎕).

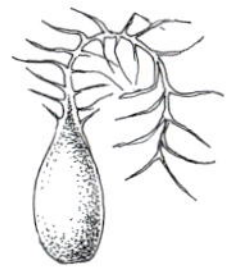

Hüllchen Gesamtheit der ⇨Hüllchenblätter eines ⇨Döldchens bei der Familie Apiaceae. ⇨TAFEL 18

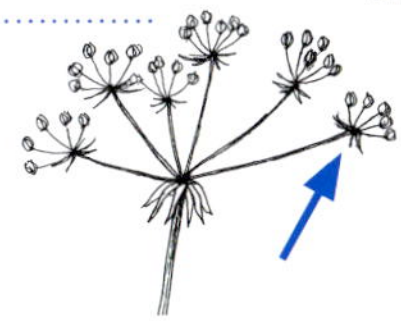

Hüllchenblatt Hochblatt an der Basis eines ⇨Döldchens bei den Apiaceae.

Hülle (1) Gesamtheit zusammen angeordneter ⇨Hüllblätter, die oft ± wirtelig angeordnet sind. ⇨TAFEL 31
(2) Gesamtheit der ⇨Hüllblätter der Hauptdolde bei den Apiaceae. ⇨TAFEL 17, 18

Hüllspelze Schuppenförmiges Blatt an der Basis eines ⇨Ährchens bei den Süßgräsern (Poaceae). Im Gegensatz zur ⇨Deckspelze befindet sich in seiner Achsel nie eine Blüte. Die Hüllspelze wird als ⇨Hochblatt gedeutet. Fachausdruck: Gluma. ⇨TAFEL 32

Hülse Einfächerige, aus einem einzigen Fruchtblatt hervorgegangene Frucht, die sich normalerweise zweiklappig, entlang zweier Nähte öffnet. Sie hat meist keine Scheidewand (z. B. *Vicia*) oder seltener eine während der Fruchtreife entstehende, falsche Scheidewand (z. B.

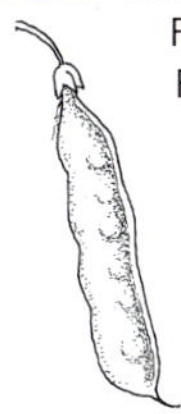

Astragalus). Typische Fruchtform der Schmetterlingsblütler (Fabaceae). Bsp. *Laburnum, Genista, Trifolium* (Frucht). Vgl. ⇨Schote. ⇨TAFEL 24

Humuszahl Ökologischer ⇨Zeigerwert für den Humusgehalt des Bodens am typischen Wuchsort einer Pflanzenart. Hohe Humuszahlen weisen auf einen hohen Humusgehalt hin.

hyalin Bezeichnung für farbloses, transparentes, fast glasiges Gewebe. ⇨TAFEL 3

Hybride Aus der Kreuzung verschiedener Gattungen, Arten oder Unterarten entstandenes Individuum. Die als Hybriden erkannten Individuen zeigen meist intermediäre Merkmale zwischen den Elternarten. Bei Arthybriden spricht man auch von ⇨Nothospecies; Gattungshybriden nennt man auch ⇨Nothogenus. Synonym: Bastard. Bsp. *Rumex* ×*pratensis* (= *R. obtusifolius* × *R. crispus*). ⇨TAFEL 38

Hybridisierung Bestäubung und Befruchtung (Kreuzung) zwischen verschiedenen Gattungen, Arten oder Unterarten.

hybridogen Aus einer ⇨Hybridisierung entstanden.

Hybridschwarm Mischpopulation aus Hybriden, ihren Elternarten und ihren Rückkreuzungen. Dadurch entstehen Formen mit allen Übergängen zwischen den beiden Elternarten. Vgl. ⇨Introgression.

Hydathode Drüsen an Blatträndern, die in der Lage sind, Wasser in flüssiger Form abzuscheiden. Durch die Hydathoden können Pflanzen auch bei sehr hoher Luftfeuchtigkeit Wasser ausscheiden. Entstehen dadurch gut erkennbare Wassertropfen am Blattrand, spricht man von ⇨Guttation. Bsp. *Saxifraga oppositifolia* (Blattspitze □). Vgl. ⇨Kalkgrübchen.

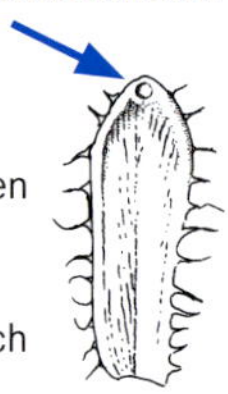

hydrochor Wasserverbreitet. Hydrochore Pflanzen nutzen Wasserbewegungen als Transportmittel. Ihre ⇨Diasporen sind somit schwimmfähig. Solche Anpassungen gibt es nicht nur bei Wasser-, sondern auch bei Uferpflanzen. Bsp. *Carex vesicaria*. Vgl. ⇨ombrochor. ⇨TAFEL 40

Hydrophyt Wasserpflanze, also Pflanze, die gänzlich im oder auf dem Wasser lebt. Sie hat eine Wuchsform, bei der die Erneuerungsknospen normalerweise unter Wasser liegen. Man unterscheidet Tauchpflanzen (submerse Pflanzen) mit Unterwasserblättern und Schwimmpflanzen (emerse Pflanzen), die als Ganzes schwimmen oder Schwimmblätter besitzen. Bsp. *Nuphar lutea*. Vgl. ⇨Helophyt, Hygrophyt. ⇨TAFEL 35

Hygrophyt Sumpfpflanze, also eine Pflanze der feuchten bis nassen Standorte, die aber nicht gänzlich im Wasser lebt. Bsp. *Epipactis paludosa*. Vgl. ⇨Hydrophyt.

Hypanthium ⇨Blütenbecher. Bsp. *Ludwigia*.

Hypochil Inneres (basales) ⇨Lippenglied bei der Lippe der Orchidaceae, durch eine Einschnürung vom äußeren Teil der Lippe, dem ⇨Epichil, getrennt. Bsp. *Epipactis* (Blüte □). ⇨TAFEL 30

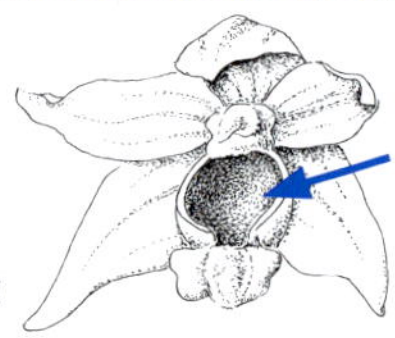

hypogäische Keimung Durch ein kurz bleibendes ⇨Hypokotyl und die Streckung des ⇨Epikotyls verbleiben die ⇨Keimblätter im Boden und sind fotosynthetisch nicht aktiv. Die ⇨Primärblätter übernehmen die erste Fotosynthese. Vgl. ⇨epigäische Keimung. ⇨TAFEL 25

Hypokotyl Bei der keimenden Pflanze der Stängelabschnitt zwischen dem Wurzelhals und dem ersten, die Keimblätter tragenden Knoten. Synonym: Keimstängel. Vgl. ⇨Keimling. ⇨TAFEL 25

hypogyn ⇨oberständig. ⇨TAFEL 22

I

ICBN Alte Bezeichnung für den ⇨Internationalen Code der botanischen Nomenklatur.

ICNafp ⇨Internationaler Code.

illegitimer Name ⇨nomen illegitimum.

imbrikat ⇨dachziegelig.

immergrün (1) Zwei oder mehrere Winter überstehendes, grünes Blatt (oder Nadel), meist mit ledriger Konsistenz.
(2) Bezeichnung für Pflanzen, die immergrüne Blätter besitzen. Bsp. *Hedera helix*. Vgl. ⇨wintergrün. ⇨TAFEL 35

indifferent Bezeichnung für eine große Variationsbreite bezüglich eines Merkmals oder eines Wertes, z. B. bei der Zuordnung von ⇨Zeigerwerten.

indigen Bezeichnung für Arten, die in einem Gebiet schon vor der Neuzeit (vor ca. 1500 n. Chr.) in dauerhaften, wild wachsenden Populationen vorgekommen sind. Unter den indigenen Arten können diejenigen abgetrennt werden, die sich als Kulturfolger mit der Ausbreitung der Landwirtschaft seit dem Neolithikum bei uns eingebürgert haben (⇨Archäophyten). Bsp. *Conium maculatum, Daucus carota, Pinus sylvestris*. Vgl. ⇨Neophyt.

Individuum Morphologisch und physiologisch selbstständige, von anderen unterscheidbare Pflanze. Fachausdruck: Specimen.

Indument ⇨Behaarung. ⇨TAFEL 4

Indusium ⇨Schleier.

Infloreszenz ⇨Blütenstand.

Infruteszenz ⇨Fruchtstand.

Innovationsknospe ⇨Erneuerungsknospe.

Innovationstrieb Seitenspross, der an der Basis blühender Triebe ansetzt und im Folgejahr die Sprossachse fortsetzt. Vgl. ⇨Erneuerungsspross.

insektivor Bezeichnung für Insekten fangende Pflanzen. Insektivore Arten haben z. B. klebrige Fallen zum Fangen ausgebildet. Andere Schreibweise: insectivor. Vgl. ⇨karnivor.

insektenbestäubt ⇨entomogam.

Integument Äußere Gewebeschichten der ⇨Samenanlage. Meist mit zwei, seltener mit einer oder mit drei Schichten den Kern (⇨Nucellus) umschließend. Fachausdruck: Integumentum.

Internationaler Code Kurzform für Internationaler Code der Nomenklatur für Algen, Pilze und Pflanzen (ICNafp), das Regelwerk für die botanische Namensgebung (bis 2011 Internationaler Code der Botanischen Nomenklatur, ICBN).

Internodium Sprossglied zwischen zwei ⇨Knoten (Nodien). Vgl. ⇨Sprossabschnitt. ⇨TAFEL 7, 32

Interpetiolarstipeln Nebenblätter von gegenständigen Blättern, die zwischen den beiden gegenüberliegenden Blattstielen ansetzen. Typisches Merkmal der Rubiaceae. Bei der Gattung *Galium* sehen die Nebenblätter gleich aus wie die Laubblätter und täuschen so einen ⇨Blattquirl vor. Bsp. *Asperula cynanchica* (Stängelblätter).

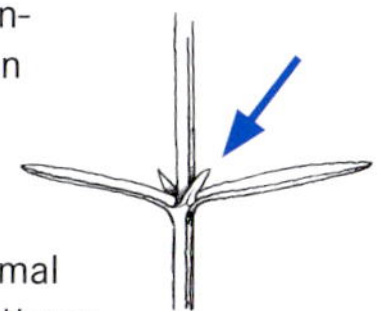

intravaginal Bezeichnung für Basistriebe (Verzweigungen am Grund der Triebe), die die äußeren Blattscheiden nicht durchstoßen und so kompakte Sprossbündel oder ⇨Horste bilden. Wichtiges Unterscheidungsmerkmal beim Wuchs von *Festuca*-Arten. Bsp. *Festuca ovina* aggr. (Wuchsform). ⇨TAFEL 36

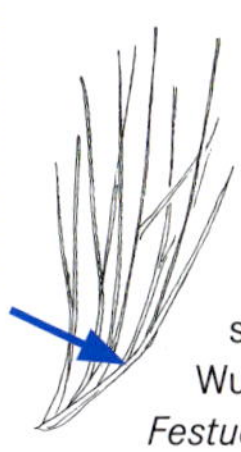

Introgression Vermischung des Genpools von zwei Arten durch zahlreiche ⇨Hybridisierungen und ⇨Rückkreuzungen. Bsp.

Genpool zwischen *Quercus pubescens* und *Quercus petraea*.

intrors Bezeichnung für sich nach innen (Richtung Blütenzentrum) öffnende ⇨Staubbeutel. Gegensatz zu ⇨extrors. ⇨TAFEL 21

invasiver Neophyt Sich stark auf Kosten der einheimischen Flora ausbreitender ⇨Neophyt, der zumindest stellenweise Schäden anrichtet und deshalb bekämpft wird. Invasive Neophyten tragen weltweit zum Rückgang der biologischen Vielfalt bei und sind nach IUCN weltweit der zweitwichtigste Grund für den Artenrückgang. Bsp. *Impatiens glandulifera, Solidago canadensis*.

Involukralblatt ⇨Hüllblatt.

Involukrum ⇨Hülle.

isomer Blüte mit jeweils gleicher Anzahl Glieder in allen ⇨Blütenkreisen (gleich viel Kelch-, Kron-, Staub- und Fruchtblätter). Gegensatz zu ⇨heteromer. Bsp. verschiedene Monokotyledonen.

isophyll Bezeichnung für Pflanzen, die über einen Großteil ihres Sprosses gleich gestaltete Blätter besitzen. Gegensatz zu ⇨anisophyll.

isospor Bezeichnung für ⇨Sporenpflanzen mit ausschließlich gleichartigen Sporen, ohne geschlechtliche Differenzierung in ⇨Mikrosporen und ⇨Megasporen. Gegensatz zu ⇨heterospor.

Isotypus Belegexemplar (⇨Beleg) aus der gleichen Aufsammlung herbarisierter Pflanzen wie der ⇨Typus, also vom gleichen Sammler, dem gleichen Ort und mit gleichem Datum. Vgl. ⇨Paratypus.

iteropar Bezeichnung für eine Pflanze, die sich mehrmals fortpflanzt. Gegensatz zu ⇨semelpar. Bsp. *Typha latifolia*. Vgl. ⇨pollakanth.

J

Jahresring Mit bloßem Auge erkennbare, ringförmige Zone im Querschnitt eines Holzsprosses, der dem Jahreszuwachs entspricht. ⇨TAFEL 8

Jahrestrieb Ein in einer einzigen Vegetationsperiode gebildeter Sprossabschnitt. Der Begriff wird v. a. bei Bäumen und Sträuchern verwendet. Vgl. ⇨Langtrieb.

Jahreszuwachs ⇨Jahrestrieb.

Jugendform Bezeichnung für junge, noch nicht blühende Formen, die von den Formen voll entwickelter Pflanzen morphologisch abweichen.

K

kahl Bezeichnung für haarlose Oberflächen. Nicht zu verwechseln mit ⇨glatt. Vgl. ⇨behaart. ⇨TAFEL 4

kahnspitzig Spitze eines ⇨linealen, plötzlich zusammengezogenen und nach oben gekrümmten Blattes. Dadurch bildet sich eine bugförmige Spitze. Ist die Form stumpf zulaufend, wird sie auch als ⇨kapuzenspitzig bezeichnet. Von manchen Autoren wird dies nicht unterschieden. Bsp. *Sesleria* (Blattspitzen ◳).

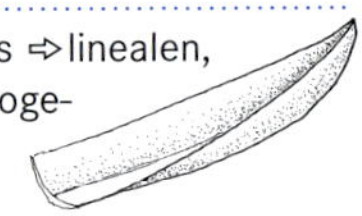

Kalkgrübchen In kleine Vertiefungen eingesenkte Drüsen, die mit Energieaufwand kalkhaltiges Wasser abgeben (⇨Hydathoden) und so Kalk ausscheiden können. Nach Verdunstung des Wassers bilden sich kleine Kalkkrusten. Bsp. *Saxifraga paniculata* (Blattspitze ◳).

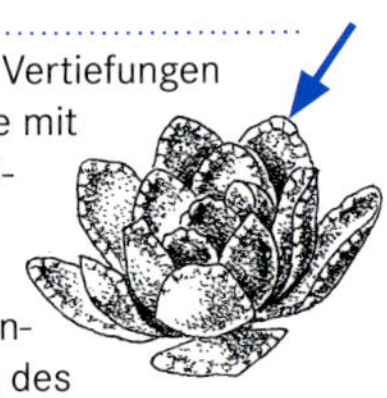

kalkhold ⇨kalkstet.

kalkliebend Eigenschaft von Pflanzen, vorwiegend auf kalkhaltigen Böden ein normales Wachstum zu zeigen oder auf kalkhaltigen Böden gegenüber weniger angepassten Arten konkurrenzkräftiger zu sein. Fachausdruck: calciphil. Vgl. ⇨kalkstet.

kalkmeidend Eigenschaft von Pflanzen, auf Böden mit erhöhtem Kalkgehalt eine gehemmte Entwicklung oder Konkurrenzschwäche zu zeigen. Auf sauren, kalkarmen Böden wird hingegen eine normale Entwicklung beobachtet. Bsp. *Calluna vulgaris*. Fachausdruck: calcifug.

kalkstet Eigenschaft von Pflanzen, fast ausschließlich auf kalkhaltigen Böden ein normales Wachstum zu zeigen. Solche Spezialisten können sich auf eine übermäßige Calciumionen-Konzentration und hohe pH-Werte einstellen, welche die Aufnahme vieler Nährelemente beeinträchtigen. Bsp. *Gypsophila repens*. Vgl. ⇨kalkliebend.

Kalkzeiger Hinweis auf ⇨kalkstete und (mit geringerer Zuverlässigkeit) ⇨kalkliebende Pflanzen. Bsp. *Doronicum grandiflorum*. Vgl. ⇨Basenzeiger, Säurezeiger.

Kallus Unregelmäßige Gewebewucherung, z. B. bei Verletzungen (Wundkallus) oder bei Infektionen.

Kalyptra ⇨Wurzelhaube.

Kambium Wachstumsschicht im Spross zwischen Holzkörper und Rinde. Das Kambium bildet im Spross also einen Hohlzylinder, der im Sprossquerschnitt als Kreis erkennbar ist. ⇨TAFEL 8

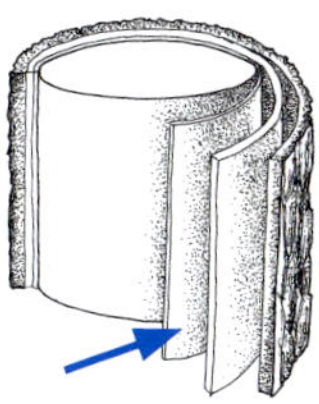

kammförmig Bezeichnung für eine ⇨fiederteilige bis ⇨fiederschnittige Blattform mit zahlreichen gleichartigen, schmalen und in regelmäßigen Abständen stehenden Abschnitten. Bsp. *Myricaria spicata* (Einzelblatt im Blattquirl □). Fachausdruck: pectinat. ⇨TAFEL 14

Kantenschuppe Bei flachen, mit ⇨Schuppenblättern bedeckten Zweigen (z. B. Cupressaceae) sind die Kantenschuppen die den Kanten anliegenden Schuppenblättchen. Bsp. *Chamaecyparis lawsoniana* (Schuppenblätter).

kantig Bezeichnung für Spross mit eckigem Querschnitt. Nicht zu verwechseln mit ⇨gerippt oder ⇨geflügelt. Bsp. *Campanula trachelium* (Stängel). Fachausdruck: angulos. Vgl. ⇨stumpfkantig. ⇨TAFEL 8

Kapsel Aus zwei oder mehreren verwachsenen Fruchtblättern gebildete ⇨Streufrucht. Im Inneren der Frucht können sich echte (entlang Fruchtblatträndern) oder falsche Scheidewände bilden. Je nach Art der sich bei der Reife bildenden Öffnung unterscheidet man ⇨Spaltkapsel, ⇨Deckelkapsel oder ⇨Porenkapsel. Bsp. *Papaver* (Frucht □). ⇨TAFEL 24

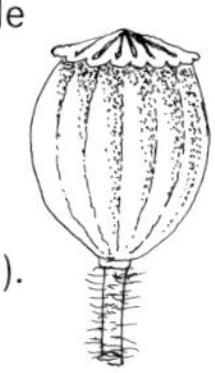

Kapselzähne Zähnchen, die bei der Öffnung einer Kapsel an deren Spitze entstehen. Die Anzahl der Kapselzähne kann ein wichtiges Merkmal bei der Bestimmung liefern. Bsp. *Cerastium glomeratum* (Fruchtkapsel □).

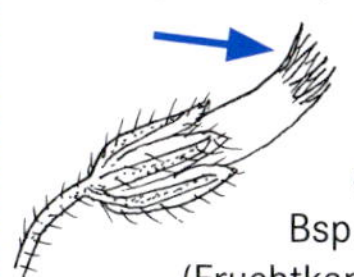

kapuzenspitzig Spitze eines ⇨länglichen oder ⇨linealen Blattes, das plötzlich zusammengezogen und nach oben gekrümmt ist und dadurch ein breites, oft stumpfes, kapuzenförmiges Blattende bildet. Ist die Form schmal und spitz, wird sie eher als ⇨kahnspitzig bezeichnet. Von machen Autoren wird dies nicht unterschieden. Bsp. *Muscari comosum* (Blattspitze □). Fachausdruck: cucullat. Vgl. ⇨kahnspitzig.

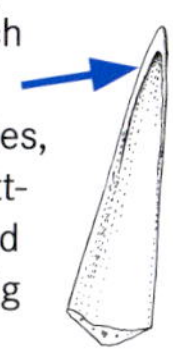

karnivor Bezeichnung für fleischfressende Pflanzen, also Pflanzen, die durch spezielle Einrichtungen kleine Tiere fangen und verdauen können. Sie sind so in der Lage, zusätzliche Stickstoffquellen zu erschließen. Andere Schreibweise: carnivor. Bsp. *Pinguicula alpina*. Vgl. ⇨insektivor. ⇨TAFEL 34

Karpell ⇨Fruchtblatt.

karpellat ⇨pistillat.

Karpophor ⇨Fruchtträger.

Karyopse Nussartige, einsamige ⇨Schließfrucht der Süßgräser (Poaceae), entstanden aus oberständigem Fruchtknoten. Die Samenschale ist mit der Fruchtwand verwachsen. Vgl. ⇨Achäne. ⇨TAFEL 24

Karyosystematik Teilgebiet der Pflanzensystematik, bei dem insbesondere die Chromosomenverhältnisse verschiedener Sippen verglichen werden.

Karyotyp Typisierung einer Sippe (z. B. Art, Unterart) durch die Anzahl und Größe ihrer Chromosomen. Diese Merkmale können in der Taxonomie (⇨Karyosystematik) eine wichtige Rolle spielen.

Kätzchen Aufrechter oder hängender Blütenstand mit meist windblütigen, dicht stehenden, meist eingeschlechtigen Einzelblüten (⇨Traube) oder Teilblütenständen (⇨Thyrse). Oft fallen die Blütenstände (bzw. die Fruchtstände) zuletzt als Ganzes ab. Fachausdruck: Amentum. ⇨TAFEL 17

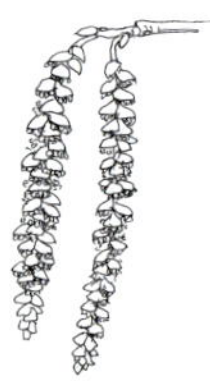

kauliflor Bezeichnung für Arten, deren Blütenknospen an älterem Holz (Stamm, ältere Zweige) gebildet werden. Synonym: stammblütig. Bsp. *Cercis*.

Kataphyll ⇨Niederblatt.

keilförmig verschmälert Blattform, die von der größten Breite allmählich in gerader Linie in den Blattgrund verschmälert ist. Bsp. *Adiantum capillus-veneris* (Einzelblättchen ◳). Fachausdruck: cuneat. ⇨TAFEL 13

Keim Der aus einer befruchteten Eizelle hervorgegangene Embryo, der bis zur Samenreife noch von der Mutterpflanze ernährt wird. Fachausdruck: Embryo.

Keimblatt Meist noch kaum differenziertes Blatt des ersten Knotens oberhalb des ⇨Hypokotyls (Keimstängels). Fachausdruck: Kotyledon. ⇨TAFEL 25, 29

Keimling Eine aus einem Samen durch ⇨Keimung aus dem ⇨Keim (Embryo) entstandene junge Pflanze. Fachausdruck: plantula. Vgl. ⇨Sämling. ⇨TAFEL 25

Keimstängel ⇨Hypokotyl. ⇨TAFEL 25

Keimung Initiale Entwicklung einer Pflanze aus Sporen oder Samen heraus. Meist werden ⇨Keimwurzel und ⇨Keimblätter als Erstes sichtbar. ⇨TAFEL 25

Keimwurzel Vorgebildete Wurzel im Samen (Embryo) der Samenpflanzen. Fachausdruck: Radicula. ⇨TAFEL 25

Kelch Gesamtheit aller ⇨Kelchblätter einer Blüte. Meist bildet der Kelch eine Schutzhülle für die Blütenknospe. Die Kelchblätter können frei oder verwachsen sein. Bei Blütenköpfchen oder Blütenkörbchen übernehmen oft ⇨Hüllblätter die schützende Funktion des Kelches. Fachausdruck: Calyx. ⇨TAFEL 19, 21

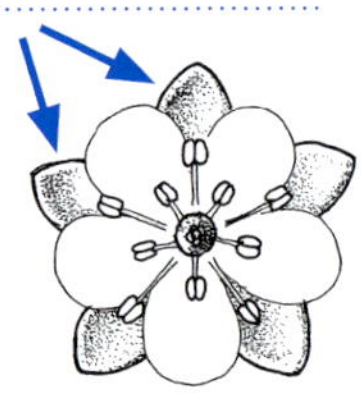

Kelchanhängsel Auswüchse (z. B. Schuppen, Läppchen, Zipfel) auf dem ⇨Kelchblatt. Bsp. *Campanula barbata* (Kelch ◳).

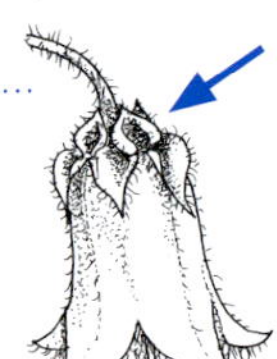

kelchartig Bezeichnung für grüne und oft die Blütenknospe schützende ⇨Perigonblätter. Bsp. *Tradescantia*.

Kelchbecher ⇨Blütenbecher.

Kelchblatt Blatt der äußeren ⇨Blütenhülle einer differenzierten, also in Kelch und Krone aufgeteilten Blüte der Bedecktsamer. Kelchblätter sind meist grün und schützen die Blüte im Knospenstadium. Seltener sind sie farbig und unterstützen die Schauwirkung. Fachausdruck: Sepale. ⇨TAFEL 19

Kelchblattnarbe Sichtbare Abbruchstelle der Kelchblätter auf der Blütenachse oder der Frucht.

Kelchblattsaum Oberster, meist aus ausgebreiteten Zipfeln bestehender Abschnitt eines verwachsenen Kelchs.

Kelchborste Borstenartige Verlängerung der Kelchblätter. Bsp. *Scabiosa* (Frucht mit Kelch □).

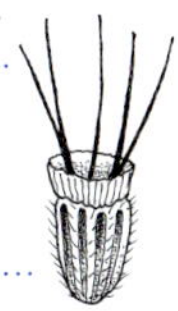

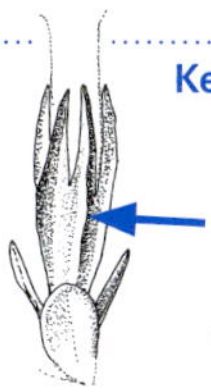

Kelchkanten Längsleisten bei kantigen (im Querschnitt eckigen) Kelchröhren. Weniger deutlich ausgeprägt als eine ⇨Kelchrippe. Bsp. *Gentiana bavarica* (Kelch □).

Kelchlappen ⇨Kelchzipfel.

Kelchrippe Deutlich erhabene Längsleiste auf einem verwachsenen Kelch. Bsp. *Lythrum*. Vgl. ⇨Kelchkante.

Kelchröhre Röhrenartiger Teil eines verwachsenen Kelchs.

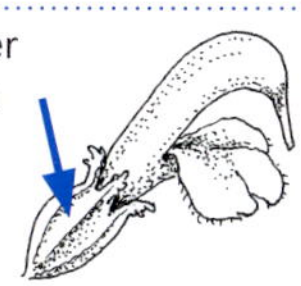

Kelchsaum ⇨Kelchblattsaum.

Kelchschuppen Am Grund des Kelchs (auf der Außenseite) anliegende, schuppenartige Hochblätter. Bsp. *Dianthus* (Kelch □).

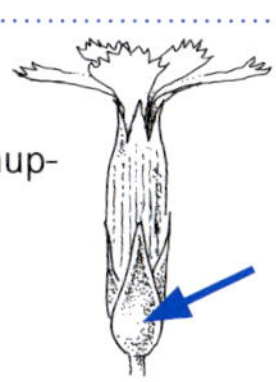

Kelchzähne ⇨Kelchzipfel.

Kelchzipfel Freie Endzipfel eines zu einer Röhre verwachsenen Kelchs. Bsp. *Pedicularis* (Kelch □).

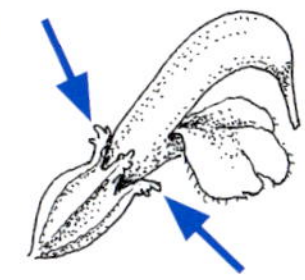

kerbig ⇨gekerbt.

Kernfrucht ⇨Apfelfrucht.

Kernholz Bezeichnung für die älteste, innere Zone eines Holzkörpers, der physiologisch nicht mehr aktiv ist, sich also nicht mehr am Saftstrom beteiligt. Das Kernholz ist oft dunkler als das daran anschließende ⇨Splintholz. ⇨TAFEL 8

keulenförmig Mit zylindrischem unteren und verdicktem oberen Teil, z. B. keulenförmiger Blütenstand, keulenförmige Blüte. Bsp. *Melica* (verkümmerte Blüte), *Cornus mas* (Blütenknospen □). Fachausdruck: klavat. ⇨TAFEL 1

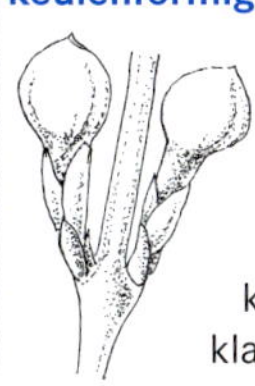

keulig ⇨keulenförmig.

Kiel (1) Teil eines Pflanzenorgans (z. B. Blatt, Frucht), bei dem eine Auswölbung in eine markante Kante übergeht. Im Querschnitt spitzbogig oder an eine geschweifte Klammer erinnernd. Bsp. *Phalaris arundinacea* (Hüllspelze). ⇨TAFEL 14
(2) Andere Bezeichnung für das ⇨Schiffchen der Schmetterlingsblütler (Fabaceae). Bsp. *Genista* (Blüte □).

Kladistik Methode der Pflanzensystematik für die Untersuchung der Verwandtschaftsverhältnisse von Sippen und ihre Darstellung in Stammbäumen. Die Stammbäume sind so aufzubauen, dass sie ⇨monophyletisch sind, d. h. dass jeder Ast mit seinen folgenden Verästelungen stets die vollständigen Verwandtschaftsverhältnisse korrekt widerspiegelt. Vgl. ⇨Kladogramm, paraphyletisch, polyphyletisch.

K

Kladodium Grüner, abgeflachter Sprossabschnitt, der die Funktion eines Blattes übernimmt. Bsp. *Ruscus aculeatus* (Sprossabschnitt 🗎). ⇨TAFEL 7

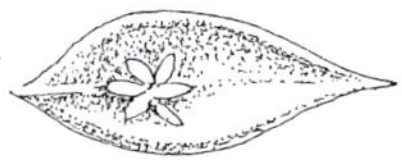

Kladogramm Nach den Methoden der ⇨Kladistik aufgestellter Stammbaum in Form eines Dendrogramms (Verwandtschaftsbaums). Oft werden den Verzweigungen die entsprechenden ⇨Synapomorphien zugeordnet.

Klappen ⇨Fruchtklappen.

Klasse Hohe Hauptrangstufe in der Pflanzensystematik, welche mehrere verwandte ⇨Ordnungen zusammenfasst. Die Gruppe der ⇨Bedecktsamer wird meist als Klasse aufgefasst.

Klause ⇨Klausenfrucht.

Klausenfrucht Einsamige Teilfrucht eines zweiblättrigen Fruchtknotens, dessen Fruchtfächer sich während der Fruchtreife teilen, sodass (scheinbar) vier Fruchtfächer entstehen. Die Trennung der ⇨Spaltfrucht entsteht also entlang einer echten und einer falschen ⇨Scheidewand. Bsp. *Anchusa* (Frucht 🗎).

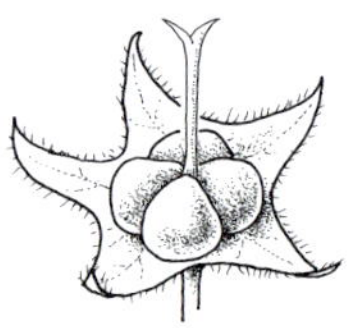

klavat ⇨keulenförmig.

Kleinart Art, die Teil eines ⇨Aggregats ist. Sie gilt als eigenständige Art, ist morphologisch jedoch oft schwer von sehr ähnlichen Arten zu unterscheiden (die in ebendiesem Aggregat zusammengefasst werden). Wie die Aggregate sind auch «Kleinarten» keine formelle taxonomische Einheit und können willkürlich, der Bestimmungspraxis dienend, als solche bezeichnet werden. Bsp. *Epipactis rhodanensis, Galium elongatum*. ⇨TAFEL 38

Kleinstrauch Sträucher (Nanophanerophyten), deren normale Wuchshöhe zwischen 30 und 150 cm liegt. Bsp. *Salix hastata*.

Kleistogamie Spezielle Form der Bestäubung, die obligat als Selbstbestäubung in den sich nicht öffnenden, zwittrigen und meist unscheinbaren Blüten erfolgt. Bsp. *Epipactis microphylla, Illecebrum verticillatum*.

Klemmfallen Spezielle Einrichtung einiger Blüten (v. a. bei den Apocynaceae), bei der die Beine von Insekten eingeklemmt werden. Beim Befreien der Beine wird ein Klemmkörper mit den Pollenpaketen herausgerissen. Bsp. *Vincetoxicum hirundinaria* (Blüte 🗎).

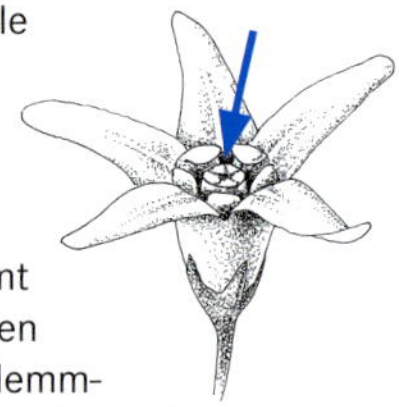

klettenartig Bezeichnung für Oberflächen, die sich durch Borsten mit Widerhaken an andere haarige oder raue Oberflächen heften können. Bsp. *Setaria verticillata* (Blütenstandborsten).

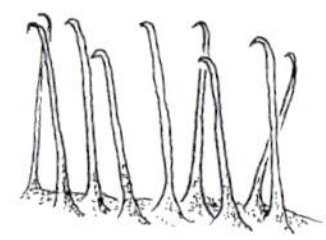

Kletterhaare ⇨Spreizklimmer.

kletternd Bezeichnung für Pflanzen oder Sprosse, die sich während des Längenwachstums auf umgebende Pflanzen und Gegenstände (Fremdstützen) stützen. Vgl. ⇨Kletterpflanze. ⇨TAFEL 33

Kletterpflanze Pflanze, die in der Lage ist, an anderen Pflanzen oder Gegenständen (als Stützen) emporzuwachsen. Dazu werden verschiedene Techniken verwendet und Kletterhilfen entwickelt. Verholzte Kletterpflanzen nennt man ⇨Lianen. Bsp. *Clematis vitalba*. Vgl. ⇨Haftkletterer, Spreizklimmer, Windepflanze. ⇨TAFEL 33

klimmend ⇨kletternd.

Klimmpflanze ⇨Kletterpflanze.

Klon Gesamtheit von genetisch identischen Individuen, die durch ungeschlechtliche, vegetative Vermehrung entstanden sind.

Knäuel Eng zusammengezogene und damit köpfchenartige ⇨Thyrse.
Im Unterschied zum echten Köpfchen erfolgt die Blühreihenfolge unregelmäßig (beim Köpfchen: von außen nach innen). Bsp. *Chenopodium polyspermum* (Blütenstand ◱). Fachausdruck: Glomerulus.

knäuelig Unregelmäßig gestalteter Blütenstand, bei dem kleine Blüten eng und kopfartig aneinanderliegen.

knickig aufsteigend Aufsteigender Stängel, der zumindest an den unteren Knoten jeweils leicht aufwärts geknickt ist. Bsp. *Hordeum murinum* (Halm). Vgl. ⇨bogig aufsteigend. ⇨TAFEL 33

knickrandig Nach unten bzw. außen abgeknickter Rand von länglichen, meist grasartigen Blättern. Im Querschnitt bildet sich z. B. ein in die Breite gezogenes «M». Bsp. *Carex vesicaria* (Blattquerschnitt ◱). ⇨TAFEL 14

Knolle Kugel- oder spindelförmig verdicktes, unterirdisches Speicherorgan, aus Spross- (Sprossknolle) oder Wurzelgewebe (Wurzelknolle) entstehend. Bsp. *Solanum tuberosum* (Sprossknolle), *Orchis mascula* (Wurzelknolle). Fachausdruck: Tuber. ⇨TAFEL 6

knorpelig Derbes, bleiches (nicht grünes) Gewebe mit Stütz- oder Schutzfunktion, oft zur Verstärkung von Blättern. Bsp. *Milium effusum* (Spelzen).

knorpelrandig Mit einem derben, verdickten und hellen Blattrand. Fachausdruck: kartilaginös.

Knorpelspitze Blatt mit einer derben, verdickten und weißlichen Blattspitze. Bsp. *Galanthus nivalis* (Blattspitze).

Knospe Jugendlicher Zustand eines Sprosses, an dem die Sprossglieder und ihre Laub- oder Blütenblätter noch dicht gepackt und noch nicht voll entwickelt sind. Es wird unterschieden zwischen ⇨Achselknospen und ⇨Endknospen. Spezialisierte Endknospen sind z. B. die ⇨Blütenknospen.

Knospendeckung Lage der jungen Blattorgane der Blütenhülle in der ⇨Blütenknospe. Oft ist die Knospendeckung der Kelchblätter verschieden von derjenigen der Kronblätter. Man unterscheidet hauptsächlich vier verschiedene Lagen: offen, klappig (⇨valvat), deckend (imbrikat) und gedreht (contort). Fachausdruck: Aestivation.

Knospenlage (1) Lage und Krümmung eines Blattes in der Knospe. Fachausdruck: Vernation.
(2) Lage der noch nicht voll entfalteten Blätter der Süßgräser (Poaceae). Für die Bestimmung wird zwischen ⇨gefalteter und ⇨gerollter Knospenlage unterschieden. Um die Knospenlage zu erkennen, kann z. B. ein noch nicht voll entwickelter Halm quer geschnitten werden. Bsp. *Lolium* (Blattanlage).

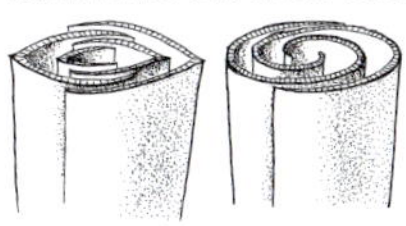

Knospenschuppe Bezeichnung für die verhärteten, schuppenartigen Nieder- oder Nebenblätter, welche die Winterknospen von Holzgewächsen als Schutzorgane umhüllen. Fachausdruck: Tegment.

Knoten Blattansatzstelle am Spross, die manchmal verdickt und dann gut erkennbar ist. Der Sprossteil zwischen

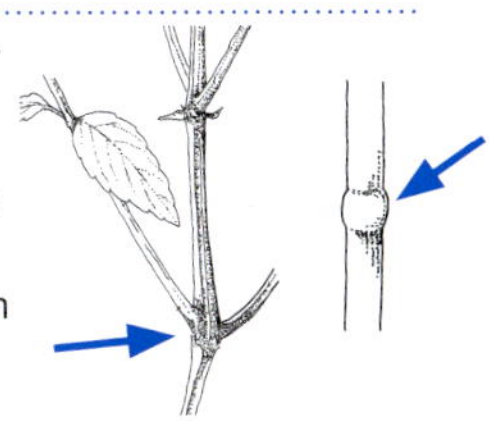

K

zwei aufeinanderfolgenden Knoten (Nodien) wird ⇨Internodium genannt. Fachausdruck: Nodus. ⇨TAFEL 7, 9

Kolben Spezialform einer ⇨Ähre mit stark verdickter, oft sogar fleischiger Ährenachse. Bsp. *Typha latifolia* (Blütenstand). ⇨TAFEL 17

Kollenchym Festigungsgewebe bei noch wachsenden Pflanzen aus lebenden, an den Seiten verdickten Zellen.

kollin Ebenen- und Hügelstufe. Diese unterste Stufe der in der Schweiz vorkommenden ⇨Höhenstufen ist geprägt durch einen erhöhten Anteil an Eichen *(Quercus)* und Hainbuchen *(Carpinus)* in den Wäldern und allgemein erhöhtem Anteil wärmeliebender Arten. Vgl. ⇨montan. ⇨TAFEL 39

Kommissur Verwachsungslinie zwischen ⇨Fruchtblättern bzw. Teilfrüchten. Bsp. Apiaceae (Frucht). ⇨TAFEL 22

Kompasshaar Gabelartig verzweigtes Haar, das sich direkt an der Blattoberfläche verzweigt und dessen Gabeläste der Blattoberfläche ± dicht anliegen. Vgl. ⇨Gabelhaare. ⇨TAFEL 4

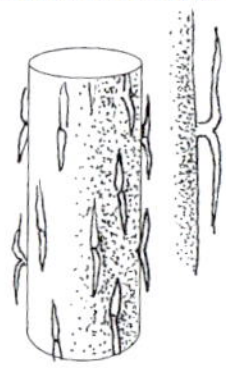

Kompasspflanze Pflanze mit in Nord-Süd-Richtung zeigenden, vertikal ausgerichteten Blätter, sodass deren Ober- und Unterseiten nach Westen bzw. Osten weisen. Dadurch wird der Wasserverbrauch des Blattes herabgesetzt, da die Sonne mittags senkrecht zum Blattrand steht. Bsp. *Lactuca serriola* (Stängelblätter).

Koniferen Gruppe der ⇨Nacktsamer, die sich durch die Bildung von ⇨Zapfen (oder ⇨Beerenzapfen) auszeichnet. Dazu gehören in Mitteleuropa die drei einheimischen Pflanzenfamilien Pinaceae, Cupressaceae und Taxaceae. Synonym: Nadelgehölze. Bsp. *Picea abies*.

Konkauleszenz Verwachsung der Basis eines Seitensprosses mit dem Muttérspross. Die Konkauleszenz ist daran erkennbar, dass der Seitenspross nicht von seinem Tragblatt, sondern weiter oben abzweigt. Bsp. *Solanum* (Blütenstand). Vgl. ⇨Rekauleszenz.

konkav Nach innen gewölbt. Gegensatz zu ⇨konvex. ⇨TAFEL 2

Konkurrenzstrategen Pflanzen mit Spezialisierung auf hohe Konkurrenzfähigkeit am Wuchsort. Konkurrenzstrategen sind typischerweise groß und verholzt und haben große Blätter. Oft sind sie ausgesprochen schattentolerant. Die Bezeichnung entspricht einer der 3 Strategieformen nach Grime. Bsp. *Fagus sylvatica, Clematis vitalba*. Vgl. ⇨Ruderalstrategen, Stressstrategen.

Konnektiv Mittelband zwischen den ⇨Staubbeuteln eines ⇨Staubblattes. Meist ist das Konnektiv kaum sichtbar, aber z. B. bei *Salvia* ist es verlängert und zu einem Hebelarm ausgebildet. Bsp. *Salvia pratensis* (Staubblatt). ⇨TAFEL 21

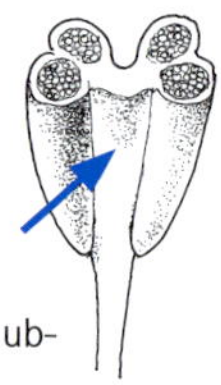

kontinental Bezeichnung für Pflanzen mit Hauptvorkommen in osteuropäischen und asiatischen Steppen und Halbwüsten. Sie besitzen Anpassungen an große Temperaturunterschiede (Winter/Sommer bzw. Tag/Nacht) und häufig trockene Luft. Gegensatz zu ⇨ozeanisch. Bsp. *Festuca valesiaca*. Vgl. ⇨subkontinental.

Kontinentalitätszahl Ökologischer ⇨Zeigerwert für das Vorkommen einer Pflanze in Bezug auf die Kontinentalität des Klimas. Sie zeigt an, ob der typische Standort der Art große Temperaturunterschiede und trockene Luft aufweist (kontinentales Klima) oder ob er im Gegensatz dazu eher geringe Temperaturunterschiede und feuchte Luft aufweist (ozeanisches Klima). Hohe Kontinentalitätszahlen bedeuten, dass die Art eher in kontinentalem Klima anzutreffen ist.

Konvergenz Entwicklung von ähnlichen Merkmalen als Anpassung an die Umwelt bei nicht näher verwandten Arten, z. B. die konvergente Entwicklung von Stammsukkulenz bei Cactaceae und Euphorbiaceae.

konvex Nach außen gewölbt. Gegensatz zu ⇨konkav. ⇨TAFEL 2

Köpfchen Blütenstände mit halbkugeligen bis flachen Blütenstandsachsen, dicht besetzt mit ungestielten oder kurz gestielten Blüten. Die Blühreihenfolge erfolgt von außen nach innen. Bsp. *Medicago lupulina* (Blütenstand 🗋). Fachausdruck: Capitulum. Vgl. ⇨Körbchen. ⇨TAFEL 17

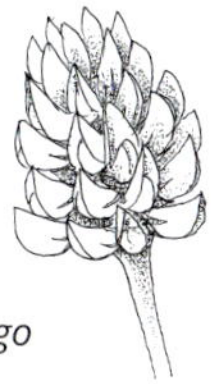

Köpfchenboden Verbreiterte Achse im Innern eines ⇨Köpfchens, auf der die Blüten ansetzen. Fachausdruck: Clinanthium.

Köpfchenstand Blütenstand aus mehreren ⇨Köpfchen.

Körbchen Spezialform des ⇨Köpfchens, das von Hüllblättern umhüllt ist und so ein ± deutliches Blütenkörbchen bildet, das oft die Form einer flachen Scheibe mit einem leicht gewölbten Körbchenboden bildet. Bsp. *Senecio viscosus* (Blütenstand 🗋). Fachausdruck: Calathium. Vgl. ⇨Köpfchen. ⇨TAFEL 17, 31

Körbchenboden Flach gewordene, gestauchte Blütenstandsachse, die innerhalb eines ⇨Körbchens mit den Ansatzstellen der Blüten einen Kegel oder eine Scheibe bildet.

Korb ⇨Körbchen. ⇨TAFEL 31

Korbstand Blütenstand aus mehreren ⇨Körbchen. Bsp. *Achillea millefolium* (Blütenstand 🗋).

Kork ⇨Korkgewebe.

korkenzieherartig Schraubig gedrehtes Organ, an einen Korkenzieher erinnernd. Bsp. *Juncus jacquinii* (Narbe 🗋). ⇨TAFEL 1

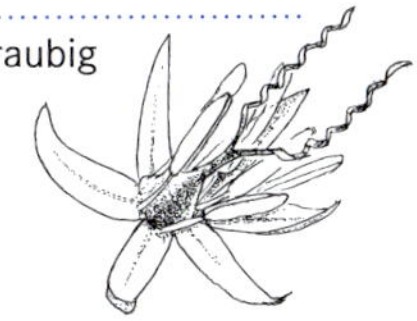

Korkflügel Flügelartig verbreitete ⇨Korkrippen, oft entlang jüngerer Zweige. Bsp. *Acer campestre* (manche Zweige).

Korkgewebe Zellschicht zwischen Rinde und Epidermis aus abgestorbenen, wasserabweisenden Zellen. Fachausdruck: Phellem.

korkig Aus ⇨Korkgewebe bestehend oder mit hohem Anteil an Korkgewebe. Bsp. *Corylus avellana* (Rinde).

Korkleisten Zweige mit Kanten oder kantigen Flügeln aus ⇨Korkgewebe. Bsp. *Euonymus europaeus* (Zweige).

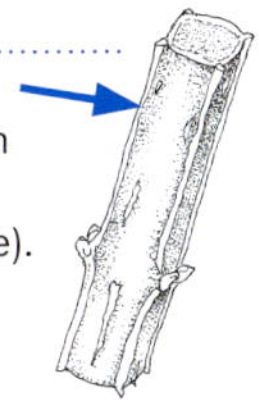

Korkpore ⇨Lentizelle.

Korkrippen Rippenförmige Erhebungen aus ⇨Korkgewebe in Längsrichtung des Sprosses. Bsp. *Populus ×canadensis* (Zweige). Vgl. ⇨Lentizellen.

Kormus Bezeichnung für einen pflanzlichen Organismus, der in die drei Grundorgane Wurzel, Spross und Blätter differenziert ist und somit als «höher entwickelte» Pflanze gilt.

Kotyledon ⇨Keimblatt.

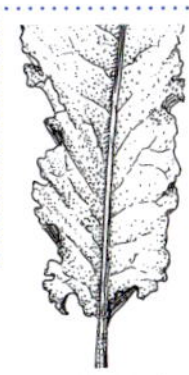

kraus Blattrand fein und unregelmäßig ⇨wellig. Bsp. *Rumex crispus* Blatt 🗋), *Potamogeton crispus* (Blatt). Fachausdruck: crispus.

kraus behaart ⇨kraushaarig.

kraushaarig Behaarung aus unregelmäßig gewellten («krausen») Haaren. Vgl. ⇨krummhaarig.

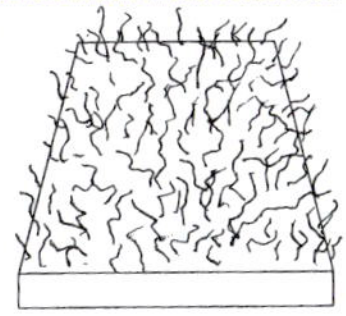

krautig Grünes Gewebe, in Bezug auf anderes Gewebe unauffällig (grün), weich und rasch welkend. Fachausdruck: herbaceus. Vgl. ⇨ledrig, trockenhäutig, verholzt. ⇨TAFEL 33

Krautpflanze Pflanze mit durchwegs ⇨krautigem Gewebe, ohne nennenswerte Verholzungen. Oft fehlt auch ein ⇨sekundäres Dickenwachstum. Bsp. *Stellaria media*. Vgl. ⇨Staude. ⇨TAFEL 33

Kreis ⇨Blütenkreis.

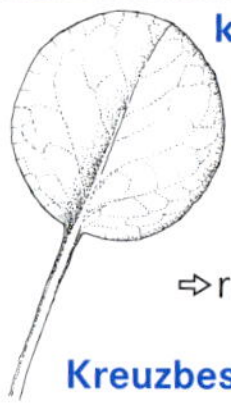

kreisrund Form eines Blattes oder Blattabschnittes mit kreisförmigem Umriss. Bsp. *Pyrola rotundifolia* (Blatt □). Fachausdruck: orbicular. Vgl. ⇨rundlich, stielrund. ⇨TAFEL 12

Kreuzbestäubung ⇨Fremdbestäubung.

kreuzgegenständig Gegenständige, von Knoten zu Knoten um 90° wechselnde Blattstellung. Bsp. Lamiaceae, viele Plantaginaceae, *Mimulus* (Stängelblätter □). Fachausdruck: dekussiert. ⇨TAFEL 10

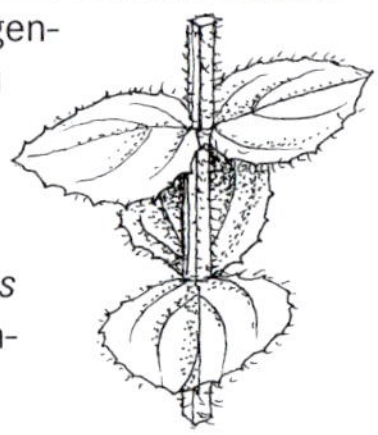

Kreuzung ⇨Hybridisierung.

kreuzweise gegenständig ⇨kreuzgegenständig.

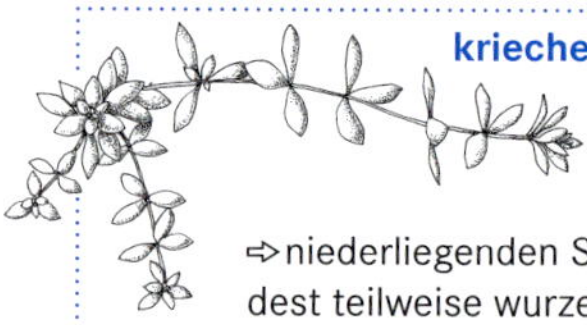

kriechend Dem Boden aufliegender und, anders als beim ⇨niederliegenden Stängel, zumindest teilweise wurzelnder Stängel. Bsp. *Polygonum aviculare* (Stängel), *Sedum sarmentosum* (sterile Triebe □). ⇨TAFEL 33

Kriechrhizom Horizontal im Boden wachsendes ⇨Rhizom. Pflanzen mit Kriechrhizomen bilden oft Herden. Bsp. *Cirsium arvense*. ⇨TAFEL 36

Kriechtrieb Auf der Bodenoberfläche wachsender Trieb (Spross), oft mit ⇨sprossbürtigen Wurzeln. Bsp. *Potentilla reptans* (Sprosse □). Vgl. ⇨Legtrieb. ⇨TAFEL 33, 36

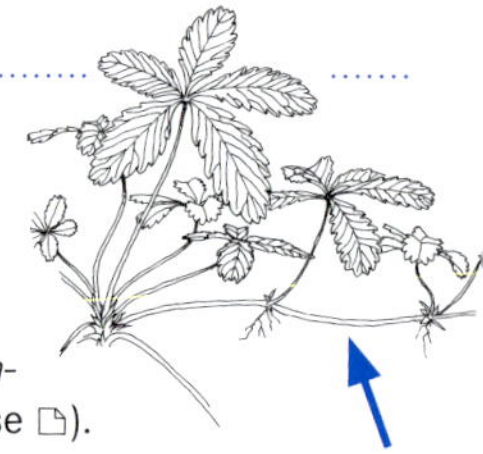

kronblattartig Bezeichnung für Organe im Blütenbereich, welche die Funktion von Kronblättern übernehmen, wie z. B. bei *Nuphar*: Hier sind die 5 Kelchblätter gefärbt und erscheinen daher wie Kronblätter.

Kronblätter Innere, meist farbige Blätter einer ungleichen (in Kelch und Krone geteilten) ⇨Blütenhülle. Vgl. ⇨Blütenblätter. ⇨TAFEL 19, 20

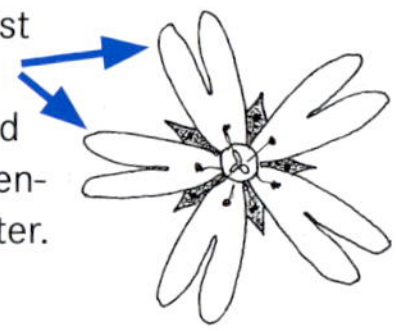

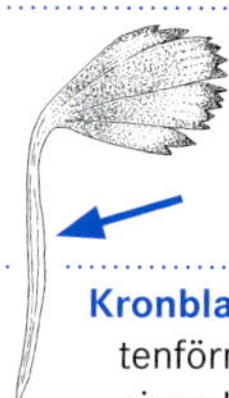

Kronblattnagel Schmaler Stiel eines ⇨Kronblattes. Bsp. *Dianthus* (Blüte □). Vgl. ⇨genagelt.

Kronblattplatte Spreitenförmiger oberer Teil eines Kronblattes, meist abrupt vom stielartigen ⇨Kronblattnagel abgesetzt. Bsp. *Dianthus* (Blüte □). Vgl. ⇨Kronblattnagel.

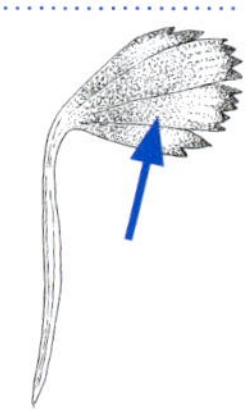

Kronblattsaum Oberster, meist aus ausgebreiteten Zipfeln bestehender Abschnitt einer verwachsenen Krone. Vgl. ⇨Perigonblattsaum.

Kronblattzähne Kleine Zähne am äußeren Rand eines Kronblattes. Bsp. *Dianthus*, Asteraceae (Zungenblüten).

Krönchen Bei Früchten (selten bei anderen Organen) ein kleiner, ringförmiger Auswuchs am oberen Ende der Frucht. Bsp. *Willemetia stipitata* (Fruchtspitze □).

Krone Gesamtheit aller Kronblätter einer Blüte. Fachausdruck: Corolla. ⇨TAFEL 19

Kronlappen ⇨Kronzipfel.

Kronplatte ⇨Kronblattplatte. Bsp. *Dianthus*.

Kronröhre Unterer, röhrenartig verwachsener Teil einer ⇨Krone.

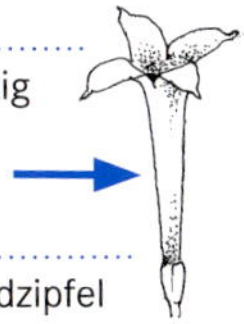

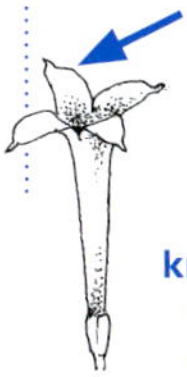

Kronzipfel Freie Endzipfel einer zu einer Röhre verwachsenen Krone. Bsp. *Asperula* (Blüte 🗋).

krugförmig Blüte mit verwachsener Blütenhülle (bzw. Krone), die aus kugelförmigem Grund in eine kurze, verengte Röhre übergeht. Vgl. ⇨urnenförmig. ⇨TAFEL 20

krummhaarig Behaarung aus kurzen, gekrümmten Haaren. Vgl. ⇨kraushaarig.

Kryptogamen Sammelbegriff für alle Pilze, Flechten, Algen und Sporenpflanzen (Moose, Bärlappe, Farne) zur Abgrenzung gegenüber den ⇨Samenpflanzen (Blütenpflanzen, Phanerogamen). Der Begriff hat heute keinen taxonomischen Wert mehr. Vgl. ⇨Phanerogamen.

Kryptospezies Morphologisch nicht unterscheidbare Sippen, die jedoch aufgrund verschiedener Chromosomen oder Chromosomensätze reproduktiv getrennt sind, also keine Nachkommen zeugen können.

Kultivar Gezüchtete, gärtnerische Form von Pflanzen, die sich morphologisch, aber oft auch physiologisch von den nächstverwandten Wildformen unterscheidet und ihre Merkmale weitervererbt. Oft sind die als Sorten bezeichneten Pflanzen eigentliche Kultivare. Die Benennung der Kultivare erfolgt durch einen zwischen einfache Anführungszeichen gesetzten Trivialnamen, z. B. *Iris sibirica* 'Superba'. Die frühere Bezeichnung mit «cv.» ist nicht mehr gültig.

kurzborstig Behaarung aus kurzen ⇨Borstenhaaren.

kurzgrannig Mit einer kurzen ⇨Granne, die normalerweise nur wenige Millimeter lang ist. Bsp. *Digitalis grandiflora* (Stängelhaare).

kurzlebig Nur wenige Jahre lebend. Extremfälle kurzlebiger Pflanzen sind die ⇨einjährigen und ⇨zweijährigen Pflanzen. Bsp. *Seseli annuum*.

Kurztrieb Verholzte Seitentriebe mit stark gestauchten Internodien und begrenztem Längenwachstum. Die Blätter stehen entsprechend dicht (z. B. gebüschelt). Bsp. *Larix decidua* (Blattbüschel 🗋). Vgl. ⇨Langtrieb. ⇨TAFEL 7

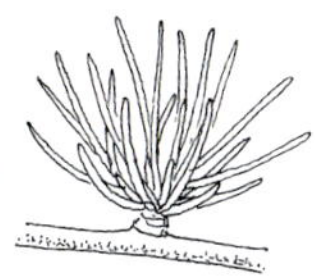

Kutikula ⇨Cuticula.

L

laciniat ⇨zerschlitzt.

Lamina (1) ⇨Blattspreite. (2) ⇨Kronblattplatte.

länglich Bezeichnung für ein 3–8x so langes wie breites Blatt mit fast parallelen Blatträndern. Im Gegensatz zu einem ⇨lanzettlichen Blatt lässt sich keine verbreiterte Blattmitte erkennen. Synonym: breit-lineal. Bsp. *Salix daphnoides* (Blatt 🗋), *Onobrychis viciifolia* (Teilblättchen). Fachausdruck: oblong. ⇨TAFEL 12

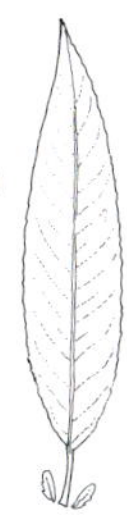

länglich-eiförmig Zwischen ⇨länglich und ⇨eiförmig stehend. Bsp. *Stachys palustris* (Blatt).

länglich-lanzettlich Zwischen ⇨länglich und ⇨lanzettlich stehend. Bsp. *Salix alba* (Blatt).

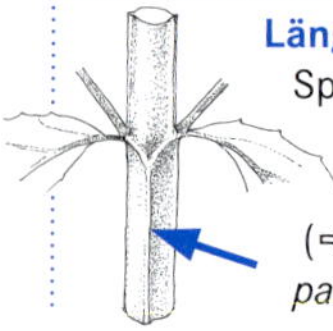

Längsleisten Längs der Sprossachse erkennbare (und oft fühlbare!) erhabene Linien, kahl oder behaart (⇨Haarleisten). Bsp. *Epilobium palustre* (Stängel).

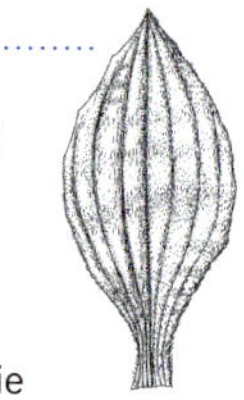

Längsnerven Blattnerven, die (fast) vom Blattgrund bis (fast) zur Blattspitze reichen. Bsp. *Plantago media* (Blatt 🗋).

längsrissig Form der Rissbildungen in der Rinde, bei der die Risse in der Richtung der Sprossachse (Zweig, Stamm) erfolgen. Bsp. *Acer platanoides* (Borke), im Gegensatz zur schuppigen Borke von *A. pseudoplatanus*.

Längswulst Bei wulstartigen Ausbuchtungen des Sprosses oder der Rinde folgen diese in der Richtung der Sprossachse (Zweig, Stamm). Bsp. *Carpinus* (Stamm).

Langtrieb Verholzter Spross mit gestreckten ⇨Internodien und mit theoretisch unbeschränktem Längenwachstum. Langtriebe dienen dem Längenzuwachs von Gehölzen. Bsp. *Picea abies* (Gipfeltriebe). Vgl. ⇨Jahrestrieb.

lanzettlich An beiden Enden verschmälertes Blatt, das etwa 3–8x so lang wie breit ist. Die größte Breite liegt etwa in der Mitte der Blattspreite. Im Gegensatz zu einem ⇨länglichen Blatt sind die Blattränder bogig und nicht parallel. Bsp. *Trifolium montanum* (Teilblatt). Fachausdruck: lanceolat. Vgl. ⇨länglich, eilanzettlich. ⇨TAFEL 12

lateral Seitlich abgehend, seitlich abstehend. Vgl. ⇨terminal, endständig.

Latex ⇨Milchsaft.

Laubblätter Blätter ohne Spezialfunktion. Sie haben arttypische Form und Größe und dienen primär der Assimilation (Fotosynthese). Sie unterscheiden sich von den kleineren ⇨Niederblättern und den ⇨Hochblättern bzw. von den spezialisierten Blättern des Blütenbereichs.

Laubtrieb Mit Laubblättern besetzter, blütenloser Spross.

Lebensform Anpassungsstrategie der Pflanzen an die ungünstigen Jahreszeiten in ihren Jahreszyklen. Das am häufigsten verwendete System zur Typisierung der Strategien stammt von Christen Raunkiær, der die Lage der Überdauerungsknospen in Bezug auf die Bodenoberfläche als Kriterium vorschlug. Nicht zu verwechseln mit der ⇨Wuchsform einer Pflanze. Vgl. ⇨Phanerophyt, Hemikryptophyt, Geophyt, Therophyt. ⇨TAFEL 35

Lectotypus Aus dem Originalmaterial des Autors einer Sippe (Art, Unterart) ausgewählter Beleg, falls dieser keinen ⇨Holotypus bezeichnet hat.

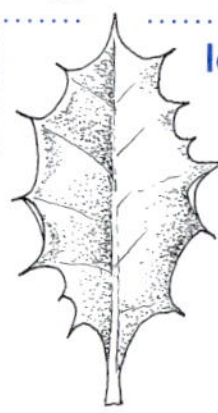

ledrig Gewebe mit steifer, derber Konsistenz, saftarm und daher nicht rasch welkend. Bsp. *Ilex aquifolia* (Blatt). Fachausdruck: coriaceus. Vgl. ⇨sklerophyll. ⇨TAFEL 14

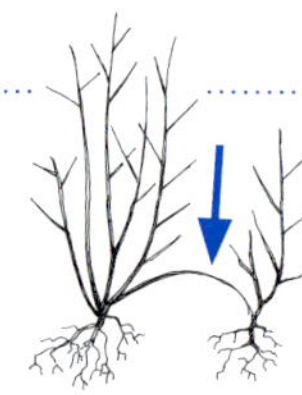

Legtrieb Zunächst aufsteigender, anschließend niederliegender Trieb (Spross). Vgl. ⇨Kriechtrieb.

leierförmig Lappiges bis ⇨fiederschnittiges Blatt, das einen verbreiterten Endabschnitt besitzt. Bsp. *Lapsana communis* (Blatt 🗋). Fachausdruck: lyrat. Vgl. ⇨geigenförmig. ⇨TAFEL 12

Leiste Lineare, hervortretende Oberflächenstruktur. Je nach Richtung bezüglich der Sprossachse spricht man von Längsleisten oder Querleisten.

Leitbündel Röhrenartiges Spezialgewebe zur Leitung von Wasser und gelösten

Stoffen. Fachausdruck: Faszikel. Vgl. ⇨Gefäß. ⇨TAFEL 9, 29

Lemma ⇨Deckspelze.

Lentizelle Aus Korkzellen bestehende, poren- oder rissartige Ausbildung der Rinde (Korkwarze). Bsp. *Prunus avium* (Borke 🗋). ⇨TAFEL 7

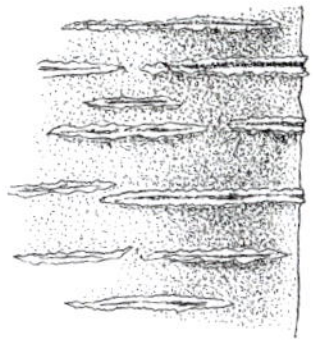

Liane Verholzte ⇨Kletterpflanze. Bsp. *Clematis alpina*. ⇨TAFEL 33

Lichtzahl Ökologischer ⇨Zeigerwert für die mittlere Lichtmenge, die einer Pflanzenart typischerweise an ihrem Wuchsort zur Verfügung steht. Hohe Lichtzahlen bedeuten, dass die Art an hellen Standorten anzutreffen ist. ⇨TAFEL 39

liegend ⇨niederliegend.

Lignifizierung Verholzung. Bsp. *Veronica fruticans* (Sprossbasis).

Lignine Sammelbegriff für Makromoleküle aus phenolischen Alkoholen, welche Organe zum Verhärten und damit zum Verholzen bringen.

Ligula ⇨Blatthäutchen. ⇨TAFEL 32

lineal Blatt mehr als 8x so lang wie breit, mit fast parallelen Blatträndern. Synonym: linealisch. Bsp. *Salix elaeagnos, Linum bienne* (Blatt 🗋). Vgl. ⇨länglich, bandförmig. ⇨TAFEL 12

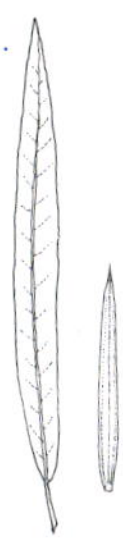

linealisch ⇨lineal.

lineal-lanzettlich Zwischen ⇨lineal und ⇨lanzettlich stehend. Bsp. *Solidago graminifolia* (Stängelblatt).

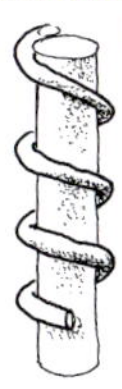

linkswindend Durch die schraubenförmigen Kreisbewegungen des Sprosses bildet sich eine «Linksschraube». Von der Seite betrachtet steigt der Spross nach links an (steigt auf wie beim Querstrich eines «S»). Von unten betrachtet windet sich der Spross gegen den Uhrzeigersinn (von oben betrachtet, also gegen die Wuchsrichtung, im Uhrzeigersinn). Bsp. *Humulus lupulus, Tamus communis*. Vgl. ⇨rechtswindend. ⇨TAFEL 33

linsenförmig In der Form an Linsen erinnernd, also im Querschnitt eine an beiden Enden spitz zulaufende Ellipse bildend. Bsp. *Lemna minor* (Blatt 🗋).

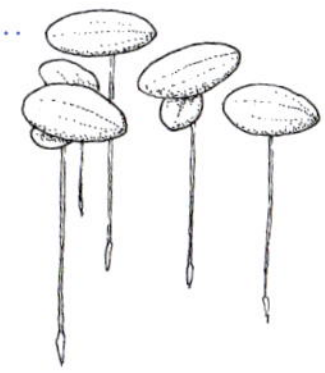

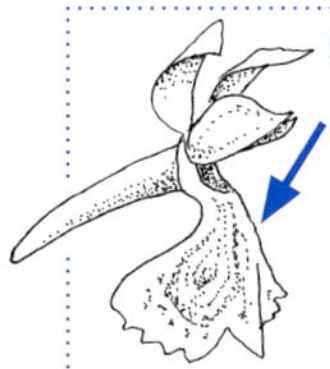

Lippe Blütenhüllblatt (Kronblatt oder Perigonblatt), das in seiner Ganzheit oder mit seinem Zipfel von den anderen Blütenhüllblättern abweicht: Es ist größer, breiter oder anders gefärbt und dient oft als Landefläche für Insekten. Bsp. Lamiaceae, Orchidaceae. Fachausdruck: Labellum. ⇨TAFEL 30

Lippenblüte Blüte aus 5 verwachsenen Kronblättern, die mit 2 Kronblättern eine Oberlippe und 3 Kronblättern eine Unterlippe bilden (eigentlich: «Lippenkrone»). Bsp. *Acinos* (Blüte 🗋).

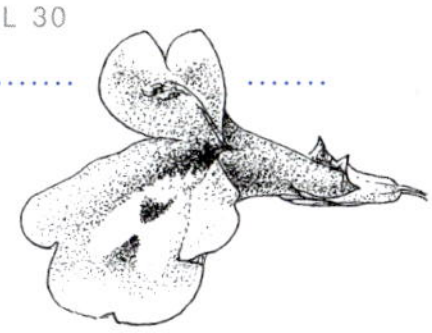

Lippenglied Spezielle Form der ⇨Lippe, bei der diese durch eine Einschnürung zweigeteilt ist. Dadurch entsteht ein inneres (basales) Lippenglied (⇨Hypochil) und ein äußeres Lippenglied (⇨Epichil). Bsp. *Epipactis* (Lippe).

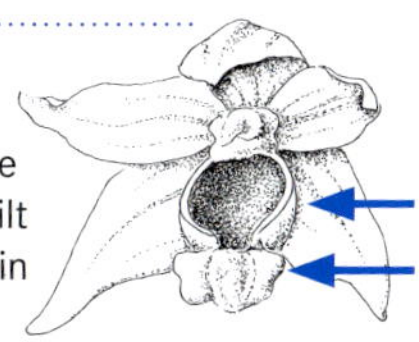

Litoral Lebensraum in der Uferzone von Gewässern, oft mit artenreicher Flora und Fauna. Vgl. ⇨Benthos.

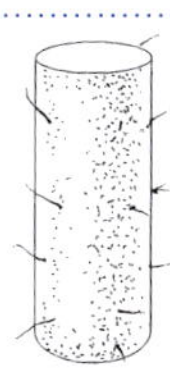

lockerhaarig Zwischen den locker stehenden Haaren sind größere Flächen haarloser

Blattoberfläche (Epidermis) sichtbar. Bsp. *Astragalus gylcyphyllos* (Stängelhaare).

lockerrasig Durch starke basale Verzweigungen und durch oberirdische oder unterirdische Ausläuferbildungen locker stehende Sprosse. Gegensatz zu dicht stehenden Sprossen (⇨dichtrasig). Bsp. *Androsace alpina, Luzula sylvatica*.

Loculament (1) ⇨Fruchtfach. (2) ⇨Pollensack.

loculizid ⇨fachspaltig.

Loculus ⇨Loculament.

Lodicula ⇨Schwellkörper.

löffelartig ⇨löffelförmig.

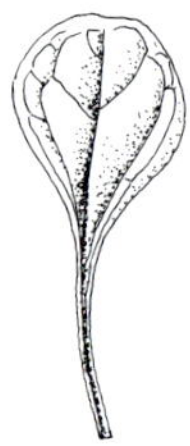

löffelförmig Blattspreite mit schmaler, länglicher, ± parallelrandiger Spreitenbasis und erweitertem Spreitenende. Bsp. *Globularia bisnagarica* (Blatt 🗋).

löffelig ⇨löffelförmig.

löwenzahnartig ⇨schrotsägeförmig. Bsp. *Cichorium intybus* (Blatt).

Lycopodiophytina ⇨Bärlapppflanzen. Synonym: Lycopodiopsida. ⇨TAFEL 37

M

Makrophanerophyt ⇨Phanerophyt. Bsp. *Prunus avium*. Vgl. ⇨Nanophanerophyt. ⇨TAFEL 35

Makrosporangium ⇨Megasporangium.

Makrospore ⇨Megaspore.

Mal Bezeichnung für auffällige Flecken, z. B. auf Kronblättern oder Perigonblättern. Vgl. ⇨Saftmal.

marginale Plazentation Randständige Plazentation. Die ⇨Samenanlagen stehen in Reihen am Rand, also an der Naht des ⇨Fruchtblattes. Vgl. ⇨zentrale Plazentation. ⇨TAFEL 22

Mark Gewebe im Zentrum der gefüllten Sprossachse, typischerweise innerhalb eines Ringes aus Leitbündeln. Vorhandensein und Färbung (z. B. bei *Sambucus*) können Bestimmungsmerkmale sein. Bsp. *Sambucus nigra* (Zweige mit hellem Mark im Gegensatz zum rotbraunen Mark von *S. racemosa*). ⇨TAFEL 8

markig Bezeichnung für Sprosse bzw. Sprossabschnitte, die nicht hohl sind, sondern ein ± dichtes Mark aufweisen. ⇨TAFEL 8

Maskenblume Spezialform einer ⇨monosymmetrischen Blüte mit einer Ober- und Unterlippe, Letztere mit einer Aufwölbung (⇨Schlundwulst, Gaumen), welche die Öffnung zwischen den Lippen verschließt. Bsp. *Linaria* (Blüte 🗋).

medifix In der Mitte angeheftet.

Meergrün ⇨Seegrün. ⇨TAFEL 44

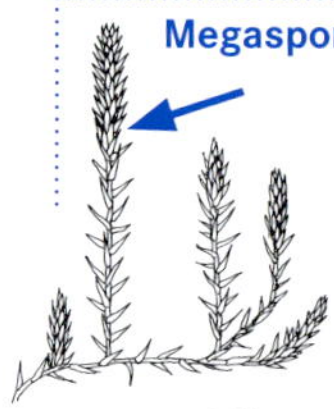

Megasporangium Sporenbehälter mit ⇨Megasporen. Bsp. *Selaginella selaginoides* (unterer Teil der Sporangienähre).

Megaspore (1) Bei Sporenpflanzen die größere Spore (relativ zur ⇨Mikrospore), aus welcher das weibliche ⇨Prothallium (Megaprothallium) von Farnen und anderen Gefäßkryptogamen hervorgeht.
(2) Bei Samenpflanzen die Eizelle in der ⇨Samenanlage. Synonym: Makrospore. Vgl. ⇨heterospor. ⇨TAFEL 26

Megasporophyll Bei ⇨Sporenpflanzen das sporentragende Blatt (Sporophyll), das die ⇨Megasporen trägt. Bsp. *Selaginella* *selaginoides* (Blätter im unteren Teil der Sporangienähre).

mehlbestäubt Bezeichnung für mehlartige Überzüge an Blättern und Stängeln, entstanden durch kleine ⇨Blasenhaare. Bsp. *Chenopodium album.*

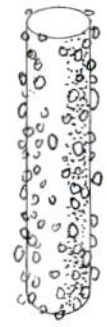

mehrkammerig Fruchtknoten aus mehreren Fruchtfächern bestehend. Fachausdruck: multilokulär. ⇨TAFEL 22

melittophil Bestäubung durch Bienen (Apiden) und andere Hautflügler (Hymenopteren) sowie sich ähnlich verhaltende Fliegen (z. B. Schwebfliegen). Bsp. *Echium vulgare, Corydalis cava.* ⇨TAFEL 40

membranös ⇨trockenhäutig.

Meranthium Teile einer Blüte, die funktionell (blütenbiologisch) wie eine eigene Blüte wirken. So besteht z. B. die *Iris*-Blüte aus drei Meranthien. Bsp. *Iris pseudacorus* (Blüte 🗋). Vgl. ⇨Pseudanthium.

Merikarp Teilfrucht aus einer ⇨Spaltfrucht, die aus nur einem ⇨Fruchtblatt entstanden ist. Bsp. *Ligusticum mutellina* (Frucht). ⇨TAFEL 24

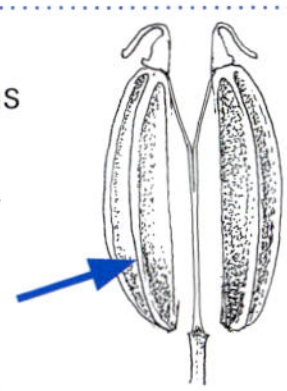

Meristem Bildungsgewebe, also Gewebe, das durch Zellteilung in der Lage ist, neues Gewebe zu bilden. Vgl. ⇨Kambium.

Mesokarp Mittlere Schicht einer in Schichten aufgegliederten ⇨Fruchtwand. ⇨TAFEL 23, 24

mesophil Mittlere Verhältnisse bevorzugend bzw. anzeigend. Um die Bezeichnung mesophil zu verstehen, muss ein Bezug gesetzt werden, z. B. mesophil in Bezug auf die Feuchtigkeitsverhältnisse im Boden oder in Bezug auf die Wärmeverhältnisse am Wuchsort. ⇨TAFEL 39

Mesophyll Das sich zwischen der ⇨Epidermis der Blattoberseite und der Epidermis der Blattunterseite befindende Grundgewebe. Vgl. ⇨Parenchym. ⇨TAFEL 9

mesotroph Bezeichnung für Standorte, die mäßig reich an Nährstoffen (im Boden, im Wasser usw.) sind. Zwischen ⇨oligotroph und ⇨eutroph stehend.

Metamorphose ⇨Abwandlung.

Mikropyle Schmale Öffnung in der Umhüllung (Integument) einer ⇨Samenanlage, mit Zugang zum ⇨Nucellus, dem Kern der Samenanlage.

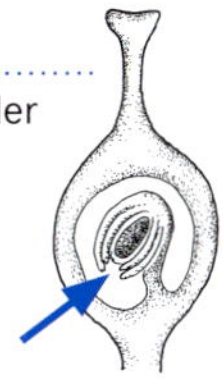

Mikrosporangium Sporenbehälter mit ⇨Mikrosporen. Bsp. *Selaginella selaginoides* (oberer Teil der Sporangienähre).

Mikrospore Kleine Spore (relativ zur ⇨Megaspore), aus welcher das männliche ⇨Prothallium (Mikroprothallium) von Farnen und anderen Gefäßkryptogamen hervorgeht. ⇨TAFEL 26

Mikrosporophyll Bei ⇨Sporenpflanzen das sporentragende Blatt (Sporophyll), das die ⇨Mikrosporen trägt. Bsp. *Selaginella selaginoides* (Blätter im oberen Teil der Sporangienähre).

Milchsaft Bei Bruch aus Spross oder Blättern austretender heller, oft weißer Saft, der an der Luft rasch aushärtet. Er entsteht in speziellen, in Reihen angeordneten Zellen, den Milchröhren. Der Milchsaft dient wohl in den meisten Fällen als Abwehr gegen Tierfraß. Fachausdruck: Latex.

Mimikry Nachahmung einer vorteilhaften Form, z. B. nektarlose Blüten, die aber nektarführende Blüten nachahmen, oder Blüten, die zu begattende Insekten nachahmen (⇨Täuschblumen). Bsp. *Ophrys apifera* (Blüte).

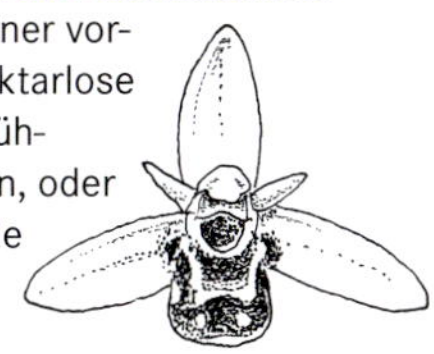

Mittelband ⇨Konnektiv.

M

Mittelfeld Bezeichnung des inneren, ungeteilten Bereichs einer geteilten Blattspreite.

Mittelnerv Die in der Mitte längs verlaufende Hauptader einer Blattspreite. ⇨TAFEL 9

mittelständig Stellung des ⇨Fruchtknotens, bei der dieser von der becherförmigen Blütenachse umschlossen, aber nicht mit ihr verwachsen ist, sodass die übrigen Blütenteile auf dem Rand des ⇨Achsenbechers stehen. Bsp. *Prunus avium* (Blüte). Fachausdruck: perigyn. Vgl. ⇨halb unterständig. ⇨TAFEL 22

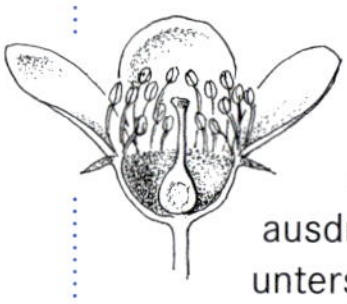

Modifikation Nicht vererbbare Anpassung der äußeren Gestalt aufgrund von Umwelteinflüssen, z. B. kleinere Wuchsgrößen im Gebirge, dickere ⇨Cuticula an trockenwarmen Stellen. Vgl. ⇨Morphose.

monadelphisch Zu einem Bündel bzw. einer Röhre vereinigte ⇨Staubblätter, deren Staubfäden über einen Großteil ihrer Länge zusammengewachsen sind. Vgl. ⇨diadelphisch, polyadelphisch. ⇨TAFEL 21

Monilophyta ⇨Farne.

monochasial Ein ⇨Monochasium bildend.

Monochasium Spezielle Form eines ⇨zymösen, also sympodialen Blütenstandes, bei dem jeweils nur ein einziger Seitentrieb die Weiterentwicklung der Blütenstandsachse übernimmt. Bsp. *Cynoglossum officinale* (Blütenstand □). Vgl. ⇨Dichasium.

monochlamydeisch Blüte mit einfacher Blütenhülle (⇨Perigon), also ohne Differenzierung in Kelch und Krone. Gegensatz zu ⇨dichlamydeisch. Vgl. ⇨achlamydeisch. ⇨TAFEL 21

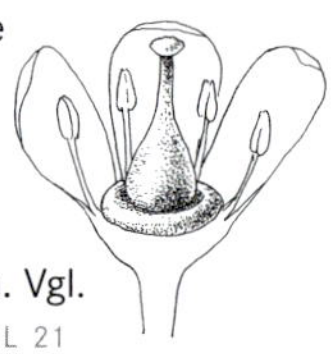

Monokotyledonen ⇨Einkeimblättrige. ⇨TAFEL 29, 37

monokarp (1) Bezeichnung für Blüten mit nur einem einzelnen Fruchtblatt. Bsp. Fabaceae, *Prunus*.
(2) ⇨hapaxanth.

monokarpisch ⇨hapaxanth.

monoklin Bezeichnung für eine Pflanze mit ausschließlich zwittrigen Blüten. Gegensatz zu ⇨diklin.

monomer Bezeichnung für Blütenkreise mit nur einem einzigen Element, z. B. 1 Staubblatt oder 1 Fruchtblatt. Vgl. ⇨isomer, heteromer.

monophyletisch Bezeichnung für eine geschlossene Abstammungsgemeinschaft, d. h. alle Arten umfassend, die einen gemeinsamen Vorfahren haben. Vgl. ⇨polyphyletisch.

monopodial Aufbau einer Sprossachse, bei der das Wachstum und die Entwicklung jeweils durch die Hauptachse verläuft. Gegensatz zur ⇨sympodialen Verzweigung. Bsp. *Pinus sylvestris* (Wuchsform □). Synonym: razemös. ⇨TAFEL 17

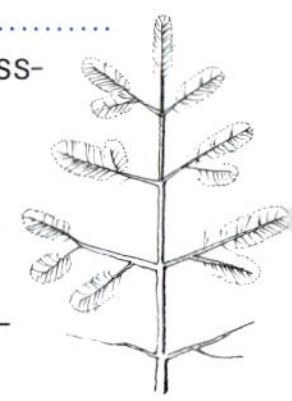

Monopodium ⇨monopodial.

Monostachyae Gruppe von Seggen *(Carex)*, die nur ein einziges, endständiges Ährchen aufweisen. Die Gruppe entspricht nicht einem natürlichen Taxon. Bsp. *Carex pulicaris*.

monosymmetrisch Bezeichnung für Blüten mit nur einer Symmetrieebene. Synonyme: zygomorph, dorsiventral, einseitigsymmetrisch. Bsp. *Viola* (Blüte □). Fachausdruck: zygomorph. ⇨TAFEL 20

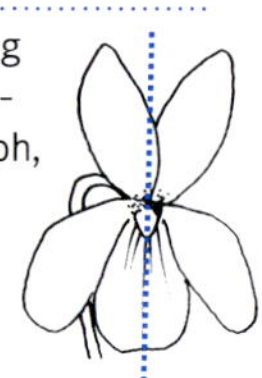

monözisch ⇨einhäusig. ⇨TAFEL 19

Monstrosität Missbildung der Blüte, bei der die normale Blütenstruktur aufgelöst ist. Es gibt z. B. Verlaubungen (Ausbildung von grünen Blättern im Blütenbereich), Durchwachsungen (Fortsetzung der Sprossachse über die Blütenkreise hinaus), Bildung von Achselknospen im Blütenbereich, Verdoppelungen usw. Fachausdruck: Antholyse. Vgl. ⇨Pelorie.

montan Bergstufe bzw. Voralpenstufe mit einer Vegetationszeit von über 200 Tagen. Höhenstufe der Buchen-Weißtannen-Wälder auf der Alpennord- und Alpensüdseite und der Fichten-Föhren-Stufe in den Zentralalpen. Manchmal werden die tiefer gelegenen Gebiete als submontane Stufe abgetrennt, mit wärmeliebenderen Buchenwäldern im Norden, Kastanienwäldern im Süden und Föhrenwäldern in den Zentralalpen. Vgl. ⇨kollin, subalpin. ⇨TAFEL 39

Morphologie Lehre von der Gestalt und Gestaltwerdung von Pflanzen mit all ihren Aspekten und Wandlungen. Im Gegensatz zur Anatomie werden vornehmlich die Aspekte der äußeren Gestalt untersucht.

Morphose Durch Umweltfaktoren geprägte morphologische Entwicklung einer Pflanze. Vgl. ⇨Modifikation.

Morphospezies Artbegriff, der sich rein auf morphologische Kriterien stützt und z. B. molekulargenetische Kriterien oder den ⇨Karyotyp nicht mitberücksichtigt. Vgl. ⇨Karyosystematik.

mucronat ⇨bespitzt.

Mutante Individuum oder Population mit sprunghaft aufgetretener morphologischer oder physiologischer Abänderung.

Mutation Sprunghafte morphologische oder physiologische Abänderung, die genetisch fixiert ist.

Muttersspross Der den ⇨Seitenspross tragende Spross (oft der ⇨Hauptspross). ⇨TAFEL 7

Mutterzwiebel Ursprüngliche ⇨Zwiebel, bei der sich aus den Achselknospen ihrer Zwiebelschalen (Zwiebelschuppen) ⇨Tochterzwiebeln gebildet haben.

myiophil Bezeichnung für Blüten, die vorwiegend von Fliegen (nicht von Schwebfliegen! vgl. ⇨melittophil) bestäubt werden. Bsp. *Arum maculatum*.

Mykorrhiza (1) Bezeichnung der Symbiose aus einem im Boden lebenden Pilz (liefert Wasser und anorganische Nährstoffe) und den Wurzeln einer Pflanze (liefern Kohlenhydrate).
(2) Bezeichnung des ⇨Wurzelpilzes als Symbiosepartner. ⇨TAFEL 5

myko-autotroph ⇨Mykorrhiza.

myko-heterotroph Bezeichnung für Pflanzen, die keine Fotosynthese betreiben, sondern Bodenpilze parasitieren. Sie besitzen kein ⇨Blattgrün. Eine Form myko-heterotropher Lebensweise ist das Parasitieren der ⇨Wurzelpilze (Mykorrhiza) von Bäumen. Bsp. *Monotropa*. ⇨TAFEL 34

mykotroph Allgemeine Bezeichnung für Pflanzen, die sich mithilfe von Pilzen ernähren. Man unterscheidet zwischen ⇨myko-heterotroph und ⇨myko-autotroph (⇨Mykorrhiza).

myrmekochor Durch Ameisen verbreitet. Myrmekochore Pflanzen haben ⇨Diasporen (meist Samen), die ein für Ameisen interessantes, ölreiches Anhängsel (⇨Elaiosom) besitzen, das als Köder dazu dient, die Diaspore zu sammeln und zu transportieren. Bsp. *Luzula, Viola*. ⇨TAFEL 40

N

Nabel ⇨Samennabel.

nackte Blüte Unvollständige Blüte, bei der die ⇨Blütenhülle fehlt. Bsp. *Fraxinus excelsior* (Blüte). Fachausdruck: achlamydeisch.

Nacktsamer Gruppe (oft als ⇨Klasse eingestuft) der ⇨Samenpflanzen (Blütenpflanzen), die Blüten bilden, aber deren

Samenanlagen nicht in einem ⇨Fruchtblatt eingeschlossen («nackt») sind. Die Gruppe der Nacktsamer besteht zu einem großen Teil aus zapfentragenden Nadelbäumen (⇨Koniferen). Fachausdruck: Gymnospermen. Vgl. ⇨Bedecktsamer. ⇨TAFEL 28, 37

Nadel ⇨nadelförmiges Blatt. ⇨TAFEL 28

Nadelbüschel Büschelig angeordnete Nadeln an einem Kurztrieb einiger Koniferen. Bsp. *Larix, Pinus* (Kurztriebe). ⇨TAFEL 28

nadelförmiges Blatt Schmales, starres Blatt, meist kaum in Stiel und Spreite gegliedert. Bsp. *Picea abies* (Spross mit einem Blatt 🗋). ⇨TAFEL 12, 28

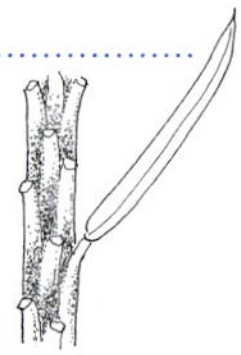

Nadelgehölze ⇨Koniferen. ⇨TAFEL 28

Nadelscheide Häutige, wenige Millimeter lange, hellbraune Scheide an der Basis der zwei-, drei- oder fünfnadeligen Nadelbüschel der Gattung *Pinus*. Nadelscheiden entstehen aus Schuppenblättern eines ⇨Kurztriebs. Bsp. *Pinus cembra* (Grund des Blattbüschels). ⇨TAFEL 28

Nadelstacheln Schmale, fast borstige ⇨Stacheln. Bsp. *Rosa spinosissima* (Zweige).

Nagel ⇨Kronblattnagel.

Nährgewebe In Samen enthaltenes, nährstoffreiches Gewebe, das zur Ernährung des Embryos (Keimlings) während der ⇨Keimung dient. Fachausdruck: Albumen.

Nährstoffzahl Ökologischer ⇨Zeigerwert für den Gehalt an Nährstoffen, die einer Pflanzenart typischerweise an ihrem Wuchsort zur Verfügung stehen. Hohe Nährstoffzahlen bedeuten, dass die Art an nährstoffreichen (v. a. stickstoffreichen) Standort anzutreffen ist. ⇨TAFEL 39

Nanophanerophyt Strauchförmige, zwischen 40 cm und 4 m hohe Wuchsform. Die Überdauerungsknospen der Pflanze liegen 30 cm über dem Erdboden bzw. über der im Winter schützenden Schneedecke (Untergruppe der ⇨Phanerophyten, eine der Lebensformtypen von Pflanzen nach Christen Raunkiær). Bsp. *Ligustrum vulgare*. Vgl. ⇨Makrophanerophyt. ⇨TAFEL 35

napfförmig Flach und rundlich mit eingesenktem Zentrum und so an einen Napf erinnernd. Bsp. *Quercus petraea* (Fruchtbecher 🗋).

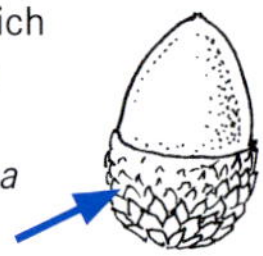

Narbe Fläche am obersten Teil des ⇨Stempels zum Auffangen und Keimen der Pollenkörner. Narben sind oft feucht und klebrig, können aber auch trocken oder papillös sein. Die Gestalt der Narben kann sehr verschiedenartig sein: einfach, gegabelt, mehrfach geteilt, kopfig usw. Bei geteilten Narben unterscheidet man die verschiedenen Narbenlappen oder Narbenäste. Normalerweise sitzen die Narben einem Stiel, dem ⇨Griffel, auf. Sie können aber auch direkt dem Fruchtknoten aufsitzen (sitzende Narben). Fachausdruck: Stigma. Vgl. ⇨Stempel. ⇨TAFEL 19, 22, 30

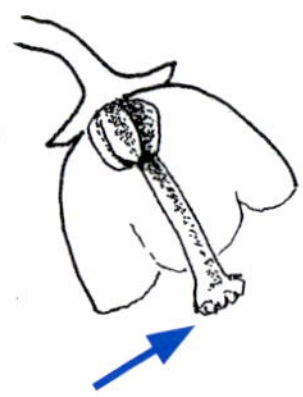

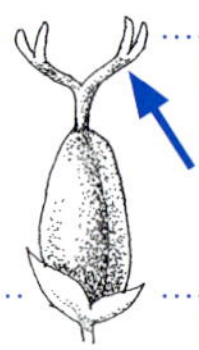

Narbenast Teile einer tief geteilten Narbe. Bsp. *Epilobium, Campanula* (Blüte). Fachausdruck: Stylodium.

Narbenlappen Teile einer seicht geteilten Narbe. Bsp. *Convolvulus, Erysimum* (Blüte).

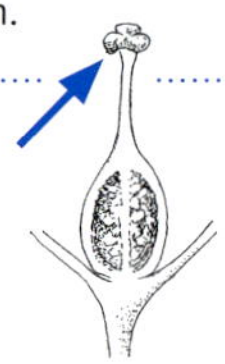

Narbenscheibe Mehrere sitzende und meist strahlig (sternartig) aneinandergereihte Narben, dem Fruchtknoten flächig, ± scheibenartig aufsitzend. Bsp. *Nuphar lutea* (Blüte).

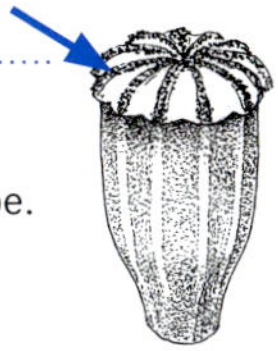

Narbenstrahlen Einzelne Narbe einer sternartig ausgebildeten ⇨Narbenscheibe. Bsp. *Nuphar, Papaver* (Frucht 🗋).

Nebenblatt Meist paarig stehende, zipfel- oder blattartige Organe an der Basis des Blattstiels. Das Vorhandensein von Nebenblättern kann ein wichtiger Hinweis zur Familienzugehörigkeit einer Pflanze sein. Bsp. *Filipendula ulmaria, Rubus saxatilis* (Stängelblatt 🗋). Fachausdruck: Stipel. ⇨TAFEL 9

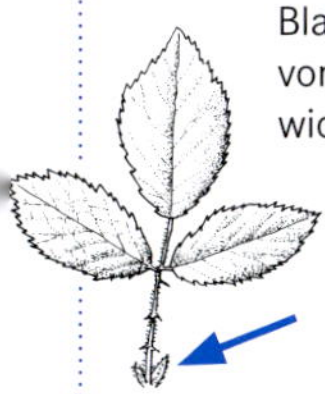

Nebenblattdornen Zu ⇨Dornen umgewandelte Nebenblätter. Bsp. *Robinia pseudacacia* (junge Triebe). Fachausdruck: Stipulardornen. ⇨TAFEL 9

Nebenblättchen Nebenblattartige Anhängsel am Grund der Teilblätter. Bsp. *Thalictrum aquilegiifolium* (Blatt). Fachausdruck: Stipellen.

Nebenblatthülle Röhren- oder tütenförmige, stängelumfassende Verwachsung aus zwei ⇨Nebenblättern. Bsp. *Rumex alpestris* (Blattgrund 🗋). Fachausdruck: Ochrea. ⇨TAFEL 9

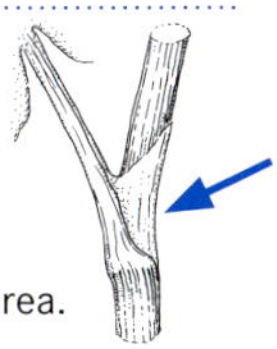

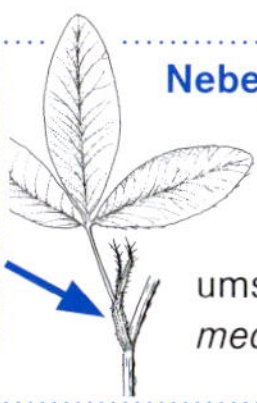

Nebenblattscheide Verwachsene Nebenblätter, die das Blatt oder den Blattstiel zumindest teilweise umschließen. Bsp. *Trifolium medium* (Blattgrund 🗋).

Nebenblattschuppe Schuppenartig, oft bräunlich oder häutig ausgebildete Nebenblätter, oft in Zipfel auslaufend. Bsp. *Quercus cerris* (Blattgrund 🗋).

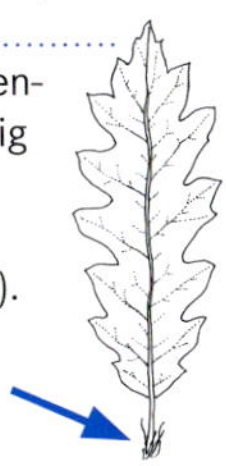

Nebenkronblatt Einzelnes Element einer ⇨Nebenkrone, meist als Anhängsel auf einem Kronblatt sitzend. Bsp. *Epimedium* (Blüte).

Nebenkrone Kronblattartige Anhängsel oder Umbildungen innerhalb der Blütenhülle, oft von Staub- oder Kronblättern ausgehend. Bsp. *Silene* (Blüte 🗋). Fachausdruck: Paracorolla. ⇨TAFEL 20

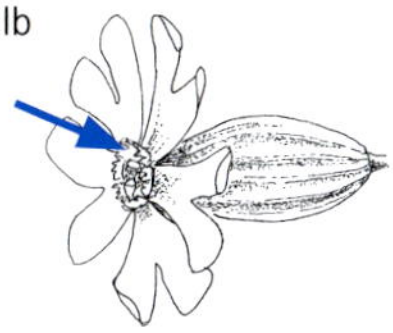

Nebenperigon Becher- oder kragenförmiges zweites (kleineres) Perigon im Übergang zwischen Perigon und Staubblattkreis, aus Ausstülpungen der Perigonblätter entstanden. Bsp. *Narcissus* (Blüte 🗋). Vgl. ⇨Nebenkrone.

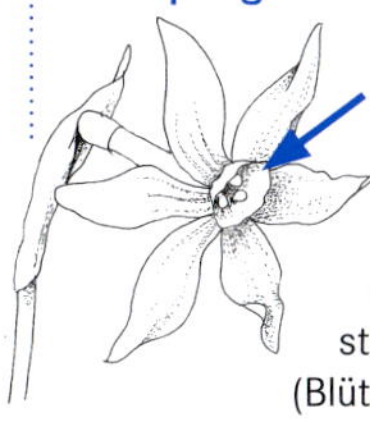

Nebenrippe Zwischen den ⇨Hauptrippen auf der Außenseite der Früchte von Doldenblütlern (Apiaceae) verlaufende Rippen.

Nebenspross ⇨Seitenspross.

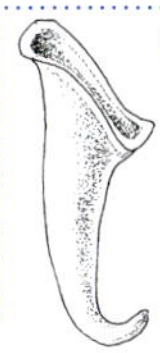

Nektarblatt Nektar absondernde Blätter in den Blüten, oft aus umgewandelten Staubblättern entstanden. Synonym: Honigblatt. Bsp. *Aquilegia vulgaris* (Blüte 🗋). ⇨TAFEL 20

Nektardrüse Zuckersaft (Nektar) ausscheidende Drüse. Gruppen von Nektardrüsen bzw. Gewebe aus Nektardrüsen bilden ein ⇨Nektarium. Synonym: Honigdrüse. Bsp. *Ranunculus* («Kronblatt» 🗋). ⇨TAFEL 31

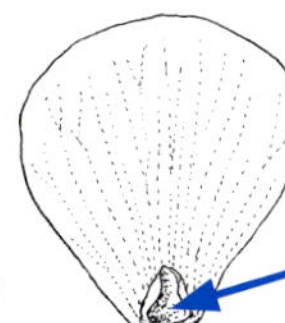

Nektarium Nektar absonderndes Gewebe. Nektarien finden sich meist in Blüten, in selteneren Fällen findet man sie aber auch außerhalb der Blüten (extraflorale Nektarien). ⇨TAFEL 20

Nektarring Ringförmiges, an der Basis der Staubblätter sich anschließendes Gewebe mit ⇨Nektardrüsen. Bsp. *Paeonia*. Fachausdruck: Diskus.

Neoendemit Endemische Sippe, die vermutlich relativ jung ist und von der noch nahe Verwandte existieren. Bsp. *Artemisia nivalis*. Vgl. ⇨Paläoendemit.

Neophyt Pflanzenart, die seit der Neuzeit (seit ca. 1500 n. Chr.) mit direkter oder indirekter Hilfe des Menschen (absichtlich oder unabsichtlich) in ein Gebiet eingewandert ist und sich dort etabliert hat. Neophyten, die sich sehr stark ausbreiten, nennt man ⇨invasive Neophyten. Synonym: Xenophyt. Bsp. *Erigeron annuus*. Vgl. ⇨Archäophyt.

Neotypus Ein nach Verlust des Originaltypus neu ausgewähltes Belegexemplar als ⇨Typus.

Nervatur ⇨Blattnervatur.

netznervig Form der ⇨Blattnervatur. Von mehreren kräftigen Hauptnerven gehen verzweigte, deutlich sichtbare Seitennerven ab. Diese Nervatur findet sich hauptsächlich bei nicht einkeimblättrigen Bedecktsamern. Bsp. *Salix reticulata* (Blatt 🗋).

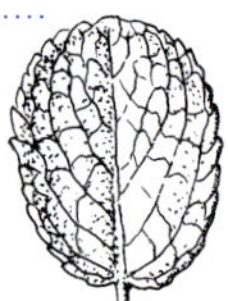

⇨TAFEL 15, 29

nickend Pflanze oder Pflanzenteile (z. B. Spross, Blütenstand) sind an ihrem oberen Ende deutlich nach einer Seite geneigt. Stärkere Umbiegungen werden als ⇨übergebogen oder sogar ⇨überhängend bezeichnet. ⇨TAFEL 2

Niederblatt Verkleinertes, oft schuppenförmiges Blatt unterhalb der Laubblattregion, meist bleich, ohne Blattgrün (Chlorophyll). Bsp. *Epipactis helleborine* (Sprossgrund 🗋). Fachausdruck: Kataphyll.

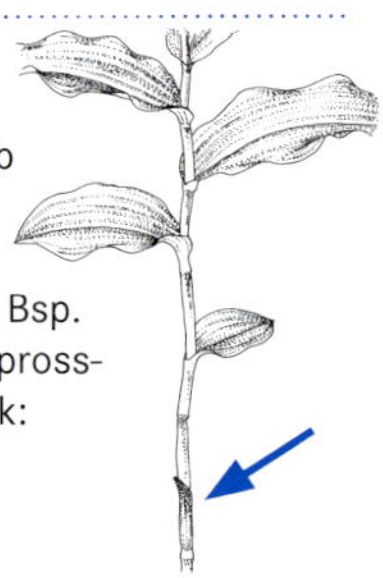

niederliegend Bezeichnung für Pflanzen, die der ganzen Länge nach dem Boden aufliegen, aber nicht wurzeln. Bsp. *Sibbaldia procumbens* (Wuchsform 🗋). Fachausdruck: procumbent. Vgl. ⇨kriechend.

⇨TAFEL 33

niederliegend aufsteigend Bezeichnung für Pflanzen, die zunächst dem Boden aufliegen und dann gegen das Sprossende zu aufsteigen. Bsp. *Onobrychis montana, Minuartia laricifolia* (sterile Triebe 🗋). Fachausdruck: decumbent. Vgl. ⇨aufsteigend.

nierenförmig Blatt mit Umriss einer quer stehenden Ellipse (breiter als lang) gleichend, mit breiter, abgerundeter Einbuchtung am Blattgrund. Bsp. *Asarum europaeum* (Blatt 🗋). Fachausdruck: reniform. Vgl. ⇨herzförmig. ⇨TAFEL 12

nival Schneestufe, die höchste ⇨Höhenstufe in Gebirgen. Auf waagrechten Flächen bleibt der Schnee in durchschnittlichen Sommern liegen, in sonnenexponierten Felsnischen ist jedoch Pflanzenwachstum möglich. Vgl. ⇨alpin. ⇨TAFEL 39

Nodus ⇨Knoten.

nomen ambiguum Kennzeichnung eines wissenschaftlichen Pflanzennamens, der taxonomisch in verschiedenem Sinn verwendet wurde und daher immer wieder zu Verwechslungen geführt hat. Dem Namen wird die Abkürzung «nom. amb.» hintenangestellt. Bsp. *Helianthemum chamaecistus* P. Miller, nom. ambig. (= *H. nummularium* subsp. *obscurum* [Čelakovský] Holub).

nomen conservandum Kennzeichnung eines wissenschaftlichen Sippennamens, der zur Namensstabilisierung geschützt wurde, d. h. der nicht mehr verändert wird, auch wenn er nach den Regeln des Codes (⇨ICNafp) illegitim ist. Dem Namen kann zur Kennzeichnung die Abkürzung «nom. cons.» hintenangestellt werden. Bsp. Vitaceae nom. cons., *Lycopersicon esculentum* Mill., nom. cons.

nomen dubium Kennzeichnung eines wissenschaftlichen Pflanzennamens, der nicht eindeutig typisiert wurde und daher nicht sicher anwendbar ist. Dem Namen wird die Abkürzung «nom. dub.» hintenangestellt.

nomen illegitimum Kennzeichnung eines wissenschaftlichen Pflanzennamens, der nicht den ⇨Nomenklaturregeln entspricht. Dem Namen wird die Abkürzung «nom. illeg.» hintenangestellt. Bsp. *Galium sylvestre* Pollich, nom. illeg. (= *G. pumilum* J. A. Murray).

nomen novum Kennzeichnung eines wissenschaftlichen Pflanzennamens, der einen anderen, illegitimen Namen ersetzt. Dem Namen wird die Abkürzung «nom. nov.» hintenangestellt.

nomen nudum Kennzeichnung eines wissenschaftlichen Pflanzennamens, der ohne Beschreibung veröffentlicht und teilweise von Florenlisten übernommen wurde. Dem Namen wird die Abkürzung «nom. nud.» hintenangestellt.

nomen rejiciendum Kennzeichnung eines wissenschaftlichen Pflanzennamens, der aufgrund von Namenskonservierungen (⇨nomen conservandum) ausdrücklich verworfen wird. Dem Namen wird die Abkürzung «nom. rej.» hintenangestellt. Bsp. *Lotus glaber* Mill., nom. rej. (= *L. tenuis* Willd.).

Nomenklatur Biologische Disziplin für die einheitliche wissenschaftliche Benennung von Organismen. Um eine möglichst hohe Einheitlichkeit zu erreichen, gibt es strenge, international anerkannte ⇨Nomenklaturregeln, die laufend weiterentwickelt werden. ⇨TAFEL 38

Nomenklaturregeln Regeln zu Benennung von Pflanzensippen (⇨Sippe), die im Internationalen Code der Nomenklatur für Algen, Pilze und Pflanzen (⇨ICNafp) festgeschrieben sind.

Nothogenus Hybridgattung, die alle Sippen umfasst, welche aus der Hybridisierung von Arten der jeweils gleichen zwei Gattungen hervorgegangen sind. Zur Kennzeichnung eines Nothogenus wird dem Namen ein Malzeichen (×) vorangestellt. Bsp. *Triticum* × *Secale* (= ×*Triticale*).

Nothospecies Hybride aus zwei Arten. Die Benennung kann auf zwei Wegen erfolgen:
(1) durch ein Binomen mit dazwischengestelltem Malzeichen (×), z. B. *Equisetum* ×*trachyodon*,
(2) durch Verknüpfung der Namen beider Elternarten mit einem dazwischengestellten Malzeichen (×), z. B. *Equisetum hyemale* × *Equisetum variegatum* (Lösung für nicht publizierte Fälle). Vgl. ⇨Hybride.

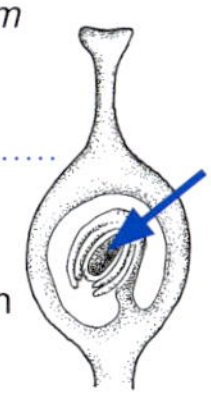

Nucellus Kern der ⇨Samenanlage, umgeben von einer oder von zwei Gewebeschichten, den ⇨Integumenten.

Nuss Meist einsamige, trockene ⇨Schließfrucht mit verholzter oder ledriger, verhärteter Fruchtwand. Normalerweise ist der Same nicht mit der Fruchtwand verwachsen. Ausnahmen bilden die Sonderformen ⇨Achäne oder ⇨Karyopse. Bsp. *Corylus avellana* (Frucht). Fachausdruck: Nux. ⇨TAFEL 24

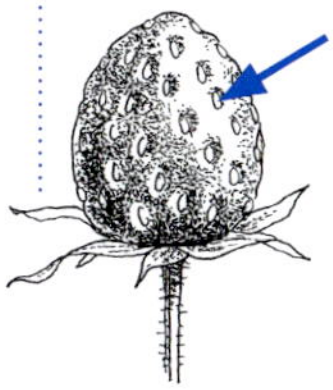

Nüsschen Kleine Form einer ⇨Nuss oder kleine nussartige Einzelfrucht innerhalb eines Fruchtverbands (Sammelfrucht). Bsp. *Fragaria vesca* (Sammelfrucht ⎘). Fachausdruck: Nuculus. Vgl. ⇨Nuss. ⇨TAFEL 23

O

obcordat ⇨verkehrt herzförmig.

obdiplostemon Blüte mit zwei Staubblattkreisen, bei der die ⇨Alternanzregel nicht erfüllt ist, indem die äußeren Staubblätter über den Kronblättern und die inneren Staubblätter über den Kelchblättern zu liegen kommen. Bsp. *Silene* (Blüte). Vgl. ⇨diplostemon. ⇨TAFEL 21

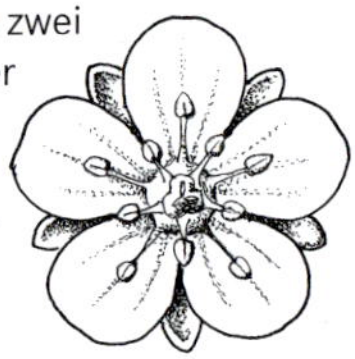

Oberlippe Oberer Kronblattzipfel einer Lippenblume, oft fahnenartig (Schauapparat) oder helmartig (die Staubblätter schützend) ausgebildet. Bsp. *Euphrasia* (Blüte 🗋). Vgl. ⇨Unterlippe. ⇨TAFEL 20

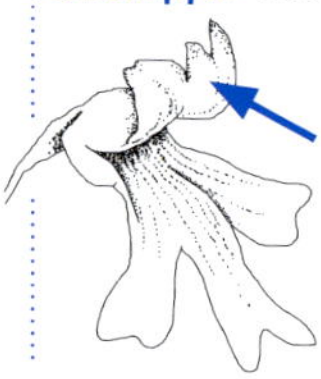

oberständig Stellung des ⇨Fruchtknotens, bei der dieser frei dem Blütenboden und damit am Ende der Blütenachse aufgesetzt ist. Ist die Blütenachse becherartig geformt, dann ist der Fruchtknoten scheinbar unterständig und wird auch als ⇨mittelständig bezeichnet. Bsp. *Cardamine, Geranium, Sempervivum* (Blüte 🗋). Fachausdruck: hypogyn. Vgl. ⇨unterständig. ⇨TAFEL 22

obovat ⇨verkehrt eiförmig.

Ochrea ⇨Nebenblatthülle. ⇨TAFEL 9

offene Nervatur Deutliche Seitennerven eines Blattes, die blind bis hin zum Blattrand führen. ⇨TAFEL 15

offen rinnig Bezeichnung für ⇨lineale Blätter, deren Blattrand so nach oben gebogen ist, dass sich zwar eine Rinne bildet, die Blattoberfläche aber noch durchwegs deutlich erkennbar bleibt. Bsp. *Allium sphaerocephalon* (Blatt 🗋).

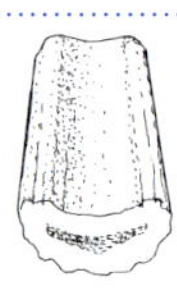

Öffnungsfrucht ⇨Streufrucht.

Öhrchen Den Stängel umfassende Ausformungen des Blattes, gebildet aus dem Spreitengrund, aus Anhängseln des Blattstiels oder aus Nebenblättern. Bsp. *Elymus repens, Crepis capillaris* (Blattgrund 🗋). ⇨TAFEL 10

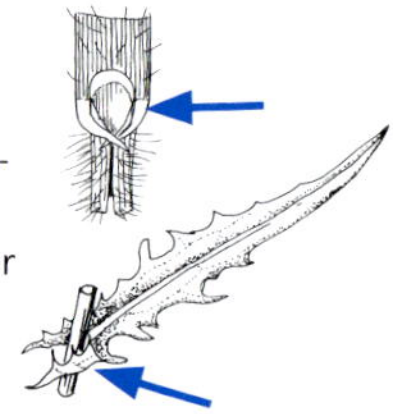

Ökotyp Teil der Gesamtpopulation einer Art, der sich, genetisch fixiert, an bestimmte Umweltbedingungen angepasst hat (z. B. trockenresistentere ⇨Genotypen als der übrige Teil der Gesamtpopulation).

Ölblume Blüten, die anstelle des Nektars fette Öle anbieten, die in speziellen Drüsen, den Elaiophoren, gebildet werden. Dies kommt in der mitteleuropäischen Flora eher selten vor. Bsp. *Lysimachia vulgaris*.

oligotroph Bezeichnung für Standorte, die arm an Nährstoffen (im Boden, im Wasser usw.) sind. Gegensatz zu ⇨eutroph. Vgl. ⇨mesotroph.

Ölkörper ⇨Elaiosom.

Ölzellen Punktförmige Anreicherungsorte von Sekreten, die auch mit bloßem Auge erkennbar sind. Es handelt sich um Häufungen von ölführenden Zellen. (Die Sekrete sind nicht im Zellzwischenraum gelagert!) Bsp. *Ruta graveolens, Hypericum perforatum* (Blatt).

ombrochor Regenverbreitet. Ombrochore Pflanzen nutzen die Energie fallender Regentopfen, um ihre ⇨Diasporen (meist Samen) wegzuschleudern. Bsp. *Scutellaria galericulata, Capsella bursa-pastoris*. Vgl. ⇨ombrohydrochor, hydrochor. ⇨TAFEL 40

ombrohydrochor Bezeichnung für Regenschwemmling. Bei ombrohydrochoren

Pflanzen werden die Samen vom Regen aus den Früchten ausgeschwemmt und mit dem Regen weiter weggeschwemmt. Bsp. *Polygonum aviculare*. Vgl. ⇨ombrochor.

Ordnung Hauptrangstufe in der Pflanzensystematik, welche mehrere verwandte Familien zusammenfasst. Die Ordnungsnamen haben stets die Endung -ales. Bsp. Fagales (Buchenartige), welche die einheimischen Familien Betulaceae, Fagaceae und Juglandaceae zusammenfasst.

Organ Teil einer Pflanze, der morphologisch abgrenzbar ist. Synonym: Pflanzenorgan.

ornithochor Vogelverbreitet. Vogelverbreitete Pflanzen nutzen Vögel als Vektor für ihre Ausbreitung. Diese erfolgt entweder ⇨endozoochor (z. B. über gefressene Beeren) oder ⇨epizoochor (über das Gefieder). Bsp. *Sambucus, Taxus, Rhamnus* (Frucht 🗋). Vgl. ⇨zoochor.

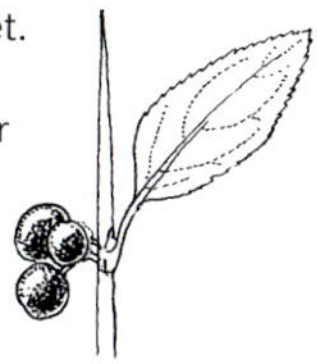

Orophyt Gebirgspflanze, also Pflanze mit Anpassungen an kurze Vegetationszeit, tiefe Temperaturen, hohe UV-Strahlung usw. Bsp. *Achillea nana*.

orthotrop Aufrecht stehend, gerade stehend. Vgl. ⇨plagiotrop.

Osmophor Teile einer Blüte, die Duftstoffe abgeben.

oval ⇨elliptisch.

Ovar ⇨Fruchtknoten.

ovoid In der Form annähernd ⇨eiförmig.

Ovulum ⇨Samenanlage.

ozeanisch Bezeichnung für Pflanzen mit Hauptvorkommen in küstennahen Gebieten Westeuropas. Sie besitzen Anpassungen an geringe Temperaturunterschiede (Winter/Sommer bzw. Tag/Nacht) und meist feuchte Luft. Gegensatz zu ⇨kontinental.

P

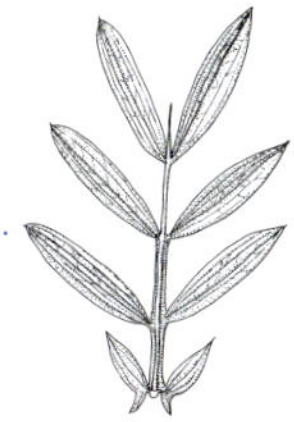

paarig gefiedert ⇨gefiedert. ⇨TAFEL 11

Paläoendemit Endemische Sippe, die vermutlich sehr alt ist und von der keine näheren Verwandten mehr existieren. Vgl. ⇨Neoendemit.

Palea (1) ⇨Spreublatt (Asteraceae). (2) ⇨Vorspelze (Poaceae).

panaschiert Blätter (auch Kronblätter) mit verschiedenfarbigen Zonen, oft hervorgerufen durch flächige Mangelerscheinungen wie z. B. das Fehlen von ⇨Blattgrün. ⇨TAFEL 3

Papillen Kleine, mit bloßem Auge kaum erkennbare Erhebungen, z. B. auf der ⇨Epidermis. Bsp. *Galium uliginosum* (Frucht). Vgl. ⇨Warzen.

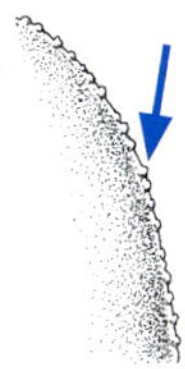

papillös Mit kleinen, mit bloßem Auge kaum erkennbaren ⇨Papillen überzogen. Aus der Distanz wirkt die Oberfläche oft samtartig. Bsp. *Gentiana brachyphylla* (Blattrand). Vgl. ⇨höckerig, rau. ⇨TAFEL 3

Pappus Ein zu Härchen, Federchen oder Schüppchen umgebildeter Kelch auf einem unterständigen Fruchtknoten, häufig bei Korbblütlern (Asteraceae) und Geißblattgewächsen (Caprifoliaceae). Der Pappus unterstützt die Ausbreitung der Samen durch den Wind. Bsp. *Scabiosa, Carduus, Cirsium* (Früchte 🗋). ⇨TAFEL 24

Pappusborste Einzelnes Haar bzw. einzelne Borste eines ⇨Pappus. Sie kann einfach, gezähnelt oder gefiedert sein und bildet so wichtige Bestimmungsmerkmale. Synonyme: Pappusstrahl, Pappusspitze. Bsp. *Scabiosa columbaria* (Frucht).

Paracorolla ⇨Nebenkrone.

parallelnervig Form der ⇨Blattnervatur. Mehrere kräftige Nerven verlaufen vom Grund des Blattes parallel- oder leicht bogenförmig gegen die Blattspitze, ohne deutliche Verzweigungen in Seitennerven. Diese Nervatur findet sich hauptsächlich bei ⇨einkeimblättrigen Pflanzen (Monokotyledonen). Bsp. *Veratrum album* (Blatt ◳). Vgl. ⇨bogennervig. ⇨TAFEL 15, 29

paraphyletisch Bezeichnung für eine Gruppe von Arten mit gemeinsamem Vorfahr. Es sind jedoch nicht alle Nachfahren dieses Vorfahren in der Gruppe enthalten (z. B. indem einzelne Arten einer Gruppe von Arten in eine andere Gattung gestellt werden). Daher ist die Gruppe nicht eine in sich geschlossene (⇨monophyletische) Abstammungsgemeinschaft. Bsp. Die Gattung *Potentilla* in der traditionellen Definition ist paraphyletisch, da z. B. einige *Potentilla*-Arten der abgetrennten Gattung *Fragaria* näher stehen als anderen *Potentilla*-Arten.

Paraphyse Spezielle fadenartige und verzweigte Struktur zwischen ⇨Sporangien mancher Farne (nur mit dem Mikroskop sichtbar). Dient z. B. zur Unterscheidung zwischen *Polypodium cambricum* (mit Paraphysen) und *P. interjectum* (ohne Paraphysen).

Parasit Pflanze, die ihren Nährstoff- und Wasserbedarf durch «anzapfen» anderer Organismen (Wirten) deckt. Dabei kann die Wirtsspezifität hoch oder gering sein. Man unterscheidet ⇨Vollparasit (Vollschmarotzer) und ⇨Halbparasit (Halbschmarotzer). Bsp. *Orobanche alba* (Vollparasit), *Melampyrum arvense* (Halbparasit). ⇨TAFEL 34

Paratypus Bei der Erstbeschreibung neben dem eigentlichen Typusbeleg (⇨Holotypus) ebenfalls genannter Beleg einer Art. Vgl. ⇨Isotypus.

Parenchym Gewebe aus wenig differenzierten, etwa ähnlich großen Pflanzenzellen (z. B. ohne Wandverdickungen). Parenchymatisch sind etwa das Speichergewebe oder das Assimilationsgewebe (Chlorenchym).

parietale Plazentation ⇨wandständige Plazentation. ⇨TAFEL 22

pedat ⇨fußförmig.

Pedicellus ⇨Blütenstiel.

Pedunculus ⇨Blütenstandsstiel.

Pelorie Missbildung bei ⇨monosymmetrischen Blüten, die aufgrund einer Mutation ⇨radiärsymmetrische, oft monströs vergrößerte Blüten bilden. Vgl. ⇨Monstrosität.

peltat ⇨schildförmig.

pentamer ⇨fünfzählig.

perennierend Bezeichnung für mehrjährige, krautige Pflanzen (⇨Staude). Bsp. *Galium odoratum*. Vgl. ⇨Bienne.

Perianth ⇨Blütenhülle.

Perigon Gesamtheit aller ⇨Perigonblätter. Einfache, nicht in Kelch und Krone differenzierte, gleichförmige (homoiochlamydeische) ⇨Blütenhülle. Bsp. *Polygonum bistorta* (Blüte). ⇨TAFEL 19

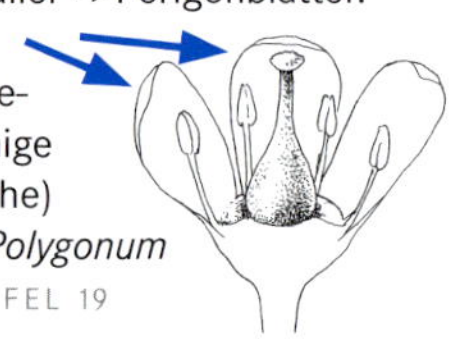

Perigonblätter Die meist auffällig gefärbten Blätter eines ⇨Perigons. ⇨TAFEL 19

Perigonblattsaum Oberster, meist aus ausgebreiteten Zipfeln bestehender Abschnitt eines verwachsenen Perigons. Bsp. *Convallaria majalis* (oberster Teil der Blüte).

Perigonborste Zu einer Borste umgewandeltes Perigonblatt. Bsp. *Eleocharis palustris* (Blüte ◳).

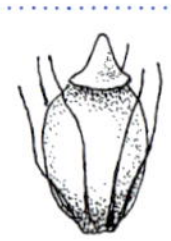

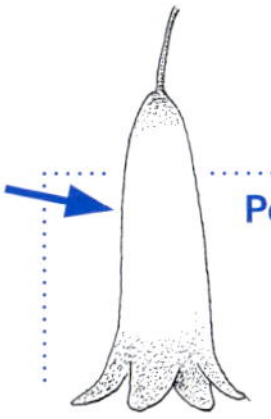

Perigonröhre Unterer, röhrenartig verwachsener Teil eines ⇨Perigons. Bsp. *Polygonatum multiflorum* (Blüte ◳).

Perigonzipfel Unverwachsener Endabschnitt eines mit anderen Perigonblättern verwachsenen Perigonblattes. Bsp. *Muscari* (Blüte ◳).

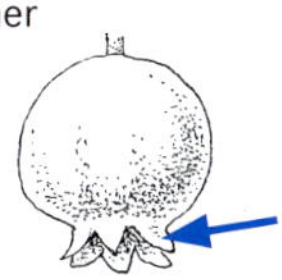

perigyn ⇨mittelständig. ⇨TAFEL 22

Perikarp ⇨Fruchtwand. ⇨TAFEL 23, 24

perlschnurartig Bezeichnung für einen Blütenstand, bei dem ⇨Knäuel von Blüten entlang der Blütenstandsachse verteilt sind und diese teilweise zwischen den Blütenknäueln sichtbar bleibt. Bsp. *Chenopodium urbicum* (Blütenstand).

Petale ⇨Kronblatt.

petaloid Eine ⇨Petale imitierend (z. B. ein farbiges Kelchblatt). Bsp. *Polygala vulgaris* (Blüte).

petiolat ⇨gestielt.

Petiolus ⇨Blattstiel.

Pfahlwurzel Vertikal in den Boden wachsende, oft verdickte ⇨Hauptwurzel, meist entstanden aus der ⇨Primärwurzel der Pflanze. Aus der Pfahlwurzel entspringen meist feinere seitliche Wurzeltriebe (Seitenwurzeln). Bsp. *Taraxacum officinalis* (Wurzel). ⇨TAFEL 5

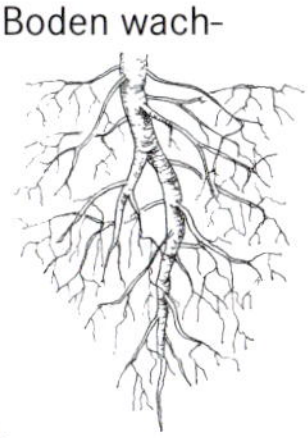

pfeilförmig Schmal dreieckige Blattform, am Grund mit ± spitzen, abwärts gerichteten, durch eine spitze Einbuchtung getrennte Lappen. Bsp. *Rumex scutatus* (Blatt ◳). Fachausdruck: sagittat. Vgl. ⇨spießförmig. ⇨TAFEL 12

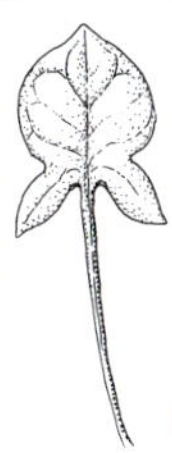

Pflanzengeografie ⇨Geobotanik.

Pflanzengesellschaft Gemeinschaft verschiedener Pflanzen mit charakteristischer Zusammensetzung von Arten (Artenkombination). Die Artenzusammensetzung wird dabei von den Standortfaktoren mitbestimmt. Vgl. ⇨Standort.

Pflanzenorgan ⇨Organ.

Pflanzensoziologie Methode der ⇨Geobotanik zur Beschreibung, Typisierung und Gliederung der Vegetation in einzelne ⇨Pflanzengesellschaften. Die Methode basiert auf der Vergesellschaftung, also dem gemeinsamen Vorkommen von Pflanzenarten.

pfriemförmig ⇨pfriemlich.

pfriemlich Kleine, sehr schmale, zipfelartige Blatt- oder Blütenform, vom Grund her allmählich in eine Spitze verschmälert, mehr als 8x so lang wie breit. Bsp. *Calamintha menthifolia* (untere Kelchzipfel ◳). ⇨TAFEL 9

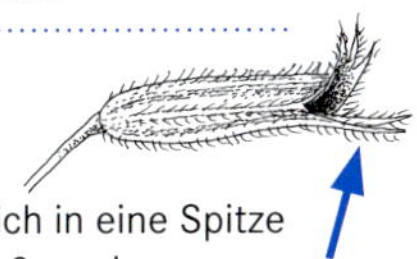

Phän Einzelnes erkennbares Erbmerkmal, also das Erscheinungsbild eines Merkmals, basierend auf seiner genetischen Grundlage.

Phanerogamen Gruppe von Pflanzen, deren Fortpflanzung mit Blüten (Staubblättern und Fruchtblättern) und deren Ausbreitung über Samen erfolgt (⇨Samenpflanzen). Der Begriff dient als Gegenüberstellung zu den ⇨Kryptogamen und hat heute keinen taxonomischen Wert mehr.

Phanerophyt Strauchförmige oder baumförmige Wuchsform, die mehr als 4 m hoch wird (eine der Lebensformtypen von Pflanzen nach Christen Raunkiær). Große Phanerophyten werden oft auch Makrophanerophyten genannt. Bsp. *Quercus robur, Viburnum lantana, Hedera helix*. Vgl. ⇨Nanophanerophyt. ⇨TAFEL 35

Phänetik Methode in der Taxonomie, bei der alle Merkmale (⇨Phäne) gleichwertig (ungewichtet) in numerischen Analysen verwendet werden.

Phänologie Lehre vom Einfluss von Wetter und Klima auf die jahreszeitliche Entwicklung der Pflanzen. Dabei werden gut erkennbare Entwicklungszustände (z. B. Beginn der Kirschblüte) regelmäßig erfasst und über Raum und Zeit hinweg verglichen.

Phänotyp Erscheinungsbild einer Pflanze, d. h. die Gesamtheit ihrer morphologischen und physiologischen Eigenschaften. Die Eigenschaften können vererbt oder durch Umwelteinflüsse erworben sein. Vgl. ⇨Genotyp.

Phellem ⇨Korkgewebe.

Phloëm Leitbündelgewebe, das die Assimilate (die von der Pflanze produzierten Kohlenhydrate) transportiert. Synonym: Siebteil. Vgl. ⇨Leitbündel. ⇨TAFEL 9

Phorophyt Trägerpflanze von Aufsitzerpflanzen (⇨Epiphyten). Phorophyten sind zumeist Bäume. ⇨TAFEL 34

Phyllidium ⇨Teilblatt.

Phyllodium Blattartig verbreiterter Blattstiel, meist ohne Blattspreite. Phyllodien zeigen hauptsächlich eine parallele Blattnervatur, auch wenn die entsprechenden Arten zu den ⇨Eudikotyledonen gehören. Bsp. *Bupleurum falcatum* (Blatt ⎘).

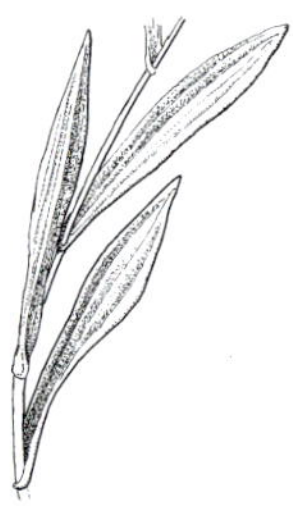

Phyllokladium ⇨Flachspross.

Phyllotaxis ⇨Blattstellung.

Phylogenetik Fachbereich, der sich mit der Erforschung der Abstammung von Pflanzen (oder anderen Organismengruppen) befasst.

phylogenetisch Abstammungsmäßig (⇨Phylogenetik).

phylogenetischer Baum Grafische Darstellung (meist als verästelter Baum) der evolutionären Verwandtschaftsverhältnisse, die auf den Ähnlichkeiten ausgewählter Merkmale basieren («Stammbaum»). ⇨TAFEL 37

pinnat ⇨gefiedert.

Pistill ⇨Stempel.

pistillat Blüte ohne Staubblätter, nur mit Fruchtblättern. Synonym: karpellat. Gegensatz zu ⇨staminat. Bsp. *Salix appendiculata* (weibliche Blüte ⎘).

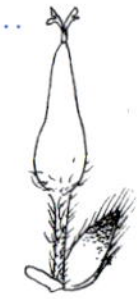

plagiotrop Horizontale Ausrichtung von Organen (z. B. Sprossen). Vgl. ⇨orthotrop.

Platte ⇨Kronblattplatte.

Platykladium ⇨Flachspross.

Plazenta Anwachsstelle der ⇨Samenanlage (bzw. ihres Stiels, des Funiculus) am ⇨Fruchtblatt. Vgl. ⇨Funiculus. ⇨TAFEL 23

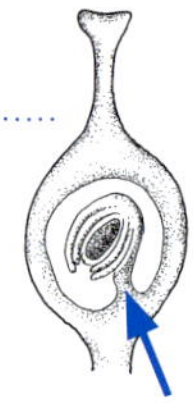

Plazentation Anordnung der Samenträger auf dem ⇨Fruchtblatt bzw. im Fruchtknoten. Sie ist in den meisten Fällen marginal (an den Rändern der Fruchtblätter).

Pleiochasium ⇨Scheindolde.

Pleiokorm Verzweigter, oberflächennaher Wurzelstock. Bsp. *Hypericum perforatum*.

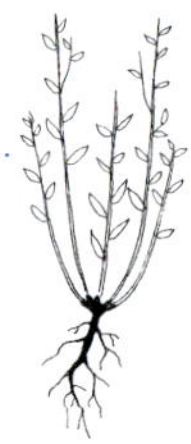

plesiomorph Bezeichnung für ein ursprüngliches Merkmal, also ein Merkmal einer Pflanze, das sich gegenüber seinen Vorfahren kaum verändert hat. Gegensatz zu ⇨apomorph.

Pleuston Gesamtheit der auf der Wasseroberfläche flottierenden (nicht verwurzelten) Schwimmpflanzen.

Pleustophyt Schwimmpflanze, die auf oder unter der Wasseroberfläche schwimmt und nicht im Boden des Gewässers verwurzelt ist. Bsp. *Lemna minor*. ⇨TAFEL 34

plicat ⇨gefaltet.

Plurienne Pflanzen, die erst nach Jahren blühen und fruchten und nach der Fruchtreife absterben. Es sind somit nur einmal blühende (⇨hapaxanthe) Pflanzen.

Bsp. *Saxifraga cotyledon*. Vgl. ⇨Bienne, ausdauernd.

Pneumatophoren ⇨Atemwurzeln.

pollakanth Mehrmals blühende bzw. fruchtende Pflanze. Gegensatz zu ⇨hapaxanth. Bsp. *Ranunculus acris*.

Pollen ⇨Blütenstaub. ⇨TAFEL 19, 21

Pollenanalyse Methode der historischen ⇨Geobotanik, bei der die fossilen Pollenkörner in zeitlich nacheinander abgelagerten Schichten (z. B. in Seesedimenten) analysiert werden. Daraus kann auf die Floren- und Vegetationsentwicklung geschlossen werden.

Pollenblume Blüte, die anstelle von Nektar vor allem Pollen als Anlockungsmittel (Nahrung) für Bestäuber anbietet. Bsp. *Papaver rhoeas*.

Pollenkorn Einzelne ⇨Mikrospore der ⇨Samenpflanzen, im Gegensatz zum Pollen (Blütenstaub), also der Gesamtheit aller Pollenkörner eines Staubblattes, einer Blüte oder einer Pflanze. Das Pollenkorn gehört zur ⇨haploiden Phase im ⇨Generationswechsel. ⇨TAFEL 26

Pollenpräsentation Darbietung des Pollens zum Anlocken der Bestäuber. Die Präsentation kann direkt durch die Staubbeutel (Antheren) erfolgen (primäre Pollenpräsentation) oder indirekt über andere Organe, v. a. über Griffel mit ungeöffneten Narbenästen (sekundäre Pollenpräsentation). Bsp. *Jasione montana* (sekundäre Pollenpräsentation durch die vorgestreckten Griffel ◻).

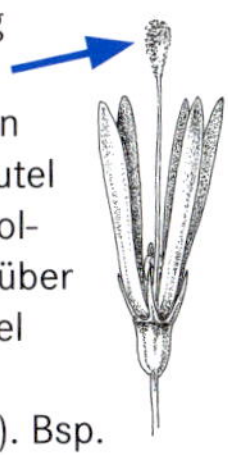

Pollensack Bezeichnung für das ⇨Mikrosporangium des ⇨Staubblattes. Ein Staubbeutel enthält normalerweise 4 Pollensäcke, je 2 zu einer ⇨Theke vereinigt. Fachausdruck: Loculament. ⇨TAFEL 21

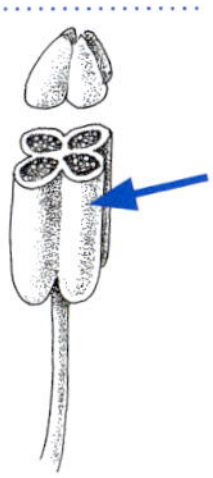

Pollenschlauch Bei der ⇨Keimung des Pollenkorns auf der Narbe sich bildendes, schlauchartiges Gewebe, das auf die Samenanlagen zuwächst. Damit gelangen die Spermazellen zu den Samenanlagen (Eizellen). Der Pollenschlauch entspricht der männlichen, haploiden Generation einer Pflanze der ⇨Bedecktsamer.

Pollinarium Gebilde aus ⇨Pollinium und seinen Anhängen, z. B. Stielchen und Klebscheibe (bei den Orchidaceae). ⇨TAFEL 30

Pollinium Zu einem Kügelchen verklebte Pollenmasse eines Staubbeutels bzw. einer ⇨Theke. ⇨TAFEL 30

Polsterpflanze Mehrjährige, krautige Pflanze (⇨Staude), deren Triebe so dicht stehen (und sich so gegenseitig schützen), dass sie mehr oder weniger dichte Polster bilden. Synonym: Polsterstaude. Bsp. *Androsace helvetica, Silene acaulis* (Wuchsform). ⇨TAFEL 36

polyadelphisch Drei oder mehr Gruppen (Bündel) von ⇨Staubblättern in einer Blüte, die an ihren ⇨Staubfäden zusammengewachsen sind. Vgl. ⇨monadelphisch, diadelphisch. ⇨TAFEL 21

polychor Bezeichnung für Pflanzen, deren ⇨Diasporen (z. B. Samen oder Früchte) auf mehrere verschiedene Weisen ausgebreitet werden können.

polykarpisch Bezeichnung für Pflanzen, die mehrmals fruchten. Gegensatz zu ⇨hapaxanth, monokarpisch.

polykormisch Bezeichnung für Holzpflanzen, bei denen sich auch Seitenäste so aufrichten, dass sie die Funktion von Hauptachsen übernehmen können. Bsp. *Sorbus aucuparia*.

polyphyletisch Bezeichnung für eine Gruppe von Arten, die zwar gemeinsame Merkmale besitzen (z. B. durch ⇨Konvergenzen), jedoch nicht direkt miteinander verwandt sind, also aus verschiedenen Ästen im Stammbaum hervorgegangen sind. Daher ist die Gruppe nicht eine in sich geschlossene (⇨monophyletische) Abstammungsgemeinschaft. Bsp. Die Gattung *Thlaspi* ist hochgradig polyphyletisch (gemeinsames Merkmal: kahle, geflügelte Schötchen), *Thlaspi arvense* ist aber näher mit *Alliaria petiolata* verwandt als mit *Thlaspi perfoliatum*. Vgl. ⇨paraphyletisch.

polyploid Pflanzen mit dreifachem (3n) oder mehrfachem Chromosomensatz. Polyploidie kommt in höheren Pflanzen vergleichsweise häufig vor und ist oft an der Artbildung beteiligt. Schätzungen gehen davon aus, dass über 30 % der Gefäßpflanzen polyploid sind. Ein besonders hoher Anteil findet sich bei den Farnen. Gegensatz zu ⇨haploid und ⇨diploid.

Polypodiophyta ⇨Farne.

polystemon Blüte mit vielen ⇨Staubblättern. Vgl. ⇨haplostemon, diplostemon. ⇨TAFEL 21

Population Gruppe von Individuen einer Art, die durch ihre räumliche Anordnung in der Lage sind, sich gemeinsam fortzupflanzen (Fortpflanzungsgemeinschaft).

Populationsgenetik Untersuchung der Häufigkeit und Veränderungen von Genen innerhalb von Populationen.

Porenkapsel Sich mit Poren öffnende, aus 2 oder mehreren ⇨Fruchtblättern gebildete ⇨Kapsel. Bsp. *Papaver rhoeas* (Frucht □). Vgl. ⇨Deckelkapsel. ⇨TAFEL 24

Primärblätter Die ersten auf die Keimblätter folgenden Laubblätter. Sie sind oft noch einfacher gestaltet als die späteren Laubblätter. ⇨TAFEL 25

Primärspross ⇨Hauptspross.

Primärwurzel Wurzeltrieb, der direkt aus der Keimlingswurzel (Radicula) entsteht.

Primordium Organanlage, also ein frühes, noch undifferenziertes Entwicklungsstadium eines Organs (z. B. Blattanlage, Blütenanlage).

Prioritätsregel Grundprinzip der botanischen Namensgebung: Von den gültig veröffentlichten Namen einer Sippe (Art, Unterart) ist stets der älteste, als Erster gültig publizierte zu übernehmen.

Prophyll ⇨Vorblatt.

protandrisch, proterandrisch ⇨vormännlich.

Prothallium Aus keimenden Sporen entstandenes, ca. 1 cm großes Gewebe, das die Geschlechtsorgane der Sporenpflanzen trägt. ⇨TAFEL 26

protogyn, proterogyn ⇨vorweiblich.

Protolog Summe aller Beschreibungen und Diskussion sowie Illustrationen im Rahmen der Veröffentlichung des Namens einer Sippe.

Proventivknospe ⇨schlafende Knospe. Vgl. ⇨Adventivknospe.

proximal Dem Verzweigungspunkt oder der Anwachsstelle eines Organs nahe stehend bzw. direkt an sie angrenzend. So ist z. B. der Blattgrund der proximale Teil des Blattes. Gegensatz zu ⇨distal.

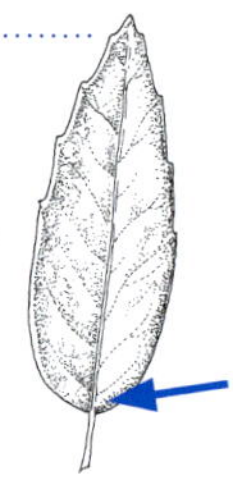

pruinos, pruinös ⇨bereift.

Pseudanthium Zusammengezogener Blütenstand (z. B. Köpfchen oder Körbchen), der als Ganzes eine Blume imitiert (z. B. durch verlängerte Randblüten, die Kronblätter imitieren) und so als Bestäubungseinheit funktioniert. Synonyme: Scheinblüte, Überblume. Bsp. *Leontopodium alpinum* (Blütenstand □). Vgl. ⇨Meranthium.

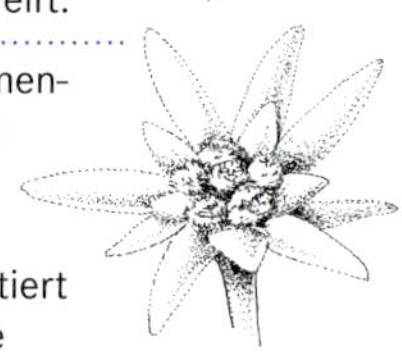

Pseudogamie Scheinbare Samenbildung durch Bestäubung und Befruchtung. In der Samenanlage werden jedoch nur die Polkerne befruchtet und der Same entsteht

⇨apomiktisch aus der unbefruchtet gebliebenen Eizelle. Bsp. *Potentilla verna*.

Pseudostipeln Vorgetäuschte ⇨Nebenblätter durch basale Blattzipfel oder Teilblättchen. Bsp. *Lotus corniculatus* (Blatt).

psychophil Bezeichnung für Blüten, die speziell für die Bestäubung durch Tagfalter angepasst sind. Bsp. *Primula farinosa, Orchis ustulata*. ⇨TAFEL 40

Pteridophyten Veraltete zusammenfassende Bezeichnung der Gefäßsporenpflanzen (farnartige und bärlappartige Pflanzen) als Gegenüberstellung zu den Samenpflanzen. Heute werden die Gefäßsporenpflanzen nicht mehr als taxonomisch einheitliche Gruppe betrachtet. Vgl. ⇨Bärlapppflanzen, Farne.

pubeszent ⇨flaumhaarig.

Pulpa ⇨Fruchtfleisch.

Pulvinus ⇨Blattgelenk.

Punktdrüsen Kleine, punktförmige Drüsen, gegenüber dem anderen Gewebe als hellere, durchscheinende oder dunklere Punkte erkennbar. Bsp. *Hypericum* (Blattoberfläche 🗋).

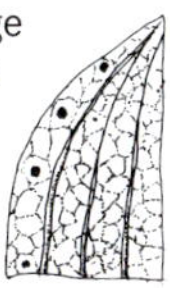

punktiert Oberfläche mit erhabenen, eingesenkten oder durchscheinenden Punkten versehen. Wenn die Punkte aus Drüsen entstehen, spricht man von drüsig punktiert. Vgl. ⇨Ölzellen. ⇨TAFEL 3

Purpur Sammelbezeichnung für zwischen Rot und Violett stehende Farbtöne. Bsp. *Dactylorhiza majalis* (Blüte). ⇨TAFEL 43

Purpurrot Im Spektrum zwischen Rot und Violett stehende Farbtöne (⇨Purpur), die näher bei Rot stehen. Bsp. *Anacamptis pyramidalis* (Blüte). Vgl. ⇨Rotviolett. ⇨TAFEL 43

Pustel Kleine, deutlich abgesetzte, aber gut sichtbare Erhebungen der Oberfläche, z. B. bei Früchten. Pusteln sind größer als ⇨Warzen, aber kleiner als ⇨Schwielen. ⇨TAFEL 3

pustelig Mit ⇨Pusteln besetzte Oberfläche. ⇨TAFEL 3

Pyxidium ⇨Deckelkapsel.

Q

querrunzelig Beschreibung der Oberfläche eines Organs, auf welcher sich Runzeln quer zur Wuchsrichtung des Organs befinden. Bsp. *Schoenoplectus* (Frucht).

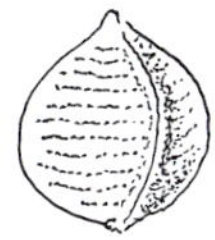

Querrunzeln Runzeln, also feine Wellen, die quer zur Wuchsrichtung ausgebildet sind. Bsp. *Geranium* (Samen).

Querwände Quer stehende Zwischenwände in röhrigen Stängeln oder Blättern. Bsp. *Juncus articulatus* (aufgeschnittenes Blatt 🗋).

Quirl Summe aller auf gleicher Höhe am Spross abgehenden Organe (Blätter, Blüten, Seitenäste), sobald 3 oder mehr dieser Organe beteiligt sind. Synonym: Wirtel. Bsp. *Galium aparine* (auf gleicher Höhe stehende Blätter 🗋). ⇨TAFEL 16

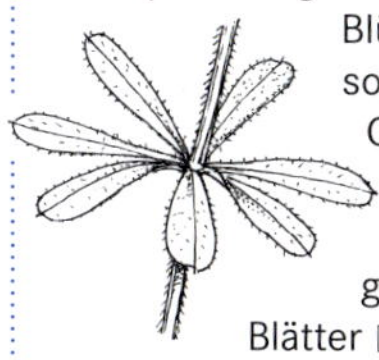

quirlig ⇨quirlständig.

quirlständig Drei oder mehr Organe (Blätter, Blüten) vom gleichen Knoten abgehend. Synonym: wirtelig. Bsp. *Galium, Erica* (Blätter 🗋). Fachausdruck: vertizilliert. Vgl. ⇨gegenständig. ⇨TAFEL 10

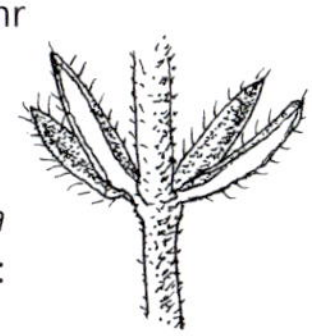

R

racemös ⇨razemös.

radförmig Bezeichnung für eine verwachsene Blütenkrone mit kurzer, röhrenförmiger Basis und flachem, ausgebreitetem Saum. Bsp. *Anthericum liliago, Veronica filiformis* (Blüte). Fachausdruck: rotat. Vgl. ⇨sternförmig. ⇨TAFEL 20

radiär ⇨radiärsymmetrisch. Fachausdruck: aktinomorph. ⇨TAFEL 20

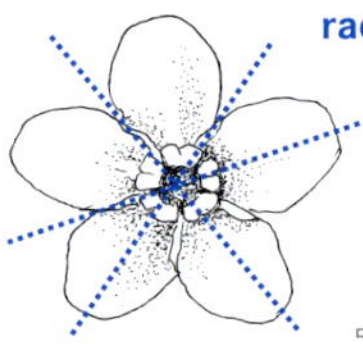

radiärsymmetrisch Blüten mit mehr als 2 Symmetrieebenen. Synonym: strahligsymmetrisch. Bsp. *Myosotis* (Blüte 🗋). ⇨TAFEL 20

Radicula ⇨Keimwurzel.

Radix ⇨Wurzel.

Randblüte Am äußeren Rand eines Blütenstandes stehende Einzelblüte, die oft vergrößert ist und so zu einer erhöhten Schauwirkung des Blütenstandes beiträgt. Bsp. *Viburnum opulus* (Blütenstand 🗋).

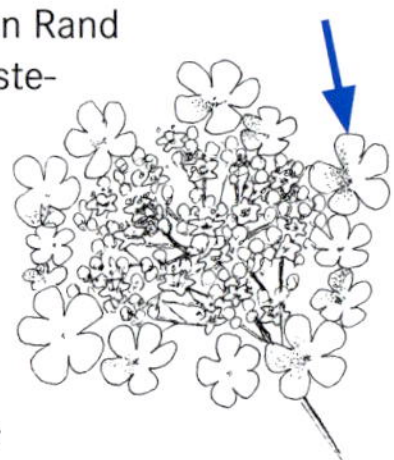

Randrippen An der seitlichen Kante eines Organs (z. B. Frucht) ausgebildete, dem Rand entlang laufende, schmale Leiste. Bsp. *Callitriche* (Frucht 🗋). Vgl. ⇨Rippe.

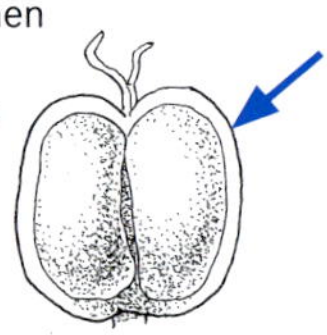

Randwulst An der seitlichen Kante eines Organs (z. B. Frucht) ausgebildete, dem Rand entlanglaufende, breite Leiste. Bsp. *Cynoglossum* (Teilfrucht).

Ranken Zu fädigen Organen umgebildete Teile (Blatt, Teilblatt, Seitenspross), die durch Krümmungsbewegungen eine Stütze umwickeln können (z. B. eine andere Pflanze). Man unterscheidet zwischen ⇨Sprossranken und ⇨Blattranken. Bsp. *Vicia cracca* (Blattspitze). Fachausdruck: cirrhus. ⇨TAFEL 33

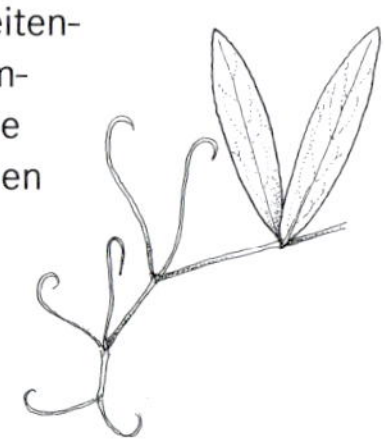

Rankenkletterer Mithilfe von ⇨Ranken kletternde Pflanzen. Bsp. *Lathyrus pratensis*.

rasig, rasenbildend Bezeichnung für eine durch Seitentriebe geprägte Wuchsform, bei der krautige Pflanzen durch oberirdische oder unterirdische ⇨Ausläufer Rasen bilden können. Gegensatz: ⇨horstig. In früheren Definitionen wurden die Begriffe horstig und rasig einander gleichgesetzt. Bsp. *Juncus articulatus* (Wuchsform 🗋). Fachausdruck: caespitosus. ⇨TAFEL 36

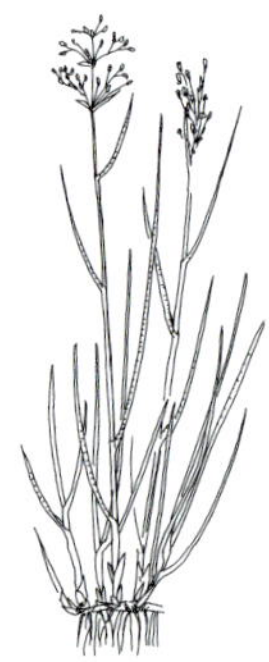

rau Oberfläche (z. B. eines Blattes) mit feinen Unebenheiten. Beim Darübergleiten mit den Fingern oder den Lippen entsteht ein Eindruck von mehr oder weniger feinem Schleifpapier (Schmirgelpapier). Gegensatz zu ⇨glatt. Bsp. *Deschampsia* (Blatt), *Inula hirta* (Blattoberseite). Fachausdruck: asper. ⇨TAFEL 3

rauborstig Behaarung aus starren, ± abstehenden Haaren. Bsp. *Chondrilla juncea* (Grund des Stängels).

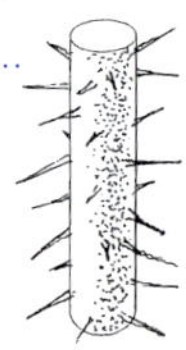

rauhaarig Behaarung aus mittellangen, abstehenden, biegsamen, aber derben (nicht weichen) Haaren. Bsp. *Symphytum officinale* (Stängel). Fachausdruck: hirsut. Vgl. ⇨flaumhaarig. ⇨TAFEL 4

rautenförmig Im Umriss gleich einem auf der Spitze stehenden Viereck. Synonym: rhombisch. Bsp. *Trapa natans* (Blatt 🗋). Fachausdruck: rhomboid. ⇨TAFEL 12

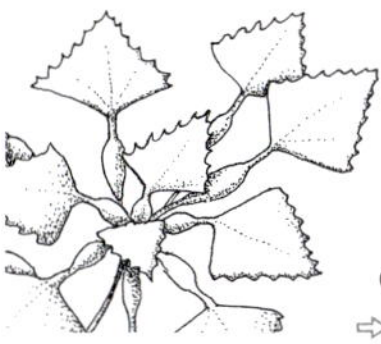

razemös Bezeichnung für Blütenstände mit durchgehender Hauptachse wie z. B. ⇨Trauben oder ⇨Ähren, die im typischen Falle eine unbestimmte Anzahl Seitensprosse und keine Endblüte besitzen. Bsp. *Capsella, Hordeum* (Blütenstände).

Reaktionszahl Ökologischer ⇨Zeigerwert für den Gehalt an freien H+-Ionen (Säuregrad) am typischen Wuchsort einer Pflanzenart. Hohe Reaktionszahlen bedeuten, dass die Art an basischen Standorten (pH-Wert höher als 6,5) anzutreffen ist. ⇨TAFEL 39

rechtswindend Durch die schraubenförmigen Kreisbewegungen des Sprosses bildet sich eine «Rechtsschraube». Von der Seite betrachtet steigt der Spross von links unten nach rechts oben auf (wie beim Querstrich eines «Z»). Von unten betrachtet windet sich der Spross im Uhrzeigersinn (von oben betrachtet, also gegen die Wuchsrichtung, gegen den Uhrzeigersinn). Bsp. Die Mehrzahl der Windepflanzen wie *Phaseolus, Convolvulus, Cuscuta* usw. Fachausdruck: dextrors. Vgl. ⇨linkswindend. ⇨TAFEL 33

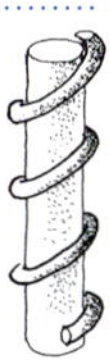

reduziert Bezeichnung für ein nicht vollständig ausgebildetes Organ oder Merkmal.

reitend Stellung von ungestielten und stark zusammengefalteten Blättern, die am Grund den Stängel oder andere Blätter fächerartig mit der Schmalseite umschließen. Bsp. *Iris, Tofieldia* (Blatt 🗋).

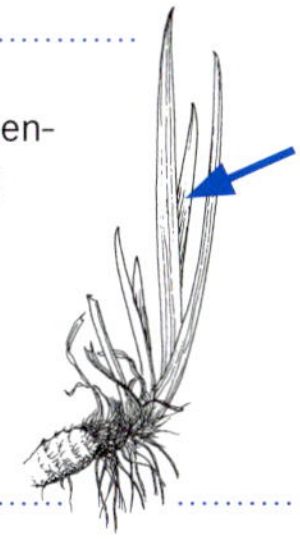

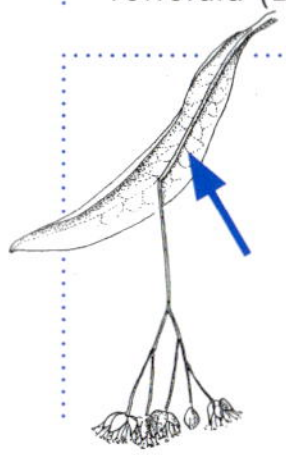

Rekauleszenz Spezielle Form einer Seitenachse, die am Grund zumindest ein Stück weit mit ihrem Tragblatt verwachsen ist. Bsp. *Tilia cordata* (Blütenstand 🗋). Vgl. ⇨Konkauleszenz.

resupiniert Bezeichnung für Blüten die gegenüber ihrer üblichen Stellung verdreht sind («auf dem Kopf stehen»). Bsp. *Trifolium resupinatum, Pseudorchis albida* (Blüten 🗋). ⇨TAFEL 30

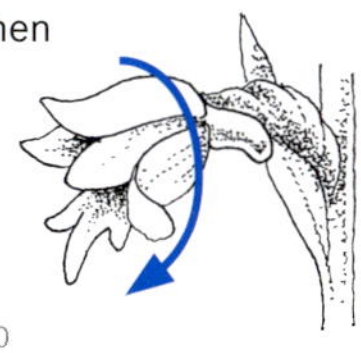

Rezeptaculum ⇨Blütenboden.

Rhachilla ⇨Ährchenachse.

Rhachis Stielartige Teile eines Organs, etwa bei einem Blatt (⇨Blattspindel) oder einem Blütenstand (z. B. ⇨Ährenachse). Bsp. *Sanguisorba officinalis* (Blatt 🗋).

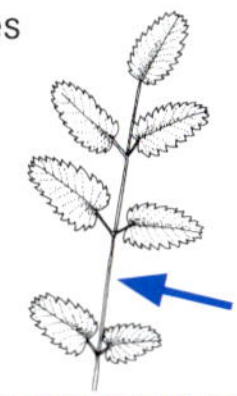

Rhachisblatt Blattartig verbreiterte ⇨Blattspindel bei gleichzeitiger Reduktion der Blattspreite. Dadurch ergeben sich parallelnervige Blätter bei sonst netznervigen Pflanzenfamilien. Bsp. *Tragopogon pratensis* (Blätter 🗋).

R

Rhachisfurche Eingesenkte Mittelrille auf der Oberseite der ⇨Blattspindel von Farnwedeln. Bsp. *Dryopteris filix-mas* (Blattrhachis).

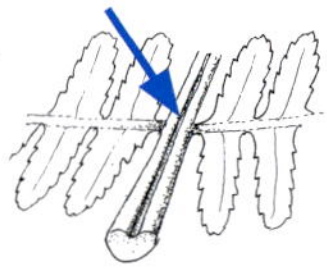

Rhipidium ⇨Fächel.

Rhizom ⇨Wurzelstock. ⇨TAFEL 6, 27, 36

rhombisch ⇨rautenförmig. ⇨TAFEL 12

rillig Oberfläche mit vertieften Rillen versehen. Bsp. *Agrimonia* (Frucht 🗋). Fachausdruck: striat.

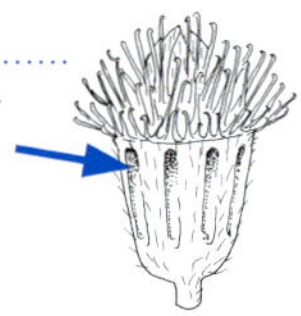

Rinde Gesamtheit der außerhalb des ⇨Kambiums liegenden Gewebes, zusammengesetzt aus ⇨Bast (Phloëm), ⇨Epidermis und ⇨Borke. Fachausdruck: cortex. ⇨TAFEL 8

rinnenförmig ⇨rinnig.

rinnig Bezeichnung für ein längliches Pflanzenorgan (Blatt, Spross) mit einem ± ausgeprägten u-förmigen Querschnitt, das so die Form einer Rinne bildet. Bsp. *Ornithogalum pyrenaicum* (Blattquerschnitt 🗋). Fachausdruck: canaliculat. Vgl. ⇨gefaltet. ⇨TAFEL 9, 14

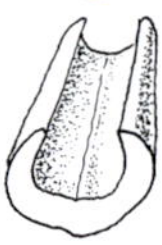

Rippe Aus der Oberfläche vorspringende, schmale, längliche Leiste. Bsp. *Carum carvi* (Frucht 🗋). Fachausdruck: costa.

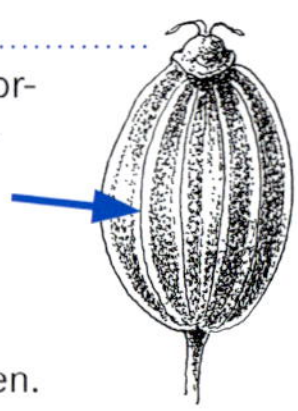

rippig Mit ⇨Rippen versehen.

Rispe Reich verzweigter Blütenstand, bei dem die Seitenachsen von oben nach unten zunehmend komplex verzweigt sind. Die Seitenachsen sind stets ihren zugehörigen Mutterachsen untergeordnet, sodass der Umriss einer offenen Rispe kegelförmig erscheint. Bsp. *Poa* (Blütenstand 🗋). Fachausdruck: Panicula. ⇨TAFEL 18

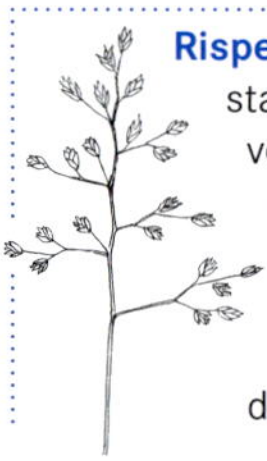

Rispenast Seitenzweig einer ⇨Rispe, der einen Teil eines rispigen Blütenstandes trägt.

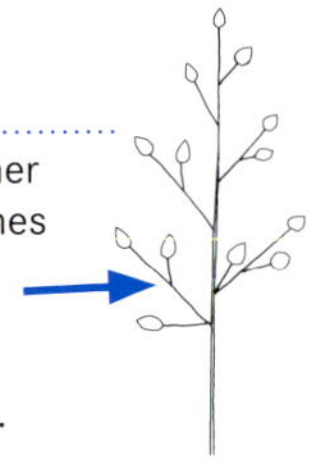

Rispenzweig ⇨Rispenast.

rissig Oberfläche des Sprosses (Rinde, Borke), die mit Längs- oder Querrissen versehen ist.

Röhrenblüte Bei Korbblütlern (Asteraceae) Bezeichnung für Einzelblüte mit röhrigem Kronensaum, ohne zungenartige Verlängerung. Vgl. ⇨Zungenblüte. ⇨TAFEL 31

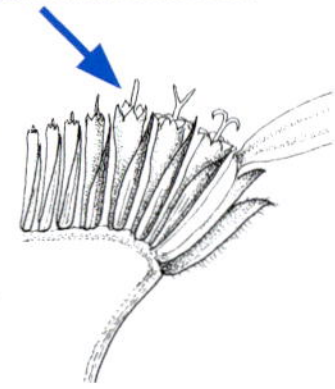

röhrige Blüte Blüte mit röhrenartig verwachsener Krone, die keine Erweiterung am Kronensaum aufweist. Bsp. *Onosma* (Blüte 🗋). ⇨TAFEL 20

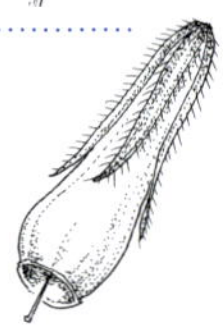

Rosette Gesamtheit von dicht aufeinanderfolgenden Blättern eines stark gestauchten Sprosses. Die Blätter sind somit scheinbar in einem Kreis (Wirtel) angeordnet. Ist die Rosette ⇨basal, spricht man von einer Grundrosette. Bsp. *Taraxacum* (Blätter 🗋).

Rosettenpflanze Pflanzenart, deren sämtliche Laubblätter grundständig sind und am Stängelgrund eine grundständige ⇨Rosette bilden. Bsp. *Primula elatior*. Vgl. ⇨Halbrosettenpflanze.

rosettig Eine ⇨Rosette bildend.

Rostellum Nicht empfängnisfähiger, umgewandelter Narbenlappen der Orchideen (Orchidaceae), der in der ⇨Griffelsäule die weiblichen und männlichen Gewebe voneinander trennt, um Selbstbestäubung zu verhindern. Synonym: Schnäbelchen. Bsp. *Dactylorhiza* (Blüte ◳). ⇨TAFEL 30

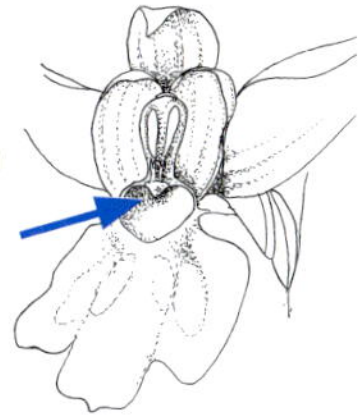

Rotbraun Zwischen Rot und Braun stehende Farbe. Bsp. *Epipactis atrorubens* (Blüte). ⇨TAFEL 42

Rotviolett Im Spektrum zwischen Rot und Violett stehenden Farbtöne (⇨Purpur), die näher bei Violett stehen. Bsp. *Oxytropis jacquinii* (Blüte). Vgl. ⇨Blaulila, Purpurrot. ⇨TAFEL 43

Rübe Durch Speichergewebe stark verdickte ⇨Hauptwurzel, oft unter Einbezug der untersten Sprossteile. Bsp. *Cichorium intybus* (Wurzel ◳). ⇨TAFEL 6

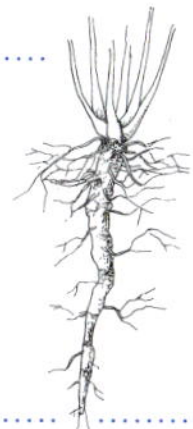

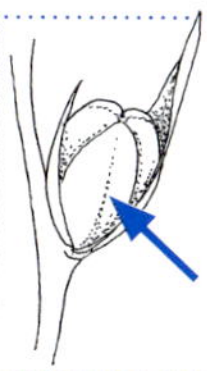

Rückennaht Mittelnerv des ⇨Fruchtblattes, oft hervortretend und gelegentlich auch noch bei entwickelten Früchten sichtbar. Bsp. *Gladiolus palustris* (Frucht ◳).

Rückenrippe Rippenartige Leiste, die nicht am Rand eines Organs, sondern auf dessen der Achse abgewandter Seite (Rücken) entlangläuft. Bsp. *Aethusa cynapium* (Frucht ◳). Vgl. ⇨Randrippe.

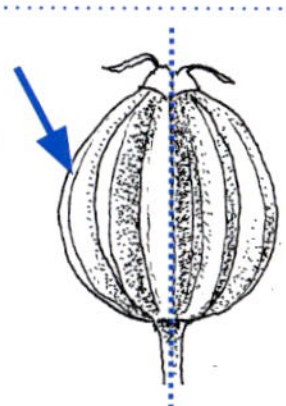

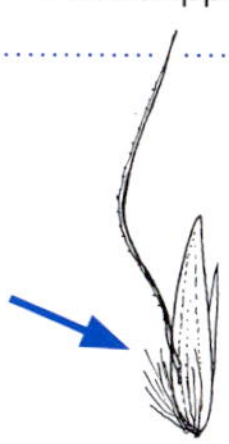

rückenständig An der Rückenseite, also der dem Hauptspross abgewandten Seite eines Pflanzenorgans sitzend. Synonym: abaxial. Gegensatz zu ⇨bauchständig (ventral).

Bsp. *Calamagrostis epigejos* (Granne der Deckspelze). Fachausdruck: dorsal. Vgl. ⇨endständig.

Rückkreuzung (1) Bestäubung einer Mutterpflanze durch Pollen eines ihrer Nachkommen.
(2) Kreuzung eines ⇨Hybriden mit einer seiner Elternarten.

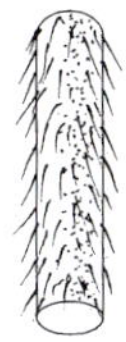

rückwärts abstehend Sich von der Bezugsfläche mit einem Winkel von 100–135° abhebend, z. B. rückwärts abstehende Behaarung. Bsp. *Sinapis arvensis* (Borstenhaare am Stängel ◳).

rückwärts anliegend Gegen den Triebgrund bzw. den Blattgrund ⇨anliegende Stellung bzw. Behaarung. Bsp. *Viola odorata* (Haare am Blattstiel). ⇨TAFEL 4

rückwärtsgerichtet Entgegen der Wuchsrichtung gerichtet. Bsp. *Carx pauciflora* (reife Früchte im Fruchtstand). ⇨TAFEL 10

ruderal Bezeichnung eines Standortes oder einer Vegetation mit pionierhaftem Charakter auf offenem oder schuttigem Boden, verursacht durch starke menschliche Störungen (abgeleitet von lat. rudus = Schutt).

Ruderalpflanze Pionierpflanze, die typischerweise als Erstbesiedler auf künstlichen (vom Menschen beeinflussten), stark gestörten Plätzen mit schuttigem Substrat wächst. Bsp. *Lepidium virginicum*.

Ruderalstrategen Pflanzen mit Spezialisierung auf Pionierflächen. Ruderalstrategen sind typischerweise klein, kurzlebig und haben eine hohe Samenproduktion. Die Bezeichnung entspricht einer der 3 Strategieformen nach Grime. Bsp. *Fumaria officinalis, Papaver rhoeas*. Vgl. ⇨Konkurrenzstrategen, Stressstrategen.

rugos ⇨runzelig.

rund ⇨kreisrund oder ⇨rundlich.

rundlich Form eines Blattes oder Blattabschnittes mit fast kreisförmigem Umriss. Bsp. *Pyrus pyraster* (Blatt ◳). Fachausdruck: suborbicular. Vgl. ⇨rund.

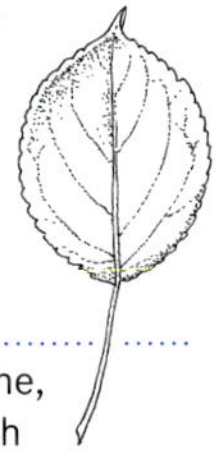

runzelig Stark unebene Oberfläche, entstanden durch ein eingesenktes, feinmaschiges Nervennetz. Bsp. *Salix caprea, Viburnum lantana* (Blatt). Fachausdruck: rugos.

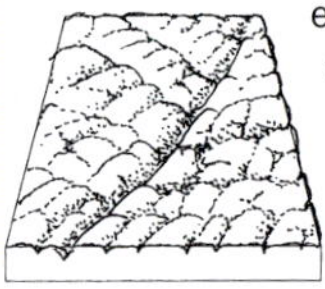

rutenförmig An ⇨Rutensprosse erinnernd. Fachausdruck: virgat.

Rutenspross Langer, grüner Spross mit kleinen oder verkümmerten Blättern. Bsp. *Cytisus scoparius* (Haupttriebe ◳).

Rutenzweig Kräftiger, dicker ⇨Rutenspross.

S

s. ⇨sensu. Vgl. ⇨sec.

sackförmig Bezeichnung für eine relativ wenig ausgeprägte Ausstülpung, z. B. bei einer Blütenkrone. Bsp. *Coeloglossum viride* (Blütensporn). Vgl. ⇨gespornt.

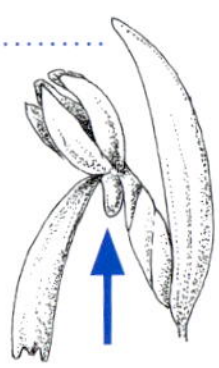

sackig ⇨sackförmig.

Saftmal Auffällige Punkte oder Streifen auf den Blüten, oft nur im ultravioletten Bereich erkennbar, die auf den Zugang zum Nektar hinweisen. Bsp. *Ajuga* (Blüte).

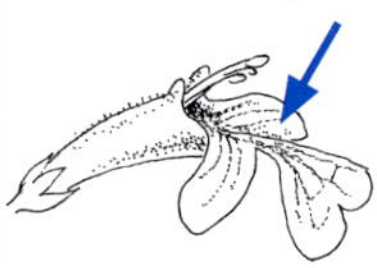

Saftfrucht Fruchtform mit saftig-fleischigen Fruchtwänden, dazu gehören z. B. ⇨Beeren oder ⇨Steinfrüchte. Gegensatz zu ⇨Trockenfrucht. ⇨TAFEL 24

sägeartig An die Zähne einer Säge erinnernde Struktur, z. B. ein Frucht- oder Blattrand. Vgl. ⇨gesägt.

Sämling Aus einem Samen hervorgegangene Pflanze, im Gegensatz zu einer aus vegetativer Vermehrung entstandenen Pflanze. Vgl. ⇨Keimling.

sagittat ⇨pfeilförmig.

Salzpflanze Pflanzenart, die auf Böden mit hohem Salzgehalt wachsen kann und entsprechende anatomische, morphologische oder physiologische Anpassungen aufweist. Bsp. *Puccinellia distans*.

Salztoleranz Hinweis auf die Toleranz einer Pflanzenart gegenüber salzhaltigen Böden oder salzhaltigem Wasser. Vgl. ⇨Schwermetalltoleranz.

Samara ⇨Flügelnuss. ⇨TAFEL 24

Same Aus der ⇨Samenanlage entstandene Fortpflanzungseinheit. Der Same enthält den Embryo (Keimling) und meist Nährgewebe. ⇨TAFEL 23, 25, 26, 37

Samenanhängsel ⇨Elaiosom.

Samenanlage Weibliches Fortpflanzungsorgan bei Samenpflanzen. Bei nacktsamigen Pflanzen befindet sich die Samenanlage offen («nackt») auf der ⇨Samenschuppe. Bei den bedecktsamigen Pflanzen ist sie im Inneren des Fruchtknotens eingeschlossen. Sie ist mit einem Stiel (Funiculus) am Fruchtblatt angewachsen. Diese Anwachsstelle wird Plazenta genannt. Die Samenanlage besitzt 1–3 (meist 2) Hüllen (Integumente). Fachausdruck: Ovulum. ⇨TAFEL 19, 22, 26

Samenbank (1) Durch das fortgesetzte Ausbringen von Samen durch verschiedene Mutterpflanzen bildet sich im Boden ein «schlafendes» Samenlager aus Samen, die auf eine günstige Gelegenheit für ihre ⇨Keimung warten.

(2) Infrastruktur zur langfristigen Lagerung und Konservierung von Pflanzensamen, insbesondere von gefährdeten Arten und Sorten. Samenbanken für Wildpflanzen werden meist von Botanischen Gärten betrieben.

Samenkapsel ⇨Kapsel.

Samenmantel Fleischiges, den Samen umhüllendes Gewebe, das meist vom ⇨Funiculus (Samenstiel) ausgeht. Bsp. *Taxus baccata* (Same). Fachausdruck: Arillus. ⇨TAFEL 28

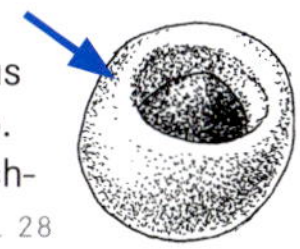

Samennabel Abbruchstelle des Samenstiels am Samen, meist als heller Fleck auf dem Samen erkennbar. Fachausdruck: Hilum. ⇨TAFEL 25

Samenpflanzen Hohe taxonomische Rangstufe der Pflanzen (oft als Unterabteilung geführt), welche alle Pflanzen umfasst, die für ihre Fortpflanzung ⇨Samen ausbilden. Die Samenpflanzen umfassen sämtliche ⇨Nacktsamer und ⇨Bedecktsamer. Fachausdruck: Spermatophytina. Vgl. ⇨Farne. ⇨TAFEL 26, 37

Samenschale Äußere, den Samen umhüllende Gewebeschichten, aus den ⇨Integumenten hervorgehend. Fachausdruck: Testa. ⇨TAFEL 25

Samenschuppe Samen tragende Schuppe in Zapfen von Nadelgehölzen. Synonym: Fruchtschuppe. Bsp. *Pinus sylvestris* (Teil des Zapfens ◳).

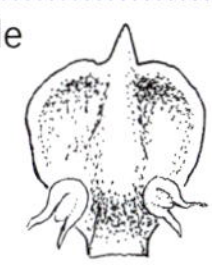

Samenstielchen Stielartige Verbindung zwischen dem Samen und der Wand des zugehörigen Fruchtblattes. Das Samenstielchen löst sich bei der Fruchtreife meist ab. Bsp. *Lunaria annua* (Frucht ◳). Fachausdruck: Funiculus. Vgl. ⇨Plazenta.

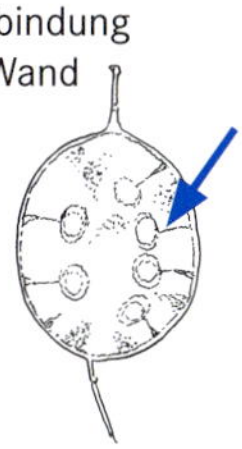

Sammelart ⇨Aggregat.

Sammelbalgfrucht Form einer ⇨Sammelfrucht, bei welcher die Teilfrüchtchen kleine ⇨Bälge sind, die an einer trockenen Achse angeheftet sind. Bsp. *Aquilegia vulgaris* (Fruchtstand ◳).

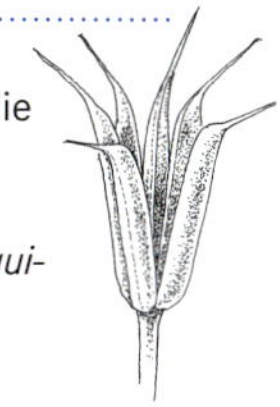

Sammelfrucht Aus einer Blüte mit mehreren ⇨Fruchtblättern entstandene Frucht, die sich bei der Fruchtreife als Ganzes ablöst und eine Verbreitungseinheit (⇨Diaspore) bildet. Die Sammelfrucht geht somit aus mehreren 1-karpelligen Fruchtknoten hervor. Bsp. *Rubus caesius* (Fruchtstand). Fachausdruck: Apokarpium. ⇨TAFEL 23

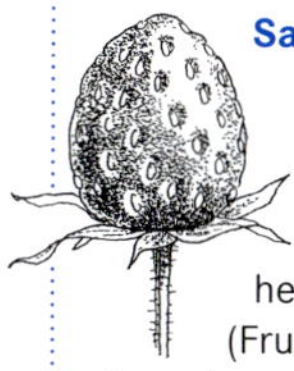

Sammelnussfrucht Form einer ⇨Sammelfrucht, bei welcher die Teilfrüchtchen ⇨Nüsse sind, die an eine trockene oder fleischige Achse angeheftet sind. Bsp. *Geum urbanum* (Frucht mit trockener Achse), *Fragaria vesca* (Frucht mit fleischiger Achse ◳).

Sammelsteinfrucht Form einer ⇨Sammelfrucht, bei welcher die Teilfrüchtchen kleine ⇨Steinfrüchte sind, die an eine trockene Achse angeheftet sind. Bsp. *Rubus fruticosus* aggr. (Frucht ◳). ⇨TAFEL 23

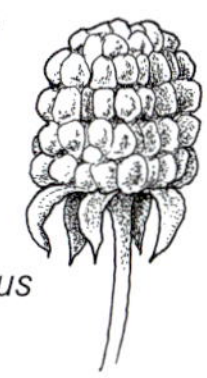

samthaarig Mit kurzen, dicht stehenden, weichen, abstehenden Haaren und daher sich samtig anfühlend. Bsp. *Ophrys* (Lippe), *Althaea officinalis* (Blatt). Fachausdruck: velutinus. Vgl. ⇨filzhaarig. ⇨TAFEL 4

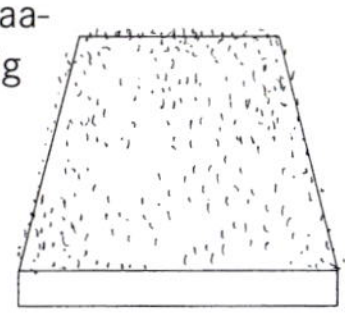

Saprophyt Von totem organischem Material lebender Pilz. Früher wurden auch Pflanzen, die sich scheinbar von totem Material ernähren, als saprophytisch bezeichnet. Heute weiß man, dass sie

S

parasitisch oder symbiotisch von Wurzelpilzen leben und man bezeichnet sie als ⇨mykotroph.

Saugwarze In die Wirtspflanze eindringendes und bis zu den Leitbündeln vordringendes Saugorgan, mit dem eine parasitierende Pflanze dem Wirt Stoffe entnimmt. Bsp. *Orobanche, Rhinanthus*. Fachausdruck: Haustorium.

Säulchen ⇨Griffelsäule.

säulenförmig In der Form an eine Säule erinnernd, z. B. der säulenförmige Umriss eines Baumes oder die säulenförmige Form einer Frucht. Bsp. *Populus nigra* 'Italica' (Wuchsform). ⇨TAFEL 1

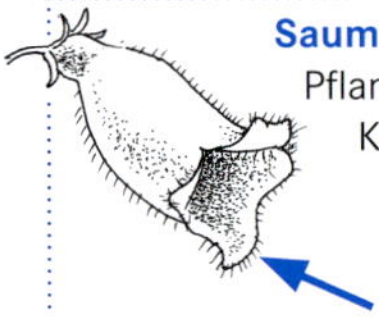

Saum Randliches Ende eines Pflanzenorgans, z. B. eines Kelches (⇨Kelchblattsaum), eines Kronblattes (⇨Kronblattsaum) oder einer ⇨Kronröhre.

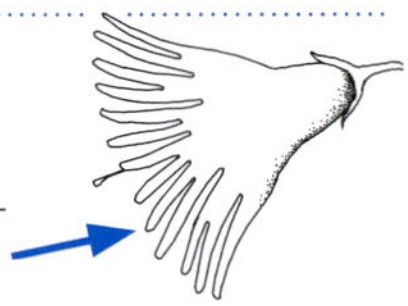

Saumzipfel Schmale, hervorstehende Teile eines gegliederten ⇨Saums. Bsp. *Soldanella* (Krone).

säureliebend Eigenschaft von Pflanzen, vorwiegend auf sauren Böden ein normales Wachstum zu zeigen oder auf sauren Böden gegenüber weniger angepassten Arten konkurrenzkräftiger zu sein. Bsp. *Luzula luzuloides*. Fachausdruck: acidophil. Vgl. ⇨Säurezeiger.

Säurezeiger Pflanzen, die saure Böden bevorzugen bzw. auf ihnen konkurrenzkräftig sind und sie daher anzeigen. Bsp. *Calluna vulgaris*.

Schaft ⇨Blütenschaft.

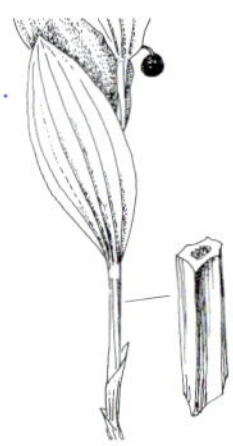

scharfkantig Spross im Querschnitt mit scharfen, spitzen Ecken. Bsp. *Polygonatum odoratum* (Stängel □).

Schattenblatt Morphologisch, anatomisch und physiologisch an geringe Lichtstärke angepasstes Blatt. Schattenblätter sind meist größer und dünner als andere Blätter der gleichen Art.

Schauapparat Gesamtheit aller Organe, die eine Einzelblüte oder einen Blütenstand für potenzielle Bestäuber erkennbar und attraktiv machen. Neben farbigen Kronblättern beteiligen sich bei manchen Arten auch Kelchblätter oder Hochblätter an der Schauwirkung. Bsp. *Melampyrum arvense* (Blütenstand).

Scheibenblüte ⇨Röhrenblüte.

scheibenförmig In der Form an eine kleine, flache Scheibe erinnernd. ⇨TAFEL 2

Scheidemündung ⇨Blattscheidemündung.

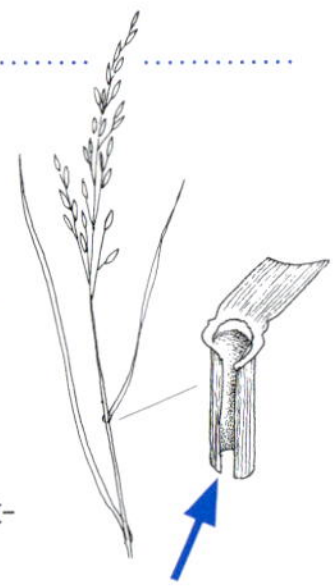

Scheide Kurzform von ⇨Blattscheide. Den Spross zumindest im jungen Stadium umhüllendes Blatt, oft in seinem oberen Teil eine Spreite ausbildend. Bsp. *Festuca pratensis* (unterer, den Halm umscheidender Blattteil □). ⇨TAFEL 27

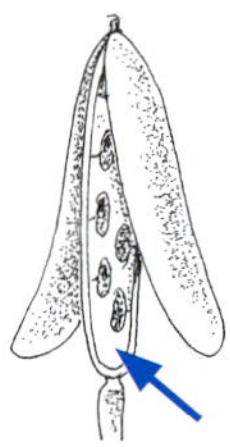

Scheidewand Trennwand innerhalb eines verwachsenen (synkarpen) ⇨Fruchtknotens. Sie entsteht durch Einfalten der Fruchtblattränder (echte Scheidewand) oder durch sekundäre Wandbildungen (falsche Scheidewand). Bsp. *Thlaspi arvense* (Frucht). Fachausdruck: Septum.

scheidewandspaltig ⇨wandspaltig. ⇨TAFEL 24

scheidig umhüllend Bezeichnung für ein Blatt oder einen Blattgrund, welche den Spross über eine längere oder kürzere Strecke umscheiden.

scheidig verwachsen Zwei Organe sind am Grund so verwachsen, dass sie einen kurzen Teil des Sprosses einfassen. Bsp. *Dianthus carthusianorum* (Blattscheiden □). Fachausdruck: vaginat.

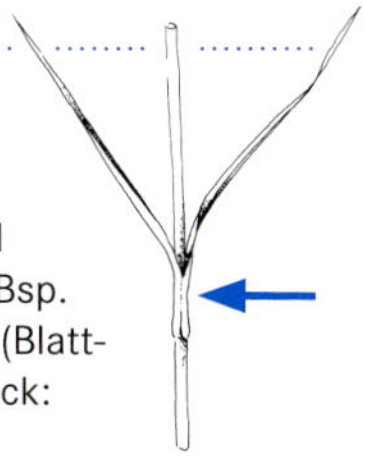

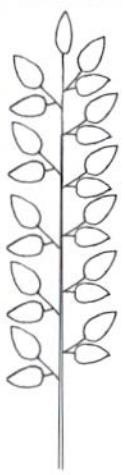

Scheinähre Blütenstand mit Aussehen einer Ähre, bei dem die Ähren (oft erst durch Biegen des Blütenstands sichtbar) kurz gestielt (also zusammengezogene Trauben oder Rispen) sind. Typische Scheinähren sind die ⇨Ährenrispen. Bsp. *Koeleria, Sesleria* (Blütenstand).

Scheinbeere Kugeliger, fleischiger, an eine Beere erinnernder Fruchtstand aus vielen Einzelfrüchten. Bsp. *Blitum virgatum* (einzelne Sammelfrucht □).

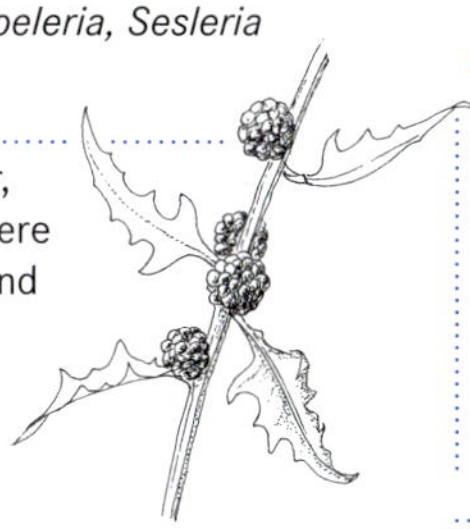

Scheinblüte ⇨Pseudanthium.

Scheindolde Komplexer Blütenstand, aufgebaut aus einer ⇨Thyrse, deren Verzweigungen so verlängert bzw. verkürzt sind, dass sich im Umriss eine Dolde bildet. Im Gegensatz zur echten Dolde erfolgt die Blühreihenfolge von innen nach außen. Synonym: Trugdolde. Bsp. *Cyperus rotundus* (Blütenstand □). Fachausdruck: Pleiochasium. Vgl. ⇨Doldentraube, Schirmrispe.

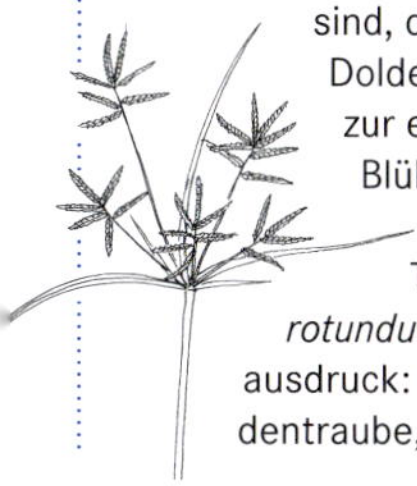

Scheinfrucht Fruchtbildung unter Einbezug von Blütenteilen aus dem Umfeld des Fruchtknotens wie beispielsweise dem ⇨Blütenboden. Bsp. *Fragaria vesca* (Sammelfrucht □). ⇨TAFEL 23

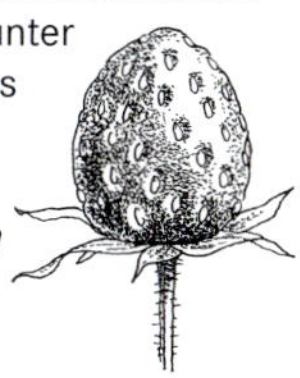

Scheinquirl Aus ⇨Doppelwickeln bestehende Teilblütenstände der Lippenblütler (Lamiaceae), die jeweils zu zweit («Halbquirle») gegenständig am Stängel angeordnet sind. Bsp. Lamiaceae (Teilblütenstand). ⇨TAFEL 16

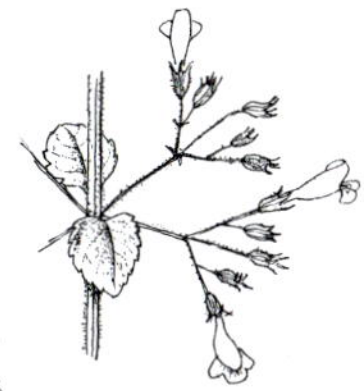

Schiffchen Aus den beiden unteren, zusammengewachsenen Kronblättern bestehender, kahnförmiger Blütenteil der ⇨Schmetterlingsblüte (Fabaceae). Synonym: Kiel. Bsp. *Lathyrus vernus* (Blüte). ⇨TAFEL 30

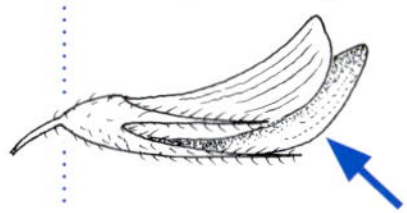

Schiffchenblume ⇨Schmetterlingsblüte.

schildförmig Blatt mit rundlicher ⇨Spreite und einem Stielansatz etwa in der Mitte auf der Unterseite der Blattspreite. Bsp. *Hydrocotyle vulgaris* (Blatt □). Fachausdruck: peltat. ⇨TAFEL 12

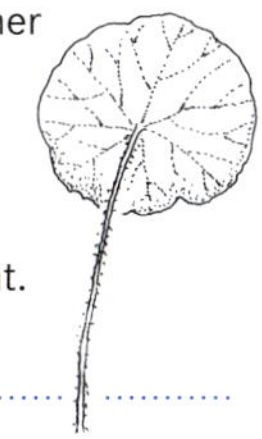

Schildhaare Stark verzweigte ⇨Sternhaare, deren Strahlen miteinander verwachsen sind und so einen Schild bilden. Bsp. *Hippophaë rhamnoides* (Blattunterseite). ⇨TAFEL 4

schildhaarig Behaarung durch ⇨Schildhaare. ⇨TAFEL 4

schirmförmig Im Umriss an einen Schirm erinnernde, flache oder leicht gewölbte Form, in der Seitenansicht breiter als hoch. Bsp. Apiaceae (Blütenstand), *Galium odoratum* (Blütenstand). ⇨TAFEL 2

Schirmrispe Spezielle Form der ⇨Rispe, bei der die Seitenachsen so verlängert sind, dass der Umriss der Rispe

S

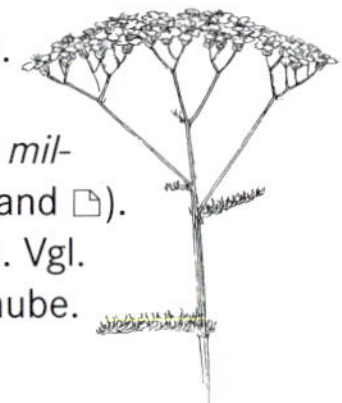

⇨schirmförmig erscheint. Synonyme: Doldenrispe, Ebenstrauß. Bsp. *Achillea millefolium* (Gesamtblütenstand 🗋). Fachausdruck: Corymbus. Vgl. ⇨Scheindolde, Doldentraube. ⇨TAFEL 18

Schirmthyrse Schirm- bzw. doldenartiger Blütenstand, bei dem die Hauptachse früh mit einer Endblüte abschließt und die Seitenzweige jeweils den Blütenschirm aufbauen. Bsp. *Filipendula* (Blütenstand 🗋).

Schizokarpium ⇨Spaltfrucht.

schlafende Knospe Früh angelegte, aber noch ruhende, kaum zu erkennende und sich oft noch unter der Rinde befindende Knospe, die oft jahrelang lebensfähig bleibt, ohne auszutreiben. Sie wird nur bei Bedarf (z. B. bei Organverlust oder Veränderung der Lebensbedingungen) aktiviert. Fachausdruck: Proventivknospe.

Schlammspross Spezialisierter Trieb von bestimmten Wasserschlauch-Arten *(Utricularia),* welcher die Wasserpflanze am Grund des Gewässers (im Schlamm) verankert. Die Schlammsprosse sind hellbraun gefärbt, da sie gegenüber den anderen Wassertrieben kein Blattgrün besitzen. Bsp. *Utricularia minor* (farblose Sprosse).

Schlauch ⇨Fruchtschlauch.

Schleier Die ⇨Sori (Sporangienhäufchen) bedeckendes Häutchen. Die Form des Schleiers kann ein wichtiges Merkmal zum Erkennen von Farngattungen sein. Bsp. *Athyrium filix-femina* (Sori 🗋). Fachausdruck: Indusium. ⇨TAFEL 27

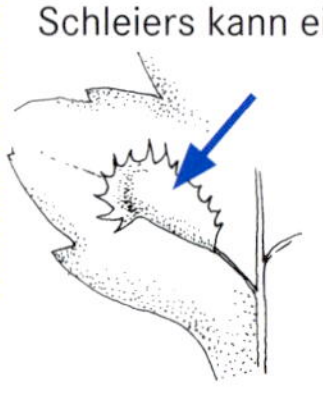

Schleuderfrucht Frucht, in der während der Reife Spannungen aufgebaut werden, die sich unter Ausschleudern der Samen lösen. Bsp. *Impatiens glandulifera* (Frucht).

Schließfrucht Sich bei der Reife nicht öffnende Frucht, d. h. die ganze Frucht dient als ⇨Verbreitungseinheit. Schließfrüchte können aus einem oder aus mehreren Fruchtblättern gebildet werden. Spezielle Formen von Schließfrüchten sind z. B. die ⇨Nuss, ⇨Achäne, ⇨Karyopse oder ⇨Beere. Vgl. ⇨Streufrucht. ⇨TAFEL 24

Schlingpflanze ⇨Windepflanze.

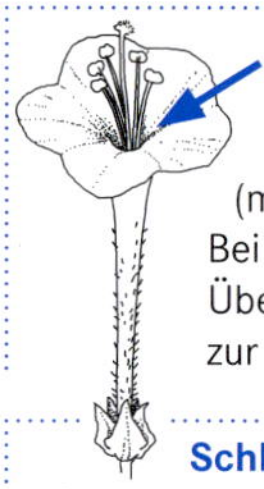

Schlund Übergang von der Röhre (Kelch- bzw. Kronröhre) zum Saum (mit Kelch- bzw. Kronzipfeln). Bei freikronblättrigen Blüten der Übergang vom ⇨Kronblattnagel zur ⇨Kronblattplatte.

Schlundschuppe Schuppenartige Läppchen der Kronblätter (⇨Nebenkrone), welche den ⇨Schlund einer verwachsenen Kronröhre zumindest teilweise abdecken. Bsp. *Myosotis sylvatica* (Blüte 🗋).

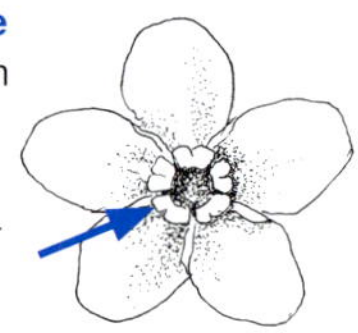

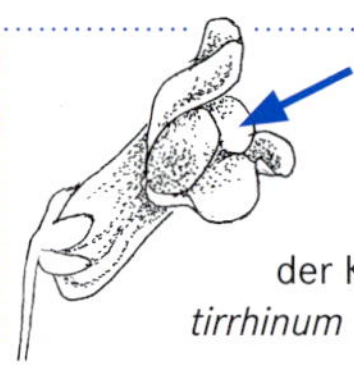

Schlundwulst Größere, den ⇨Schlund verdeckende Aufwölbung der Kronblätter. Bsp. *Antirrhinum* (Blüte).

schmal eiförmig ⇨eilänglich.

Schmetterlingsblüte Monosymmetrische Blüte der Schmetterlingsblütler (Fabaceae) mit 5 unterschiedlich gestalteten und unterschiedlich bezeichneten Kronblättern.

Die beiden unteren Kronblätter sind kahnartig zu einem hohlen Schiffchen verwachsen, die 2 kleineren seitlichen Kronblätter werden als Flügel und das große obere, oft hochgeklappte Kronblatt wird als Fahne bezeichnet. Synonym: Schiffchenblume. Bsp. *Ononis, Lathyrus, Vicia* (Blüte). ⇨TAFEL 30

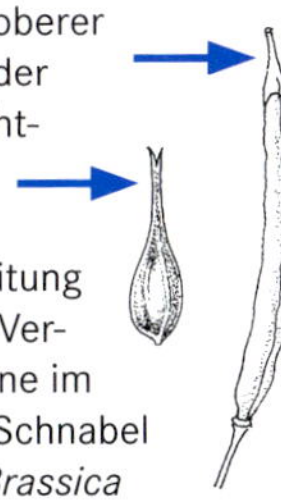

Schnabel Verschmälerter, oberer Teil einer Frucht oder (bei der Gattung *Carex*) eines Fruchtschlauchs. Die schmale Verlängerung unterstützt in vielen Fällen die Ausbreitung der Frucht. Auch schmale Verlängerungen anderer Organe im Blütenbereich können als Schnabel bezeichnet werden. Bsp. *Brassica* (Frucht 🗋 rechts), *Carex rostrata* (Fruchtschlauch 🗋 links), *Pedicularis* (Oberlippe).

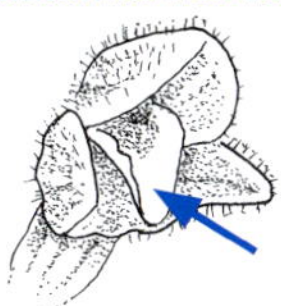

schnabelartig Schmale, oft leicht gekrümmte, nach vorne verjüngte Form. Bsp. *Goodyera* (Lippe 🗋). ⇨TAFEL 2

Schnäbelchen ⇨Rostellum.

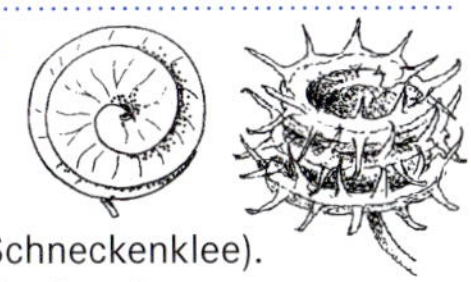

Schneckenfrucht Schneckenförmig gedrehte Hülsen der Gattung *Medicago* (Schneckenklee). Bsp. *Medicago* (Frucht 🗋).

Schopf Verlängerter oder verbreiterter oberster Teil eines Blütenstandes. Bsp. *Muscari comosum* (Gipfelblüten). Vgl. ⇨Faserschopf, Wollschopf.

schopfig Bezeichnung für den Umriss eines Blütenstandes, der nach oben hin mehr oder weniger auffällig verbreitert oder verlängert ist. Der ⇨Schopf kann durch verschiedene Weise entstehen, z. B. durch die Verlängerung oder Verbreiterung der obersten Blüten oder durch die Übergipfelung durch Tragblätter. Bsp. *Carex disticha* (Blütenstand 🗋).

Schössling Junge, nur Blätter tragende ⇨Langtriebe von Gehölzen. Schösslinge haben meist ein ausgesprochen starkes Längenwachstum und oft vergrößerte Blattformen. Synonyme: Wasserschössling, Wassertrieb.

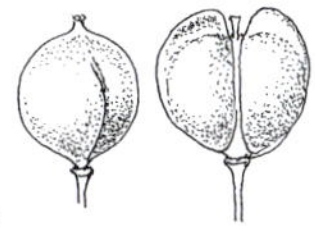

Schötchen Kurze, höchstens dreimal so lange wie breite ⇨Schote. Bsp. *Kernera, Lepidium* (Frucht 🗋). Fachausdruck: Silicula. Vgl. ⇨Schote. ⇨TAFEL 24

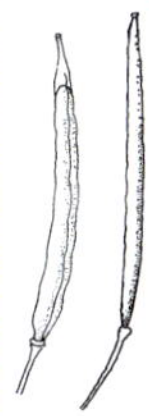

Schote Längliche, meist aufgrund einer dünnen (falschen) ⇨Scheidewand zweifächerige, mit zwei Klappen sich öffnende ⇨Kapsel, entstanden aus zwei Fruchtblättern. Bsp. *Brassica, Cardamine* (Frucht 🗋). Fachausdruck: Siliqua. Vgl. ⇨Schötchen. ⇨TAFEL 24

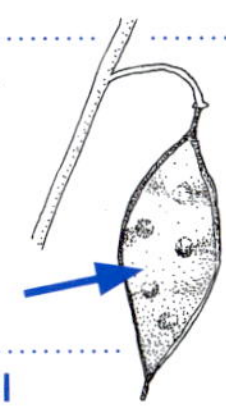

Schotenwand Dünne ⇨Scheidewand bei den Früchten der Kreuzblütler (Brassicaceae). Bsp. *Lunaria* (Frucht 🗋).

Schraubel Bezeichnung für einen ⇨monochasialen Blütenstand, bei welchem die weiterführenden Seitenachsen stets auf der gleichen Seite abzweigen. Bsp. *Hypericum perforatum* (Blütenstand). Fachausdruck: Bostryx. ⇨TAFEL 17

schraubenständig ⇨schraubig.

schraubig Stellung der Organe (Blätter, Seitensprosse) am Spross, bei der an einem Knoten jeweils nur ein Organ entspringt und das folgende Organ, in einem bestimmten Winkel verschoben, beim nächsten Knoten abgeht. Verbindet man diese Abzweigungen mit einer Linie, so ist diese schraubenförmig. Synonym: spiralig. Bsp. *Verbascum* (Blätter der Grundrosette 🗋). ⇨TAFEL 10

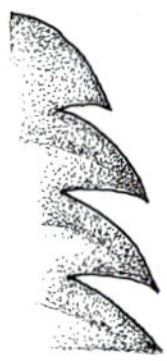

schrotsägeförmig Spezialform ⇨fiederlappiger bis ⇨fiederschnittiger Blätter, bei der die Abschnitte dreieckig zugespitzt sind. Oft sind diese Dreiecksabschnitte etwas gegen den Blattgrund gerichtet. Bsp. *Taraxacum officinale* (Blatt). ⇨TAFEL 14

schülfrig Bezeichnung einer Oberflächenbedeckung, die sich in Schüppchen ablöst, z. B. ⇨Schildhaare. Bsp. *Hippophaë* (Blattunterseite).

Schuppenblatt Blatt ⇨schuppenförmig. Fachausdruck: Kataphyll.

Schuppenborke Sich in unregelmäßig geformten Schuppen ablösende Borke. Bsp. *Acer pseudoplatanus* (Borke), im Gegensatz zur längsrissigen Borke von *Acer platanoides*.

schuppenförmig Kleine, flächige Struktur, die an kleine Fischschuppen erinnert. Schuppenförmige Blättchen können rundlich oder länglich sein. Sie sind dem Spross meist anliegend und überdecken sich meist. Bsp. *Calluna vulgaris* (Blätter 🗋). ⇨TAFEL 3, 28

Schuppenschild ⇨Apophyse. ⇨TAFEL 28

schuppig Mit ⇨schuppenförmigen Strukturen besetzte Oberfläche. ⇨TAFEL 3

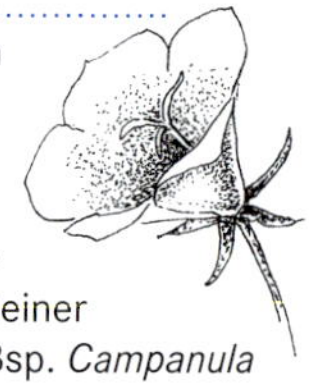

schüsselförmig Strukturen oder Organe, die an ein kleines, offenes, breites Schüsselchen erinnern, wobei die Tiefe des Schüsselchens typischerweise kleiner ist als sein Durchmesser. Bsp. *Campanula carpatica* (Blüte 🗋). Vgl. ⇨becherförmig. ⇨TAFEL 2

Schuttkriecher Pflanzen, die mit dünnen, schlaffen, beblätterten Trieben durch (Schuttkriecher) oder über (Schuttüberkriecher) den Schutt wachsen. Bsp. *Linaria alpina*.

Schwammgewebe (1) Teil des Blattgewebes mit locker stehenden Zellen. Das Gewebe dient vorwiegend dem Gasaustausch. Synonym: Schwammparenchym. ⇨TAFEL 9 (2) Lockeres, aufgeblasenes Gewebe bei manchen Früchten oder Wasserpflanzen. Durch das luftige Gewebe wird das entsprechende Organ besser schwimm- oder flugfähig. Bsp. *Nuphar lutea* (Frucht), *Carex spicata* (Fruchtschlauch). Vgl. ⇨Schwimmgewebe.

Schwammparenchym ⇨Schwammgewebe.

Schwarzviolett Dunkelviolette Farbe, oft mit schwarzer oder dunkelbrauner Tönung. Bsp. *Aquilegia atrata* (Blüte). ⇨TAFEL 43

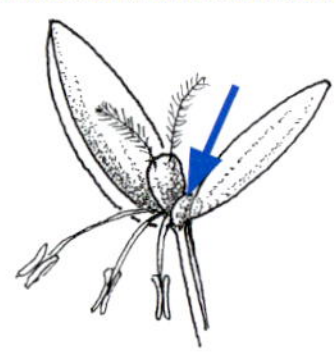

Schwellkörper Kleines schuppenförmiges, schwellfähiges Organ der Blüte von Gräsern (Poaceae), das durch Anschwellen das Öffnen der Blüten bewirkt. Die beiden Schwellkörper einer Grasblüte werden als ein Teil des reduzierten Perianths aus inneren Blütenhüllblättern gedeutet. Fachausdruck: Lodicula.

Schwermetalltoleranz Hinweis auf die Toleranz einer Pflanzenart gegenüber schwermetallhaltigen Böden, wie z. B. bei Böden auf serpentinhaltigem Gestein (Toleranz gegenüber Nickel und Chrom). Bsp. *Asplenium adulterinum*. Vgl. ⇨Salztoleranz.

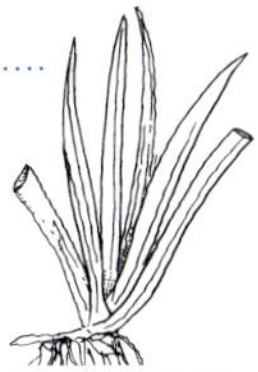

schwertförmig Abgeflachte, lang zugespitzte Form eines Organs. Bsp. *Tofieldia* (Blatt 🗋), *Iris, Yucca* (Blatt). ⇨TAFEL 1

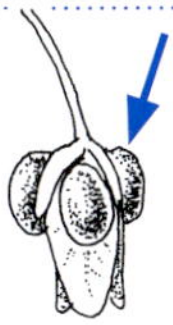

Schwielen Verdickte und verhärtete Auswüchse, meist auf einem Organ (z. B. Blütenblatt) aufsitzend. Bei kleineren Erhebungen spricht man eher von ⇨Pusteln oder ⇨Warzen. Bsp. *Rumex conglomeratus* (Perigonblatt 🗋). ⇨TAFEL 3

schwielenförmig Formen und Auswüchse, die verdickt und verhärtet sind. Bsp. *Rumex obtusifolius* (Perigonblatt 🗋).

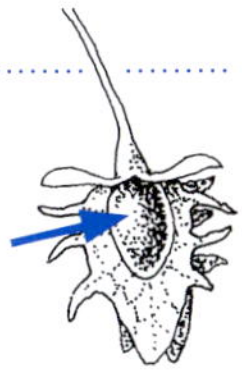

schwielig Oberfläche mit ⇨Schwielen besetzt. ⇨TAFEL 3

Schwimmblatt Auf der Wasseroberfläche flach aufliegendes, schwimmendes Blatt. Spaltöffnungen finden sich bei Schwimmblättern nur auf der Blattoberseite. Bsp. *Potamogeton natans* (Blatt 🗋). ⇨TAFEL 34

Schwimmgewebe Lockeres, luftiges Gewebe, das Organe, Samen oder ganze Pflanzen zum Schwimmen bringt. Vgl. ⇨Schwammgewebe.

Schwimmpflanze Pflanzen, die als Ganzes auf dem Wasser schwimmen oder zumindest Schwimmblätter besitzen. Schwimmpflanzen können im Boden des Gewässers verwurzelt sein oder frei schwimmen. Bsp. *Lemna minor, Nuphar lutea*. Vgl. ⇨Pleustophyt.

sec. Abkürzung für «secundum» (= gemäß, entsprechend).

Sektion Rangstufe in der Pflanzensystematik zwischen Gattung und Art und unterhalb der Untergattung. Bei großen Gattungen kann die Aufteilung in Sektionen hilfreich sein. Abkürzung: sect. Bsp. *Trifolium* sect. Chronosemium mit den gelbblühenden Arten *T. aureum, T. badium, T. campestre, T. dubium, T. spadiceum*.

sekundäres Dickenwachstum Bezeichnung für ein Wachstum, das den Querschnitt eines Sprosses vergrößert. Während das primäre Dickenwachstum einfach aus der Erstarkung der jungen Zellen am Sprossscheitel entsteht, bezeichnet das sekundäre Dickenwachstum eine fortwährende Neubildung des Sprossgewebes, meist über die gesamte Länge des Sprosses. Es findet sich bei vielen krautigen Pflanzen (v. a. ⇨Eudikotyledonen) und bei fast allen Holzpflanzen.

Seegrün Der Farbe des Meerwassers nachempfundene Farbe zwischen Graugrün und Hellblau. Synonym: Meergrün. Bsp. *Bupleurum stellatum, Eryngium campestre* (Blätter). ⇨TAFEL 44

seidenhaarig Bezeichnung für dicht mit feinen, in einer Richtung liegenden Haaren besetzte Oberfläche. Dadurch ergibt sich beim Bewegen der Oberfläche ein Seidenschimmer. Bsp. *Alchemilla alpina* aggr. (Blattunterseite). Fachausdruck: sericeus. Vgl. ⇨filzhaarig. ⇨TAFEL 4

Seitenader ⇨Seitennerv.

Seitenfieder Seitliches Teilblatt eines ⇨gefiederten Blattes.

Seitenknospe ⇨Achselknospe.

Seitennerv Vom Hauptnerv (Mittelnerv) eines Blattes abgehende Nerven. ⇨TAFEL 9

Seitenspross Abzweigung eines neuen Sprosses von einem Mutterspross. Seitensprosse entstehen stets in den ⇨Achseln von (manchmal kaum wahrnehmbaren) Blättern und können ihrerseits wiederum verzweigt sein. Synonym: Nebenspross. ⇨TAFEL 7

seitenständig Stellung eines Pflanzenorgans (Blatt, Blüte), das seitlich vom Spross abgeht. Fachausdruck: lateral. Vgl. ⇨endständig.

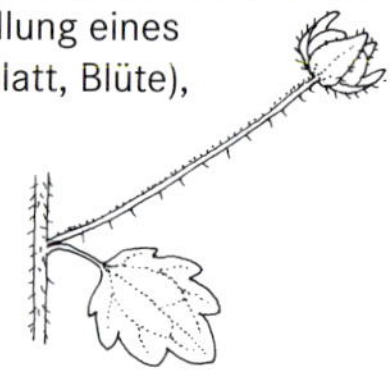

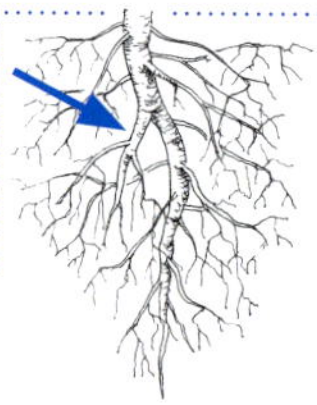

Seitenwurzel Seitliche Wurzeltriebe, die von einer ⇨Hauptwurzel abzweigen. ⇨TAFEL 5, 25

selbstausbreitend ⇨autochor.

Selbstbefruchtung ⇨Autogamie.

selbstfertil Bezeichnung für Pflanzen, bei denen durch Befruchtung ihrer eigenen Geschlechtsorgane keimfähige Samen hervorgehen. Gegensatz zu ⇨selbstinkompatibel. Vgl. ⇨Autogamie.

selbstinkompatibel Bezeichnung für Pflanzen, bei denen durch Befruchtung ihrer eigenen Geschlechtsorgane keine keimfähige Samen hervorgehen. Solche Pflanzen sind auf eine obligate ⇨Fremdbestäubung angewiesen. Gegensatz zu ⇨selbstfertil.

selbststeril ⇨selbstinkompatibel.

semelpar Bezeichnung für eine Pflanze, die sich nur einmal fortpflanzt. Gegensatz zu ⇨iteropar. Bsp. *Centaurea cyanus*. Vgl. ⇨hapaxanth.

sensu Lateinische Bezeichnung für «im Sinne von ...».

Sepale ⇨Kelchblatt.

septizid ⇨wandspaltig.

Septum ⇨Scheidewand.

Serpentinpflanze ⇨Schwermetalltoleranz.

serrat ⇨gesägt.

serrulat ⇨fein gesägt.

Sichel Spezielle Form eines ⇨Schraubels, bei der alle Achsen in einer Ebene liegen.

sichelförmig Scharf zugespitzte, leicht gekrümmte Form. Bsp. *Medicago falcata* (Frucht 🗋). ⇨TAFEL 1, 12

sichelhaarig ⇨krummhaarig.

sichelig ⇨sichelförmig. ⇨TAFEL 12

Siebteil ⇨Phloëm.

Silbergrau Graue Farbe mit kräftigem oder mattem, fast metallischem Glanz.

Silberweiß Weiße (oder fast weiße) Farbe mit kräftigem oder mattem Glanz. Bsp. *Atriplex tatarica* (Vorblätter der Blüten). ⇨TAFEL 41

sinuat ⇨gebuchtet.

Sippe ⇨Taxon. ⇨TAFEL 38

Sitzdrüsen Bezeichnung für ⇨Drüsen ohne Stiel, die direkt auf der Oberfläche sitzen. Gegensatz zu ⇨Stieldrüsen. Bsp. *Scrophularia canina* (Blütenstand).

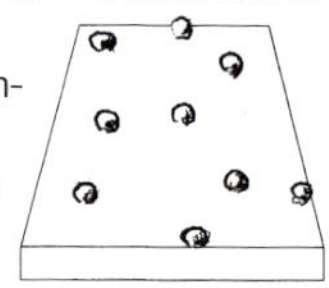

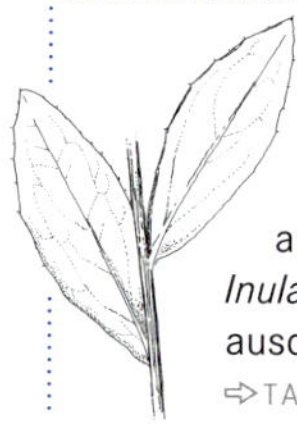

sitzend Bezeichnung für Pflanzenorgane (Blätter, Blüten, Drüsen), die ohne Stiel einem anderen Organ aufsitzen (z. B. Spross). Bsp. *Inula* (Stängelblätter 🗋). Fachausdruck: sessil. Vgl. ⇨gestielt. ⇨TAFEL 10, 16

Skispur Umgangssprachliche Bezeichnung für die Doppelrille in der Mitte einiger Gräser. Bsp. *Poa pratensis, Glyceria fluitans* (Blatt).

Sklerenchym ⇨Festigungsgewebe.

Sklerenchymstränge Bei Grasblättern sich dem Blatt entlangziehende Stränge aus Festigungsgewebe. Im Querschnitt sind diese Stränge als helle Verdickungen sichtbar und können Hinweise für die Artbestimmung geben. Bsp. *Festuca valesiaca* (Blattquerschnitt).

sklerophyll Bezeichnung für ein hartlaubiges Blatt. Durch saftarmes, verstärktes Gewebe entstehen steife, ledrige Blätter. Bsp. *Arctostaphylos uva-ursi, Polygala chamaebuxus* (Blätter). Vgl. ⇨ledrig.

sommerannuell Bezeichnung für ⇨einjährige Pflanzen, die im Frühling keimen und bereits im Herbst fruchten und keinen Winter überstehen. Bsp. *Saxifraga tridactylites*. Vgl. ⇨winterannuell.

Sommerblätter Sich im Sommer entwickelnde Blätter, die morphologisch verschieden von den sich im Frühjahr entwickelnden Blättern sind. Sie können z. B. andere Formen (z. B. *Pumonaria*), eine geringere Behaarung (z. B. *Alchemilla*) oder eine derbere Konsistenz aufweisen.

Sommerform ⇨aestival.

sommergrün Bezeichnung für Pflanzen, die ihre Blätter jeweils im Herbst abstoßen und somit im Winter blattlos sind. Dies ist bei den meisten in Mitteleuropa heimischen Holzgewächsen der Fall und daher charakteristisch für die Klimazone Mitteleuropas. Bsp. *Acer platanoides, Clematis vitalba, Lonicera xylosteum*. Vgl. ⇨immergrün. ⇨TAFEL 35

Sori Sporangienhäufchen auf der Unterseite der fertilen Farnblätter (Einzahl: Sorus). Ihre Form und Lage liefern wichtige Bestimmungsmerkmale. Oft werden sie von einem schützenden ⇨Schleier (Indusium) bedeckt, dessen Form seinerseits wieder wichtige Bestimmungsmerkmale liefern kann. Bsp. *Dryopteris* (Blattunterseite), *Pteridium aquilinum* (umgerollter Blattrand). ⇨TAFEL 27

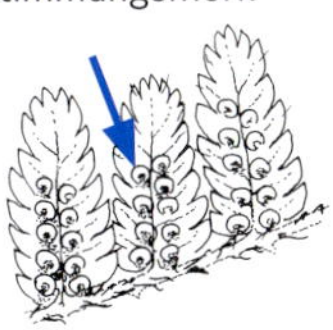

sp. Abkürzung für Spezies (⇨Art). Kann von einer bestimmten Pflanze nur die Gattung, nicht aber die Art identifiziert werden, so wird dies mit «Gattungsname sp.» notiert, z. B. *Taraxacum* sp.

spp. Abkürzung für «mehrere Spezies», also mehrere Arten. Werden mehrere Arten derselben Gattung angesprochen, so wird dies mit «Gattungsname spp.» notiert, z. B. *Taraxacum* spp.

Spalierstrauch Holzpflanze mit dem Boden aufliegenden, ausgebreiteten Stämmchen und Zweigen. Durch die nur wenig über dem Erdboden liegenden Überdauerungsknospen gehören Spaliersträucher zu den ⇨Chamaephyten. Bsp. *Dryas octopetala, Rhamnus pumila, Salix reticulata*. Vgl. ⇨Zwergstrauch. ⇨TAFEL 33

Spaltfrucht Fruchtform, bei welcher sich einsamige Teilstücke durch Spaltung entlang der Verwachsungsnaht der Fruchtblätter abtrennen. Bsp. *Acer campestre, Carum carvi, Malva neglecta* (Frucht). Fachausdruck: Schizokarpium. Vgl. ⇨Bruchfrucht. ⇨TAFEL 24

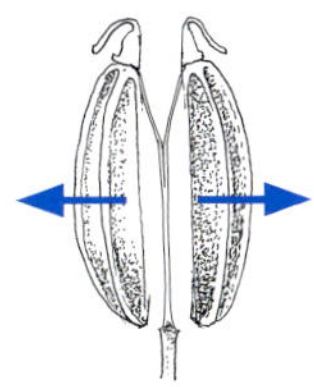

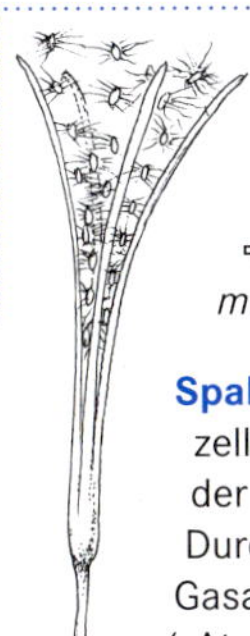

Spaltkapsel Sich durch einen Längsspalt öffnende, aus zwei oder mehreren Fruchtblättern gebildete ⇨Streufrucht. Bsp. *Epilobium montanum* (Frucht).

Spaltöffnung Von zwei Schließzellen umgebene Öffnungen in der Blatt- oder Sprossoberfläche. Durch diese Öffnungen wird der Gasaustausch der Pflanze geregelt («Atemporen»). ⇨TAFEL 9

sparrig Unregelmäßig und in verschiedenste Richtungen abzweigende Organe, z. B. sparrig verzweigte Sprosse oder sparrig abstehende Früchte in einem Fruchtstand. Bsp. *Carex echinata* (Fruchtschläuche 🗋 links), *Baldellia* (Blütenstand 🗋 rechts). Fachausdruck: squarros. ⇨TAFEL 2

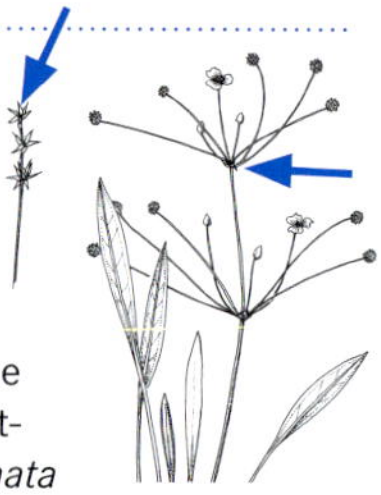

spatelförmig Blattform mit breiter, abgerundeter Spitze und der größten Breite nahe der Spitze. Gegen den Blattgrund zu verschmälert sich das Blatt allmählich in einen Stiel. Synonym: spatelig. Bsp. *Bellis perennis* (Blatt 🗋). Fachausdruck: spatulat. ⇨TAFEL 12

spatelig ⇨spatelförmig.

Spatelspitze Bezeichnung für die ⇨spatelförmig verbreiterte Spitze schmaler Organe, z. B. bei Hüll- oder Tragblättchen. Bsp. *Typha angustifolia* (Narbe 🗋).

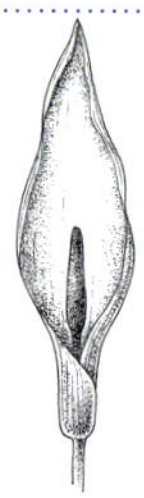

Spatha Scheidenförmiges ⇨Hochblatt direkt unterhalb der Blüte bzw. des Blütenstandes, das die Blüte (den Blütenstand) in der Knospenlage einhüllt (Blütenscheide, Blütenstandsscheide). Bsp. *Allium vineale, Arum maculatum* (Blütenstand 🗋). ⇨TAFEL 17

Spelze Schuppenförmiges, früh trocknendes Blatt im Bereich der Blüten und Blütenstände der Süßgräser (Poaceae). Je nach Anordnung im Blütenstand (Ährchen) unterscheidet man ⇨Hüllspelzen, ⇨Deckspelzen oder ⇨Vorspelzen. Die Spelzenform (gerundet, zugespitzt, kahnförmig usw.) und -behaarung kann wichtige Bestimmungsmerkmale liefern. Manche Autoren bezeichnen auch die Blütentragblätter von Sauergräsern (Cyperaceae) als Spelzen.

spelzenartig Einem kurzen bis fast schuppigen, früh trockenen Blättchen gleichend.

Spermatophyten ⇨Samenpflanzen. ⇨TAFEL 37

Spezies ⇨Art.

spiegelsymmetrisch ⇨monosymmetrisch. Fachausdruck: zygomorph.

spießförmig Schmal dreieckige Blattform, am Grund mit ± spitzen, spreizenden, durch eine wenig tiefe Einbuchtung getrennten Lappen. Bsp. *Rumex acetosa* (Blatt 🗋). Fachausdruck: hastat. Vgl. ⇨pfeilförmig. ⇨TAFEL 12

Spindel Zentrale Achse. Vgl. ⇨Blattspindel (Blattrhachis) oder ⇨Ährenachse.

spindelförmig Längliche, im Querschnitt rundliche Form, die an beiden Enden verschmälert ist. Bsp. *Sparganium neglectum* (Frucht 🗋). Fachausdruck: fusiform. ⇨TAFEL 1

spinnwebig Mit langen, anliegenden, ineinander verflochtenen Haaren, entfernt an ein Gespinst erinnernd und oft leicht abwischbar. Bsp. *Carlina acaulis* (Blatt), *Arctium tomentosum* (Blütenköpfchen). Fachausdruck: arachnoid. Vgl. ⇨filzhaarig. ⇨TAFEL 4

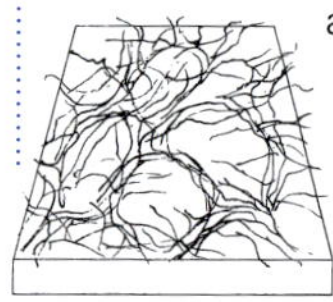

spiralig, spiralförmig An jedem Knoten des Sprosses nur ein Pflanzenorgan (Blatt, Blüte, Frucht) abgehend. Am darauffolgenden Knoten ist das abgehende Organ gegenüber dem vorhergehenden um einen vorbestimmten Winkel verschoben. Synonym: schraubig.

Spirre Stark verzweigter Blütenstand, bei dem die Seitenachsen jeweils ihre zugehörige Hauptachse übergipfeln. Synonym: Trichterrispe. Bsp. *Filipendula ulmaria* (Blütenstand ◳) Fachausdruck: Anthela. ⇨TAFEL 18

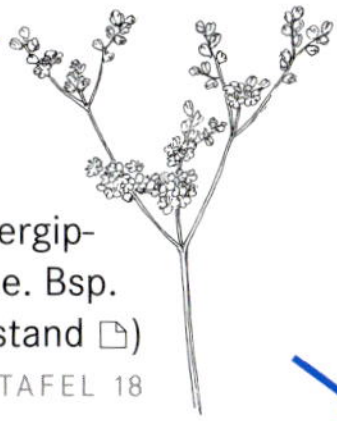

Spirrenast Seitenzweig einer ⇨Spirre, der einen Teil des Blütenstandes trägt. Bildet oft selbst wieder eine Spirre.

spitzbogig Gebogene Form oder Struktur mit ± parallelen Rändern, die am Ende mit nach außen abgerundeten Rändern auf eine Spitze zulaufen (analog zur Form eines gotischen Kirchenfensters). Bsp. *Ballota nigra* (Kelchzähne).

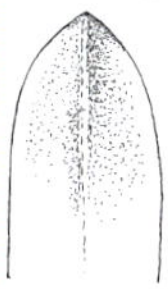

Spitzchen Kleine, am Ende eines Pflanzenorgans aufgesetzte Spitze. Bsp. *Galium aparine* (Blättchen ◳). Fachausdruck: Mucro. Vgl. ⇨bespitzt. ⇨TAFEL 13

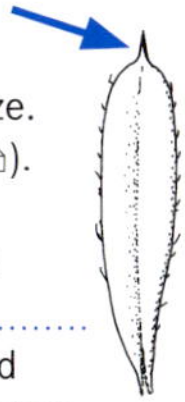

spitzzähnig Blattrand mit scharf zugespitzten Blattzähnen. Bsp. *Asplenium fontanum, Pimpinella major* (Blattzähne).

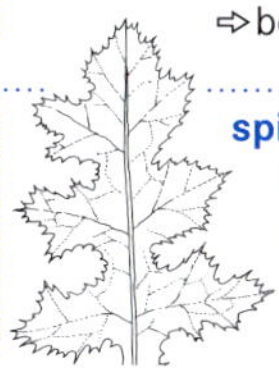

Splint, Splintholz Junges, oft noch weiches Holz, vom älteren ⇨Kernholz durch die oft hellere Farbe auch optisch gut unterscheidbar. Der größte Teil des Splintholzes ist physiologisch aktiv und leitet den Saftstrom von unten nach oben. ⇨TAFEL 8

Sporangium Behälter, in welchem die Sporen von Farnen (und anderen Gefäßkryptogamen) gebildet werden. Synonyme: Sporenbehälter, Sporenkapsel. ⇨TAFEL 26, 27

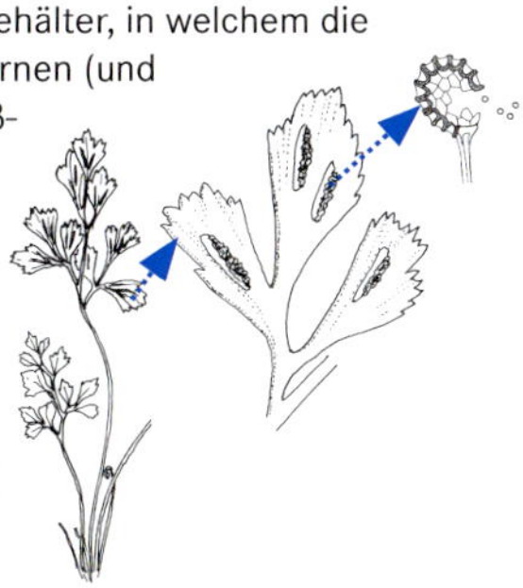

Sporangienähre In einer ⇨Ähre angeordnete ⇨Sporangien. Bsp. *Equisetum telmateia* (fertiler Trieb ◳). ⇨TAFEL 27

Sporangienstand Organ, das eine Vielzahl von ⇨Sporangien trägt und dessen ursprünglicher Blattcharakter nicht mehr erkennbar ist. Bsp. *Botrychium lunaria* (fertiles Blatt ◳).

Sporen Einzellige Verbreitungseinheiten der Sporenpflanzen (z. B. Farne). Im Gegensatz zu den Samen der ⇨Samenpflanzen sind es keine mehrzelligen Embryonen. Sie entstehen durch ungeschlechtliche Vermehrung und sind von einer derben Wand umgeben. Aus keimenden Sporen entwickelt sich die haploide Generation der Vorkeime (⇨Prothallien). ⇨TAFEL 26, 27

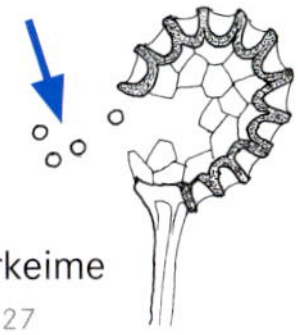

Sporenbehälter ⇨Sporangium.

Sporenkapsel ⇨Sporangium.

Sporenpflanzen Gruppe von Pflanzen ohne spezifische taxonomische Rangstufe. Ihnen ist gemeinsam, dass sie als Verbreitungseinheit ⇨Sporen haben. ⇨TAFEL 26

Sporn (1) Zylindrisches, kegelförmiges oder keulenförmiges Anhängsel der Blüte, über den Blütenboden sichtbar hinausragend. Kann von Kron-, Kelch- oder Nektarblättern gebildet werden und enthält oft Nektar. Bsp. *Consolida* (Blüte ◳). Fachausdruck: Calcar. ⇨TAFEL 20, 30
(2) Anhängsel am Grund von Blättchen. Bsp. *Sedum acre* (Blattgrund).

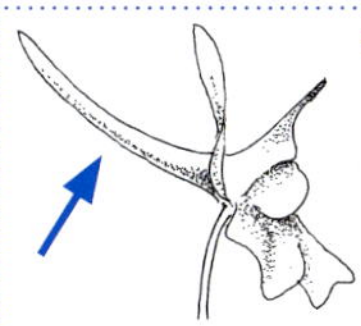

Sporophyll Fertiles Blatt der Sporenpflanzen, das die ⇨Sporangien trägt. Gegensatz zu ⇨Trophophyll.

Sporophyllstand Sprossabschnitt mit ährenartig angeordneten ⇨Sporophyllen. Wenn die Sporophylle Sporenkapseln (Sporangien) enthalten, spricht man von einem ⇨Sporangienstand. Bsp. *Equisetum fluviatile* (Spitze fertiler Triebe). Fachausdruck: Strobilus.

Sporophyt Sporenbildende Pflanze. Bei den Pflanzen trifft dies auf die diploide Generation zu, die z. B. in Staubblättern durch Reduktionsteilung haploide Sporen (hier: Pollen) erzeugt. ⇨TAFEL 26

Spreite ⇨Blattspreite.

Spreitengrund ⇨Blattgrund.

spreizend Bezeichnung für in gegenteilige Richtungen angeordnete Teile eines Ganzen (z. B. Blütenteile der Blüte, Einzelblüten im Blütenstand). Gegensatz zu ⇨zusammenneigend. ⇨TAFEL 2

Spreizklimmer Kletternde Pflanzen, die sich mit hakenförmigen Haaren (Kletterhaaren), Stacheln oder sparrig abstehenden Seitenästen festhalten. Bsp. *Galium aparine*. Vgl. ⇨Kletterpflanze.

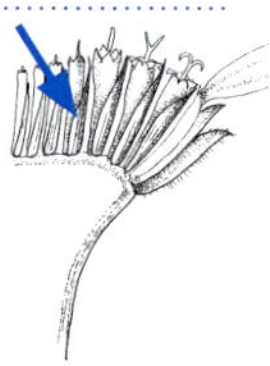

Spreublatt Schuppenförmiges oder zu einer Borste reduziertes Tragblatt von Einzelblüten innerhalb des Blütenstandes (Körbchen oder Köpfchen). Bsp. *Achillea, Buphthalmum, Hypochaeris* (innerhalb des Köpfchens). Fachausdruck: Palea. ⇨TAFEL 31

Spreuschuppe Häutige, braune Schuppen an den Blattstielen und Blättern von Farnen und anderen Sporenpflanzen. Bsp. *Dryopteris filix-mas* (Blattstiel □). ⇨TAFEL 27

spreuschuppig Mit ⇨Spreuschuppen besetzt.

Springfrucht ⇨Streufrucht.

Spross Grundorgan der Pflanzen mit Blättern, Leitbündeln, Seitensprossen, Knospen und einem ⇨Vegetationskegel am Ende. Synonym: Sprossachse. Vgl. ⇨Stängel. ⇨TAFEL 7, 8

Sprossabschnitt Teilabschnitt des Sprosses. Fachausdruck: Internodium.

Sprossachse ⇨Spross.

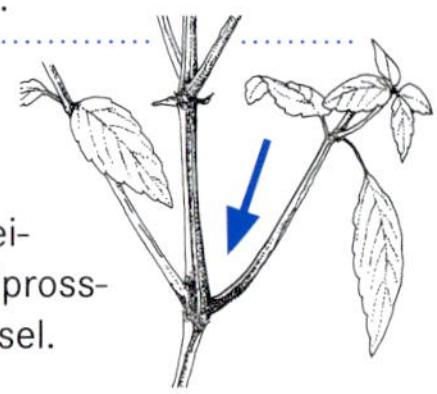

Sprossachsel Winkel zwischen einem Muttерspross und einem seitlich abgehenden Seitenspross. Synonym: Sprosswinkel. Vgl. ⇨Blattachsel.

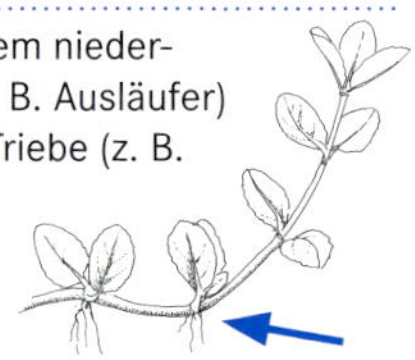

sprossbürtig An einem niederliegenden Spross (z. B. Ausläufer) seitlich abgehende Triebe (z. B. sprossbürtige Wurzeln). Bsp. *Veronica beccabunga* (wurzelnder Trieb □).

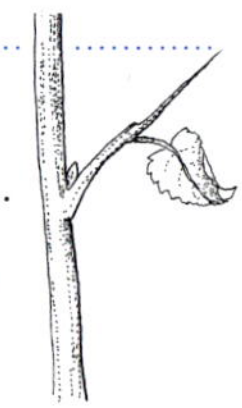

Sprossdorn Spross in einer ± stechenden Spitze endend. Bsp. *Prunus spinosa* (Zweig □).

Sprossglied Unverzweigter Teil eines Sprosses.

Sprossgrund Untere, bodennahe Teile des Sprosses oder, bei Seitentrieben, die der Abzweigung am nächsten stehenden Teile eines Seitentriebes. ⇨TAFEL 7

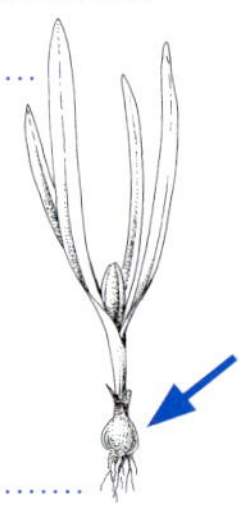

Sprossknolle Meist unterirdischer (selten oberirdischer), durch Speichergewebe verdickter Sprossabschnitt. Bsp. *Colchicum autumnale*. ⇨TAFEL 6

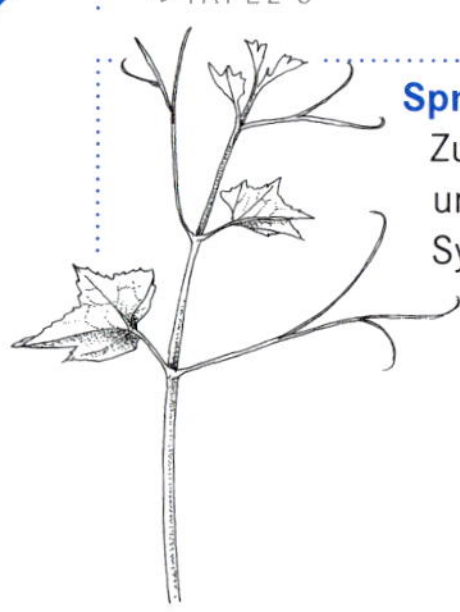

Sprossranke Zu einer ⇨Ranke umgebildeter Spross. Synonym: Achselranke. Bsp. *Vitis vinifera*. Vgl. ⇨Blattranke.

Sprossspitze Das jüngste, äußerste und oft oberste Ende des Sprosses. Fachausdruck: Apex. Vgl. ⇨Vegetationskegel.

Sprosswinkel ⇨Sprossachsel.

ssp. ⇨Unterart.

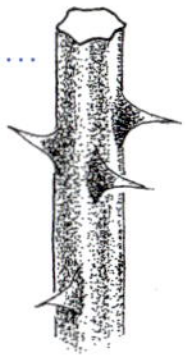

Stachel Spitzer, oft leicht verholzter Auswuchs (Emergenz) aus Epidermis- und Rindengewebe. Bsp. *Rosa, Rubus* (Stacheln auf Zweigen 🗎). ⇨TAFEL 7

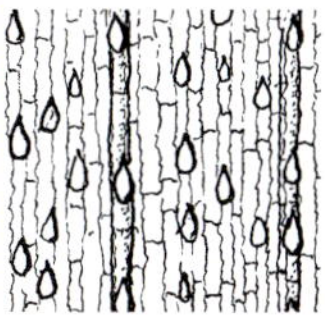

Stachelborsten Kleine, stachelförmige Borstenhaare. Bsp. *Brachypodium* (Blattunterseite 🗎).

Stachelhaare Kurze, derbe und daher leicht stechende Haare. Bsp. *Digitaria* (Deckspelze).

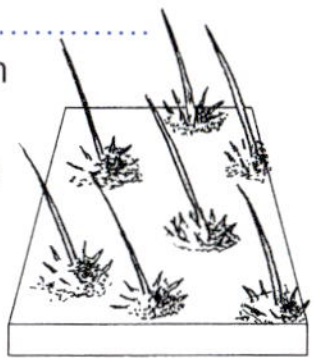

Stachelhöcker Mit winzigen Stacheln besetzte Höcker auf der Blattoberfläche, oft am Grund eines größeren Haares. Bsp. *Pulmonaria, Onosma* (Blatthaare).

stachelig Mit ⇨Stacheln besetzt.

stachelig bespitzt ⇨stachelspitzig.

stachelig gezähnt ⇨stachelzähnig. ⇨TAFEL 14

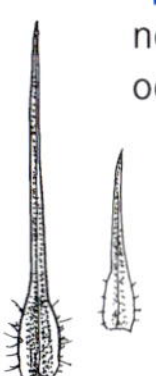

stachelspitzig Verlängerung des Mittelnervs als derbes, kleines Spitzchen oder als kleine, spitze Borste auf einer ± abgerundeten Blattspitze. Wenn die Stachelspitze mit bloßem Auge gut erkennbar ist, wird auch von ⇨grannenspitzig gesprochen. Bsp. *Salsola tragus* (Blatt 🗎). Vgl. ⇨begrannt. ⇨TAFEL 13

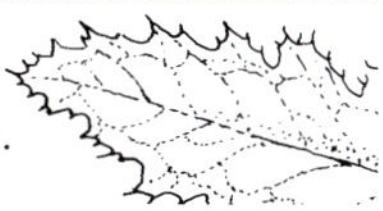

stachelzähnig Blattrand mit ⇨stachelspitzigen Blattzähnen.

Stahlblau Blaue Grundfarbe mit Anteilen von Grau oder Schwarz, oft leicht metallisch glänzend. Bsp. *Swertia perennis* (Blüte). Vgl. ⇨amethystfarben. ⇨TAFEL 44

Stamen ⇨Staubblatt.

Stamina ⇨Staubblatt.

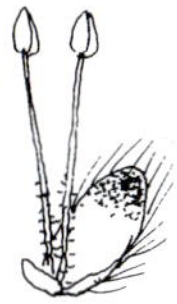

staminat Bezeichnung für eine Blüte ohne Fruchtblätter, nur mit Staubblättern. Gegensatz zu ⇨pistillat. Bsp. *Salix* (männliche Blüte).

Staminodium Steriles, also keinen Pollen produzierendes, reduziertes und oft umgewandeltes ⇨Staubblatt. Meist fehlt der ⇨Staubbeutel oder er ist stark reduziert. Bsp. *Scrophularia nodosa* (Blüte).

Stamm Kräftiger, mehrjähriger, verholzter Spross, in den meisten Fällen mit ⇨sekundärem Dickenwachstum.

stammblütig ⇨kauliflor.

stammsukkulent ⇨Stammsukkulenz.

Stammsukkulenz Anatomische und morphologische Umbildungen des Sprosses für die Speicherung von Wasser. Stammsukkulenz ist eine der möglichen Anpassungen an extrem trockene Lebensbedingungen. Bsp. *Opuntia* (abgeflachte Sprossglieder). Vgl. ⇨blattsukkulent. ⇨TAFEL 34

Standort Gesamtheit aller Umweltfaktoren (z. B. Temperatur, Bodenart usw.), die auf eine Pflanze oder eine Pflanzengesellschaft an einem konkreten Wuchsort einwirken. Nicht zu verwechseln mit ⇨Fundort, also dem geografischen Vorkommen einer Pflanze oder Pflanzengesellschaft. Die Wissenschaft, die sich mit dem Standort befasst, nennt man Standortskunde. Synonym: Habitat. Vgl. ⇨Bestand.

Stängel Krautiger, nach einer Blühsaison absterbender Spross. ⇨TAFEL 7

Stängelbasis ⇨Stängelgrund.

Stängelblatt Oberhalb des ⇨Sprossgrundes am Stängel ansetzendes Laubblatt (im Gegensatz zum ⇨Grundblatt). ⇨TAFEL 7

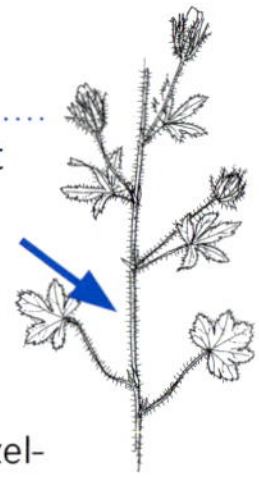

Stängelglied Sprossabschnitt zwischen zwei ⇨Knoten. Fachausdruck: Internodium. ⇨TAFEL 7

Stängelgrund Unterste (⇨basale), boden- bzw. wurzelnahe Abschnitte des Sprosses.

stängelständig Stellung eines Pflanzenorgans (z. B. Blatt, Blüte), das entlang des Stängels abzweigt.

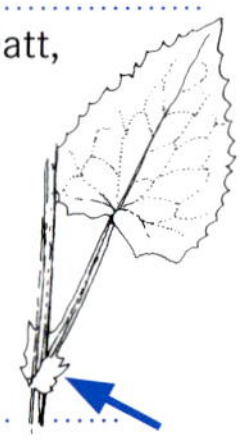

stängelumfassend Sitzendes Blatt, dessen Blattgrund («Öhrchen») den Stängel ganz umfasst. Bsp. *Doronicum grandiflorum* (Stängelblätter 🗋). Fachausdruck: amplexikaul. Vgl. ⇨halbstängelumfassend. ⇨TAFEL 10

Staubbeutel Pollenbildender Teil des ⇨Staubblattes. Ein Staubbeutel besteht normalerweise aus zwei Hälften (Antherenhälften, Theken), die ihrerseits aus zwei Pollensäcken (Loculamenten) zusammengesetzt sind, in denen der Pollen

produziert wird. Die Antherenhälften sind durch ein Mittelband (Konnektiv) miteinander verbunden. Die Staubbeutel öffnen sich in der Regel durch Längsrisse, seltener über Poren (z. B. Ericaceae). Fachausdruck: Anthere. ⇨TAFEL 19, 21

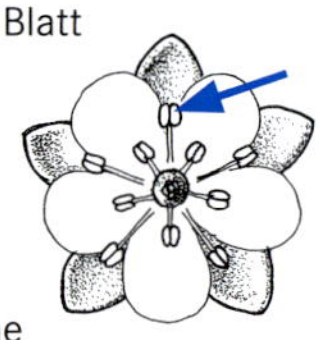

Staubblatt Umgebildetes Blatt (Mikrosporophyll) in der Blüte bedecktsamiger Pflanzen. Es gliedert sich in einen Stiel (Staubfaden) und in die ⇨Staubbeutel, welche die Pollenkörner bilden. Fachausdruck: Stamen (Mz. Stamina). ⇨TAFEL 19, 21

Staubblattröhre Aus der Verwachsung von ⇨Staubfäden entstandene Röhre. Je nachdem, ob alle Staubblätter gleichermaßen verwachsen sind oder nicht, unterscheidet man zwischen ⇨monadelphisch, ⇨diadelphisch und ⇨polyadelphisch. Bsp. *Vicia, Malva* (Blüte). Vgl. ⇨Griffelsäule, synandrisch. ⇨TAFEL 30

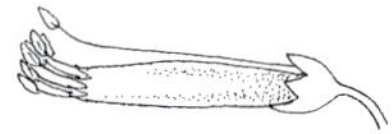

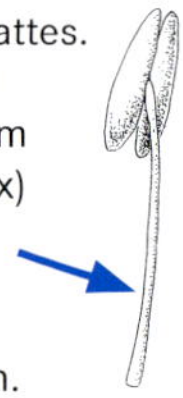

Staubfaden Stiel des ⇨Staubblattes. Der Staubfaden kann am Grund der Staubbeutel (basifix) oder am Rücken der Staubbeutel (dorsifix) ansetzen. Fachausdruck: Filament. ⇨TAFEL 19, 21

Staubfadenröhre ⇨synandrisch.

Staubgefäß ⇨Staubblatt.

Staude Krautige, 3- bis mehrjährige und in mehreren Vegetationsperioden blühende Pflanze. Bsp. *Urtica dioica*. Vgl. ⇨Hochstaude.

steifhaarig Behaarung aus starren, derben Haaren. Ähnlich ist ⇨borstenhaarig, dort sind jedoch die Haare kräftiger ausgebildet. Bsp. *Campanula trachelium* (Stängel). Fachausdruck: hispid. Vgl. ⇨borstenhaarig. ⇨TAFEL 4

Steinfrucht Spezialform einer ⇨Schließfrucht mit zweischichtiger Fruchtwand. Die innere Fruchtwand ist verholzt und die äußere ist weich, oft fleischig, saftig oder faserig. Bsp. *Prunus, Juglans, Olea* (Frucht). Fachausdruck: Drupa. ⇨TAFEL 24

Steinkern Das harte, verholzte Innere einer ⇨Steinfrucht, das den Samen enthält. ⇨TAFEL 24

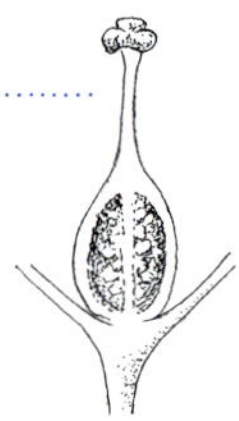

Stempel Gesamtheit des aus (oft verwachsenen) ⇨Fruchtknoten, ⇨Griffel und ⇨Narbe bestehenden weiblichen Blütenorgans. Fachausdruck: Pistill. ⇨TAFEL 19

steril Unfruchtbar, d. h. keine Blüten, Früchte oder Sporangien tragend. Als steril werden auch Blüten bezeichnet, die nur aus der Blütenhülle bestehen, d. h. die weder männliche noch weibliche Blütenorgane besitzen. Bsp. *Viburnum opulus* (Randblüten), *Muscari comosum* (Schopfblüten). Vgl. ⇨fertil.

sternförmig Sich sternartig ausbreitend oder sternartig angeordnet, z. B. sternförmig ausgebreitete Kronblätter. Bsp. *Trigonella* (Früchte 🗋), *Lotus pedunculatus* (Knospen). Vgl. ⇨radförmig. ⇨TAFEL 20

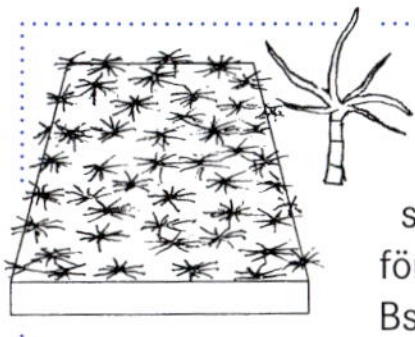

Sternhaar Auf einem einfachen (oft kurzen) Stämmchen stehendes, oben sternförmig verzweigtes Haar. Bsp. *Alyssum alyssoides* (Blatt, Frucht). ⇨TAFEL 4

sternhaarig Behaarung aus ⇨Sternhaaren. ⇨TAFEL 4

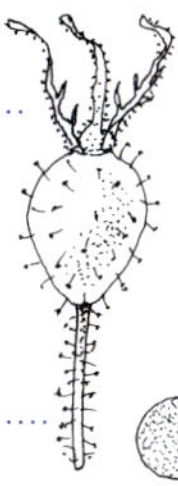

Stieldrüsen Auf der Oberfläche aufsitzende, kurz oder lang gestielte Drüsen. Gegensatz zu ⇨Sitzdrüsen. Bsp. *Rosa villosa* (Frucht 🗋).

stielrund Spross mit kreisförmigem Querschnitt. Synonym: zylindrisch. Bsp. *Ranunculus acris* (Blütenstiel). Fachausdruck: teret. Vgl. ⇨rund. ⇨TAFEL 8

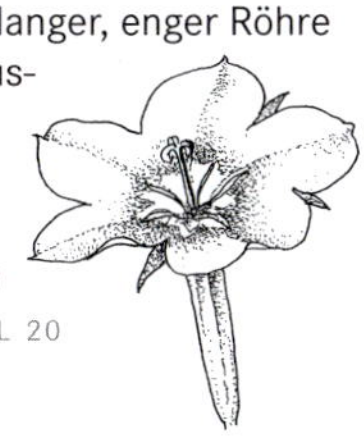

stieltellerförmig Bezeichnung einer verwachsenen Blüte mit langer, enger Röhre an der Basis und flach ausgebreitetem Saum. Bsp. *Gentiana verna, Legousia speculum-veneris* (Blüte 🗋). Fachausdruck: hypokrateriform. ⇨TAFEL 20

Stigma ⇨Narbe.

Stipel ⇨Nebenblatt.

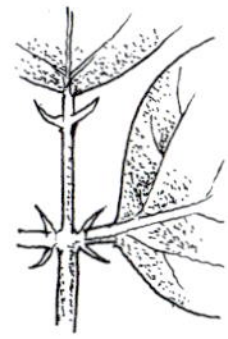

Stipelle Nebenblättchen der Teilblätter. Bsp. *Phaseolus* (Blatt 🗋).

Stockausschlag Neue Sprosse aus Adventivknospen an alten Stämmen von Gehölzen. Die Blätter von Stockausschlägen sind oft größer als die üblichen Laubblätter.

Stockaustrieb ⇨Stockausschlag.

Stolon ⇨Ausläufer.

Stoma ⇨Spaltöffnung.

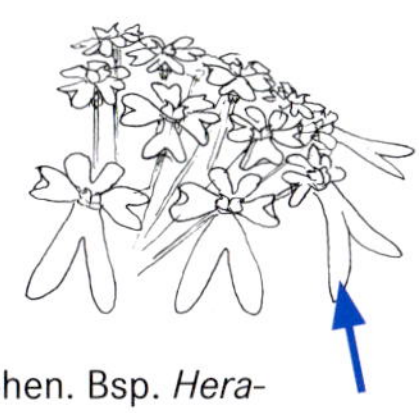

Strahlenblüten Randständige Blüten eines Blütenstandes (z. B. ⇨Körbchen oder Dolde), die einseitig nach außen verlängert sind, um so die Schauwirkung zu erhöhen. Bsp. *Heracleum sphondylium* (Randblüte 🗋).

strahlig-symmetrisch ⇨radiärsymmetrisch.

Strauch Durchwegs verholzte Pflanze, die normalerweise keine Hauptachse, also keinen Hauptstamm ausbildet. Aus bodennahen Knospen können immer wieder neue Stämmchen entstehen. Bsp. *Euonymus europaeus*. Vgl. ⇨Nanophanerophyt. ⇨TAFEL 33

streifennervig ⇨parallelnervig.

Stressstrategen Pflanzen mit Spezialisierung auf ungünstige oder sogar extreme Standorte. Stressstrategen sind eher klein, mit kleinen, derben, oft immergrünen Blättern. Die Bezeichnung entspricht einer der 3 Strategieformen nach Grime. Bsp. *Orthilia secunda, Saxifraga caesia*. Vgl. ⇨Konkurrenzstrategen, Ruderalstrategen.

Streufrucht Sich öffnende Frucht. Die Samen entweichen nach der Fruchtreife aus der Öffnung und dienen als Verbreitungseinheit. Streufrüchte sind meist mehrsamig und trocken. Zu den Spezialformen von Streufrüchten gehören

z. B. ⇨Hülse, ⇨Kapsel oder ⇨Schote. Synonyme: Springfrucht, Öffnungsfrucht. Bsp. *Aquilegia, Lathyrus, Papaver, Minuartia* (Frucht). Vgl. ⇨Schließfrucht. ⇨TAFEL 24

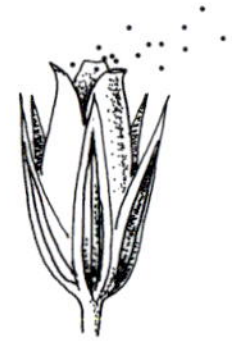

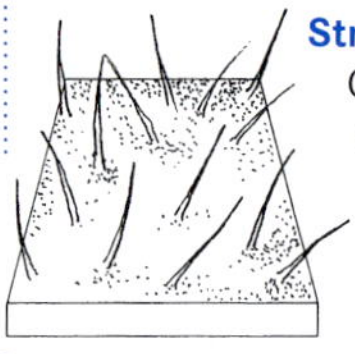

Striegelhaare Steife, am Grund verdickte Haare, die alle in eine Richtung weisen und damit gegen die Haarrichtung eine sehr raue Oberfläche bilden.

striegelhaarig Mit ⇨Striegelhaaren versehen. Fachausdruck: strigulos. Vgl. ⇨borstenhaarig.

striegelig ⇨striegelhaarig.

Strohgelb, strohfarben Hellgelbliche bis hellbräunliche, an frisches Getreidestroh erinnernde Farbe. Bsp. *Achnatherum calamagrostis* (Niederblätter), *Carlina vulgaris* (Hüllblattkranz). ⇨TAFEL 41

stumpfkantig Spross im Querschnitt mit abgerundeten Kanten. Bsp. *Polygonatum multiflorum* (Stängel), im Gegensatz zum scharfkantigen *P. odoratum*. Vgl. ⇨scharfkantig.

Stylodium ⇨Griffelast.

Stylopodium ⇨Griffelpolster.

Stylus ⇨Griffel.

subalpin Höhenstufe im Gebirge, in welcher die Gebirgsnadelwälder dominieren. Die Dauer der Vegetationszeit beträgt zwischen 100 und 200 Tagen. Nach oben lockern sich die Nadelwälder allmählich in einzelne Baumgruppen auf und dazwischen bilden sich ausgedehnte Zwergstrauchheiden. Die Baumgrenze bildet die Obergrenze der subalpinen Höhenstufe. Vgl. ⇨suprasubalpin. ⇨TAFEL 39

subkontinental Bezeichnung für Arten mit Hauptvorkommen in der osteuropäischen Laubwaldzone mit Anpassungen an eher große Temperaturunterschiede (Winter/Sommer bzw. Tag/Nacht) und oft trockene Luft. Weniger extrem als ⇨kontinental. Die großen inneralpinen Täler der Schweizer Alpen besitzen einen subkontinentalen Klimacharakter. Bsp. *Centaurea stoebe*. Vgl. ⇨subozeanisch.

submers Im Wasser, untergetaucht. Bsp. *Ceratophyllum*. Vgl. ⇨Hydrophyt.

subnival Höhenstufe im Gebirge, in welcher sich die alpinen Rasen in isolierte Flecken auflösen und oft Polsterpflanzen dominieren. Die subnivale Stufe wird oft als obere ⇨alpine Stufe aufgefasst und nicht von dieser abgetrennt.

subozeanisch Bezeichnung für Arten mit Hauptvorkommen in der relativ wintermilden Klimazone Mitteleuropas, mit Anpassungen an eher geringe Temperaturunterschiede (Winter/Sommer bzw. Tag/Nacht) und eher hohe Luftfeuchtigkeit. Gegenüber ⇨ozeanischen Bedingungen sind die Temperaturunterschiede aber bereits deutlich größer. Die Bedingungen des schweizerischen Mittellandes gelten mehrheitlich als subozeanisch. Bsp. *Digitalis grandiflora, Fagus sylvatica, Impatiens noli-tangere*. Vgl. ⇨subkontinental.

Subspezies ⇨Unterart.

subsp. Abkürzung für Subspezies (⇨Unterart). Zur Bezeichnung der Unterart, wird dem Unterart-Namen die Abkürzung subsp. vorangestellt, z. B. *Centaurea scabiosa* subsp. *alpestris*. ⇨TAFEL 38

subterminal Der ⇨endständigen Stellung am nächsten stehend, also «fast endständig». Bsp. *Panicum capillare* (Stellung der vorletzten Ährchen eines Rispenzweigs ⎘).

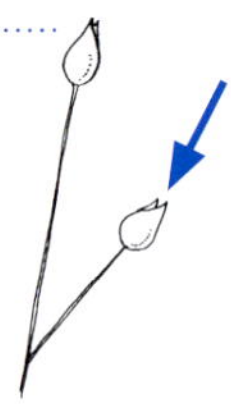

sukkulent Wasserspeichernd und daher mit sehr saftigem, fleischigem, kaum welkenden Gewebe. Bsp. *Sedum annuum* (Stängelblatt 🗋). Vgl. ⇨krautig. ⇨TAFEL 14, 34

Sukkulenten Pflanzen mit fleischigem, saftreichem Gewebe. Je nach Ort der Wasserspeicherung werden Blatt-, Stamm- oder Wurzelsukkulenten unterschieden. Bsp. *Opuntia humifusa, Sempervivum montanum.* ⇨TAFEL 34

Sukkulenz ⇨sukkulent.

Sumpfpflanze ⇨Helophyt oder ⇨Hygrophyt.

Superasteriden Mit weltweit über 120 000 Arten die größte Gruppe innerhalb der ⇨Eudikotyledonen (Echten Zweikeimblättrigen). Die Mehrheit der Vertreter dieser Gruppe haben verwachsene ⇨Kronblätter, nur 1 Staubblattkreis und verwachsene ⇨Fruchtblätter. Vgl. ⇨Superrosiden. ⇨TAFEL 37

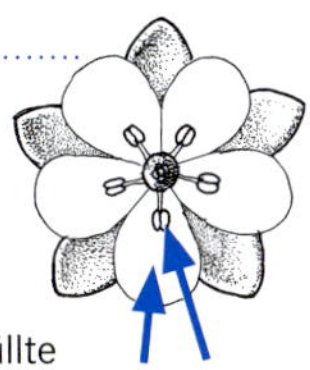

superponiert Bezeichnung der Stellung von Blütenorganen aufeinanderfolgender Kreise, die nicht alternieren, sondern übereinander stehen (nicht erfüllte ⇨Alternanzregel). Bsp. *Rhamnus cathartica* (Staubblätter vor den Blütenblättern).

Superrosiden Mit weltweit fast 90 000 Arten die zweitgrößte Gruppe innerhalb der ⇨Eudikotyledonen (Echten Zweikeimblättrigen). Die Mehrheit der Vertreter dieser Gruppe haben freie ⇨Kronblätter, 2 oder mehr Staubblattkreise und einen ⇨gefächerten Fruchtknoten. Vgl. ⇨Superasteriden. ⇨TAFEL 37

suprasubalpin Von machen Autoren als zusätzliche Stufe zwischen der ⇨subalpinen und ⇨alpinen Stufe eingeschobene ⇨Höhenstufe, in der Schweiz dominiert durch die Lärchen-Arven-Wälder (Arve auch unter Zirbe bekannt). ⇨TAFEL 39

Symbiont Partner einer ⇨Symbiose.

Symbiose Enges Zusammenleben von zwei verschiedenartigen Organismen mit ± starker gegenseitiger Abhängigkeit, aus welcher beide Partner Vorteile beziehen. ⇨TAFEL 34

sympatrisch Bezeichnung für nahe verwandte Sippen, die in einem bedeutenden Teil ihres Verbreitungsgebietes gemeinsam vorkommen. Bsp. *Pinus mugo* subsp. *mugo* und *Pinus mugo* subsp. *uncinata.*

sympetal ⇨verwachsenkronblättrig. ⇨TAFEL 20

sympodial Aufbau einer Sprossachse, bei der das Wachstum und die Entwicklung nicht durch die Hauptachse, sondern jeweils durch fast endständige (subterminale) Seitenachsen fortgesetzt wird. Synonym: zymös. Gegensatz: ⇨monopodial. Bsp. *Stellaria nemorum, Symphytum officinale* (Blütenstände). ⇨TAFEL 17

Sympodium ⇨sympodial.

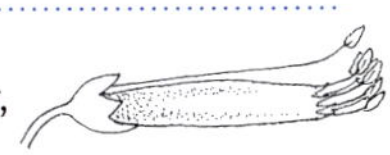

synandrisch Bezeichnung für ⇨Staubblätter, die im unteren Teil miteinander verwachsen sind (verwachsenstaubblättrig). Synandrische Staubblätter bilden oft eine Röhre (⇨Staubblattröhre). Bsp. *Lathyrus* (Staubblätter in der Blüte 🗋). Vgl. ⇨Synantherie. ⇨TAFEL 21

Synantherie Verwachsung der ⇨Staubblätter an den ⇨Staubbeuteln (Antheren). Vgl. ⇨synandrisch. ⇨TAFEL 21

synanthrop Bezeichnung für Pflanzen, die direkt oder indirekt durch menschliche Aktivitäten in die Flora eingebracht worden sind. Bsp. *Erigeron annuus* (stammt aus Nordamerika), *Senecio inaequidens* (stammt aus Südafrika). Vgl. ⇨unbeständig.

Synapomorphie Gemeinsames Auftreten von gleichen Merkmalen in verwandten ⇨Sippen. So gilt z. B. die Umbildung der weiblichen Fortpflanzungsorgane zu Karpellen (Fruchtblättern) bei den ⇨Bedecktsamern als synapomorphes Merkmal, das alle Bedecktsamer gemeinsam haben.

Synfloreszenz Gesamtheit aller ⇨Blütenstände einer Pflanze. Bsp. *Arnica montana* (Gesamtblütenstand ◱).

synkarp ⇨verwachsenfruchtblättrig.

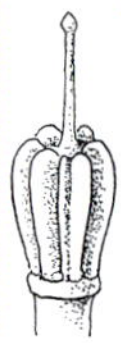

Synkarpie Zwei oder mehr ⇨Fruchtblätter sind miteinander verwachsen und haben oft auch verwachsene ⇨Griffel. Bsp. *Ornithogalum umbellatum* (Fruchtknoten ◱). Vgl. ⇨chorikarp.

Synonym Einer von mehreren Namen für dieselbe Sippe. Synonyme kommen z. B. zustande, wenn unterschiedliche Autoren unabhängig voneinander die gleiche Sippe beschreiben und benennen. Grundsätzlich gilt die Prioritätsregel, d. h. es gilt die früheste gültige Beschreibung und Benennung. Bsp. *Potentilla verna* (gültiger Name) und *Potentilla neumanniana* (Synonym). Vgl. ⇨nomen conservandum.

T

Täuschblume Pflanze mit Blüten, die Tiere anlocken können, z. B. durch die Imitation eines Insekts oder einer anderen Blume, ohne eine Gegenleistung (z. B. Nektar) anzubieten. Bsp. *Ophrys insectifera* (Blüte ◱).

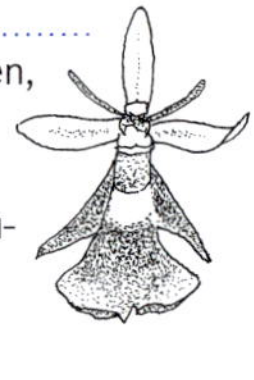

Taxon Gruppe verwandter Pflanzen, ungeachtet ihrer Rangstufe, also ohne Rücksicht darauf, ob sie als Varietät, Art oder Gattung usw. eingestuft werden (Mz. Taxa). ⇨TAFEL 38

Taxonomie Wissenschaft der Abgrenzung, Beschreibung, Klassierung und Benennung von Gruppen (Sippen) von Pflanzen auf der Grundlage von gemeinsamen (morphologischen, cytologischen, genetischen usw.) Merkmalen. Der neutrale Begriff für eine gebildete Gruppe lautet Taxon (Mz. Taxa) bzw. Sippe. Im Vergleich mit anderen Taxa wird die Gruppe in ein hierarchisches System eingeordnet, sie erhält also eine taxonomische Rangstufe (z. B. Art oder Gattung). ⇨TAFEL 38

Taxonym Bezeichnung einer Sippe (meist einer Art) auf der Basis einer taxonomischen Referenz (meist eines Florenwerks), in welcher der morphologische Umfang (die morphologische Breite, das morphologische Konzept) der Sippe festgelegt wird. Taxonyme sind daher nicht durch das ⇨Autorzitat, sondern durch das Referenzwerk definiert. Bsp. *Aconitum napellus* sec. Flora Helvetica 2018.

Tegment ⇨Knospenschuppe.

Teilblatt Vollständig voneinander getrennte Teile eines zusammengesetzten Blattes. Bsp. *Hippocrepis emerus* (Blatt ◱). Vgl. ⇨Fiedern. ⇨TAFEL 11

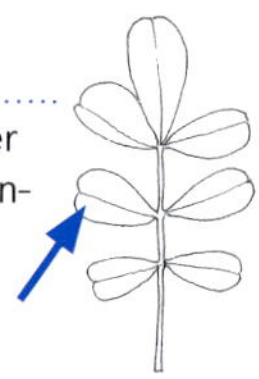

Teilblattstiel Träger des Teilblattes, durch schmale, stielartige Gestalt von seiner Spreite abgesetzt. Bsp. *Trifolium campestre* (mittleres Teilblatt). ⇨TAFEL 11

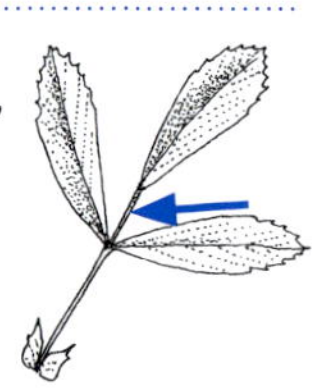

Teilblütenstand Teil eines zusammengesetzten Gesamtblütenstandes, selber in sich bereits einen eigenen, erkennbaren und abgrenzbaren Blüten-

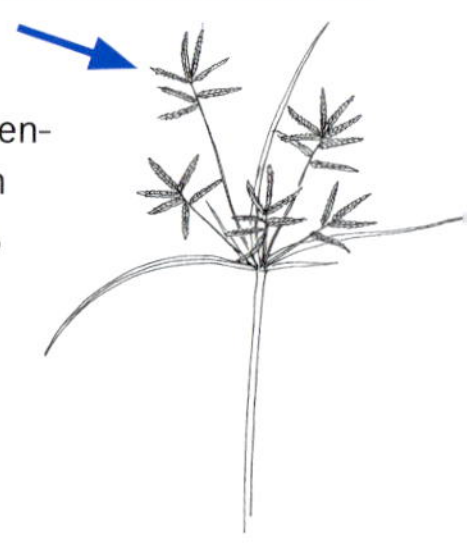

stand bildend. Bsp. *Cyperus rotundus* (Blütenstand 🗋). Fachausdruck: Partialinfloreszenz. Vgl. ⇨Blütenstand.

Temperaturzahl Ökologischer ⇨Zeigerwert für die mittlere Lufttemperatur während der Vegetationszeit einer Pflanze. Hohe Temperaturzahlen bedeuten, dass die Pflanzenart an warmen (tief gelegenen) Orten anzutreffen ist. Vgl. ⇨Höhenstufe. ⇨TAFEL 39

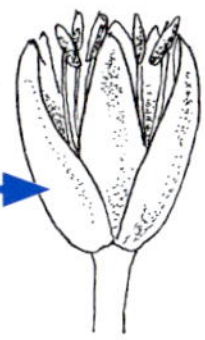

Tepale Äußeres ⇨Perigonblatt. Bsp. *Allium* (Blüte 🗋).

teppichbildend Bezeichnung für Pflanzen, die durch dicht nebeneinanderliegende ⇨Kriechtriebe eine flächige, dem Boden ± anliegende Wuchsform bilden. ⇨TAFEL 36

Teppichstrauch ⇨Spalierstrauch.

terminal ⇨endständig.

Terminalblüte ⇨Endblüte.

Terminalknospe ⇨Endknospe.

ternat ⇨dreiteilig.

terrestrisch Bezeichnung für an Land lebende Pflanzen. Gegensatz: aquatisch.

Testa ⇨Samenschale.

tetramer ⇨vierzählig. Vgl. ⇨-zählig. ⇨TAFEL 2

Thallus Undifferenzierter Gewebekörper niederer Pflanzen (ohne Differenzierung in die Grundorgane Wurzel, Spross und Blatt). ⇨TAFEL 26

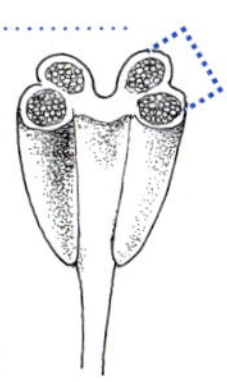

Theke Hälfte eines (normalen) ⇨Staubbeutels (Antherenhälfte), meist zwei ⇨Pollensäcke umfassend. ⇨TAFEL 21

Therophyt Kurzlebige Krautpflanze. Die Überdauerung der Pflanze erfolgt als Same im Boden (eine der Lebensformtypen von Pflanzen nach Christen Raunkiær). Zu den Therophyten werden sowohl die ⇨Sommerannuellen als auch die ⇨Winterannuellen gerechnet. Auffallend viele Therophyten sind ⇨Archäophyten oder ⇨Neophyten. Bsp. *Cardamine hirsuta, Euphorbia peplus*. Vgl. ⇨kurzlebig. ⇨TAFEL 35

Thyrse Komplex verzweigter Blütenstand mit einer Hauptachse, entlang welcher, im Unterschied zur Rispe, mehrere ⇨Zymen, also sympodiale Teilblütenstände angeordnet sind (bei der Rispe sind die Seitenzweige nicht sympodial organisiert). Fachausdruck: Thyrsus. ⇨TAFEL 18

tierverbreitet ⇨zoochor.

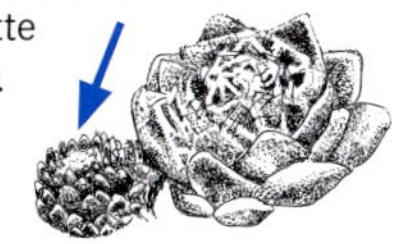

Tochterrosette Als Rosette ausgebildeter ⇨Ableger. Bsp. *Sempervivum arachnoideum* (Grundblätter 🗋).

Tochterzwiebeln Durch Knospen in den Blattachseln von Zwiebelschalen (Zwiebelschuppen) entstandene, gestauchte Seitentriebe, die sich zu eigenständigen Zwiebeln ausbilden können. So entsteht, meist unterirdisch, eine Form der vegetativen Fortpflanzung. Vgl. ⇨Brutzwiebel.

Tracheophyten ⇨Gefäßpflanzen. ⇨TAFEL 37

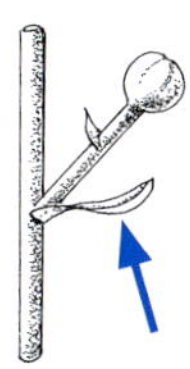

Tragblatt Blatt, aus dessen ⇨Blattachsel ein Seitenspross entspringt. Bei Tragblättern im Blütenbereich spricht man oft auch von ⇨Deckblatt. Fachausdruck: Braktee. ⇨TAFEL 16, 19, 32

Tragknospe Bezeichnung für eine ⇨Knospe, die zu einem Blüten (und Früchte) tragenden Spross auswächst.

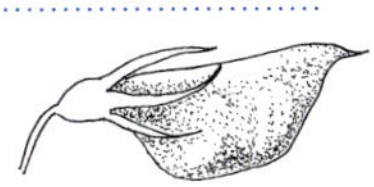

trapezförmig Die Form eines Trapezes aufweisend, also eines Vierecks mit zwei paral-

T

lelen und zwei nicht parallelen Seiten. Bsp. *Lens culinaris* (Frucht 🗋). ⇨TAFEL 2

Traube Einfach verzweigter Blütenstand, bei dem an deutlich entwickelter Blütenstandsachse, oft in der Achsel von Tragblättchen, gestielte Einzelblüten abzweigen. Trauben blühen von unten nach oben, mit den jüngsten Blüten zuoberst. Bsp. *Convallaria majalis* (Blütenstand 🗋). Fachausdruck: racema. ⇨TAFEL 17

traubig Bezeichnung für die Anordnung von Blüten und Früchten am Spross durch einfache Abzweigungen, sodass eine ⇨Traube gebildet wird. Bsp. *Capsella bursa-pastoris* (Blütenstand).

Tribus Rangstufe in der Pflanzensystematik zwischen ⇨Familie und ⇨Gattung und unterhalb der Unterfamilie. Bei großen Gattungen kann die Aufteilung in Triben hilfreich sein. Die Triben-Namen haben jeweils die Endung -eae. Bsp. Die Loteae sind ein Tribus der Fabaceae, dem z. B. die einheimischen Gattungen *Anthyllis, Coronilla, Dorycnium, Hippocrepis, Lotus* und *Securigera* angehören.

Trichome Allgemeine anatomische Bezeichnung für Haare auf der Oberfläche (z. B. auf den Blättern) einer Pflanze.

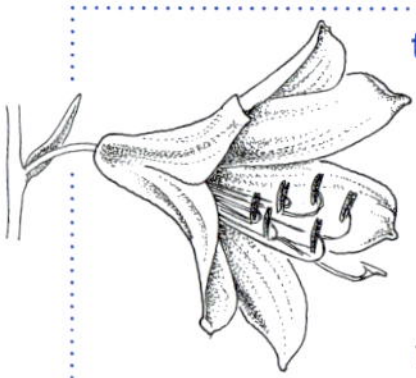

trichterförmig Bezeichnung einer verwachsenen Blüte, die sich nach oben kegelförmig erweitert. Gegensatz zu ⇨radförmig. Bsp. *Paradisea liliastrum* (Blüte 🗋). Fachausdruck: infundibuliform. Vgl. ⇨röhrig, trompetenförmig. ⇨TAFEL 1, 20

Trichterrispe ⇨Spirre.

Trieb Allgemeiner, wenig differenzierender Ausdruck für einzelne Sprosse. Vgl. ⇨Spross.

trimer ⇨dreizählig.

triözisch ⇨dreihäusig.

Trockenfrucht Fruchtform mit trockenen Fruchtwänden. Sowohl ⇨Schließfrüchte (z. B. Nüsse) als auch ⇨Streufrüchte (z. B. Hülsen) können Trockenfrüchte sein. Gegensatz zu ⇨Saftfrucht.

trockenhäutig Bezeichnung für dünnes, trockenes, durchscheinendes Gewebe ohne Blattgrün, z. B. trockenhäutige Hochblätter. Bsp. *Cerastium semidecandrum* (Hochblätter 🗋). Fachausdruck: membranös.

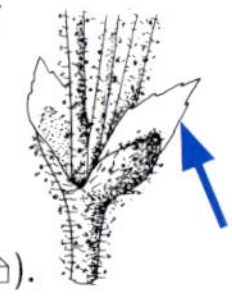

trompetenförmig Blütenform mit langer, schmaler, röhrig verwachsener Krone, die gegen den ⇨Kronblattsaum hin allmählich verbreitert ist. Bsp. *Datura stramonium* (Blüte). Vgl. ⇨röhrig, trichterförmig. ⇨TAFEL 20

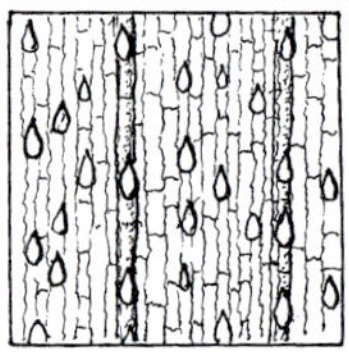

tropfenförmig Mit kugeliger, einseitig verschmälerter Form. Bsp. *Brachypodium* (winzige Borstenhaare 🗋). ⇨TAFEL 1

Trophophyll Nicht sporangientragendes Blatt bei Farnen und Bärlapppflanzen. Gegensatz zu ⇨Sporophyll. Bsp. *Botrychium lunaria* (Blätter 🗋).

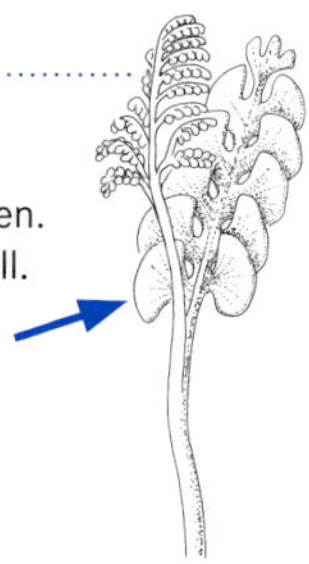

Tubus ⇨Blütenröhre.

Trugdolde ⇨Scheindolde.

Turgor Druck des Zellsaftes auf die Zellwand. Dieser bewirkt, dass sich auch vollständig krautige Pflanzen aufrecht halten können.

Turionen Sich (in der Regel) ablösende Winterknospen der Wasserpflanzen. Da sie meist in großer Zahl auftreten, tragen sie auch zur Ausbreitung bei. Oft ist das

Gewebe der Turionen so schwer, dass diese auf den Grund des Gewässers sinken. Bsp. *Hydrocharis* (Überwinterungsknospe). ⇨TAFEL 35

Tüte ⇨Ochrea.

Typus Ausgewähltes Belegexemplar, das als Grundlage für die Definition und Benennung einer Sippe (z. B. Art oder Unterart) dient. Vgl. ⇨Holotypus.

U

Ubiquist Bezeichnung für eine Sippe, die fast überall und in sehr vielen ökologischen Situationen vorkommt.

Umbelliferae Alternative, ebenfalls anerkannte Bezeichnung für die Familie der Doldenblütler (Apiaceae).

Überblume ⇨Pseudanthium.

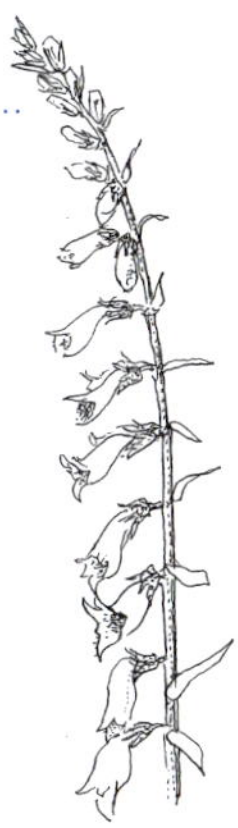

übergebogen An der Spitze eines Sprosses oder Blattes bis in die Waagrechte gebogen. Schwächere Umbiegungen werden als ⇨nickend, stärkere Umbiegungen als ⇨überhängend bezeichnet. Bsp. *Setaria faberi* (Blütenstand).

überhängend An der Spitze eines Sprosses oder Blattes bis über die Waagrechte hinweg gebogen (bogig abwärts gekrümmt). Umbiegungen bis zur Waagrechten werden als ⇨nickend oder ⇨übergebogen bezeichnet. Bsp. *Calamagrostis villosa* (Blätter), *Soldanella alpina* (Blüte). ⇨TAFEL 2

Überdauerungsknospe Knospe zum Überdauern der ungünstigen Jahreszeit, um danach das Sprosssystem weiterzuentwickeln bzw. zu erneuern.

Überwinterungsknospe Bezeichnung für ⇨Erneuerungsknospen zum Überdauern des Winters. ⇨TAFEL 35

überzählig ⇨akzessorisch.

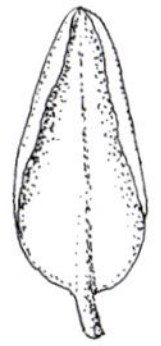

umgerollt Blattrand oder ganze Blattspreite im Querschnitt beiderseits nach unten eingerollt. Bsp. *Erica carnea, Loiseleuria procumbens* (Blatt ◳). Fachausdruck: revolut. Vgl. ⇨eingerollt. ⇨TAFEL 14

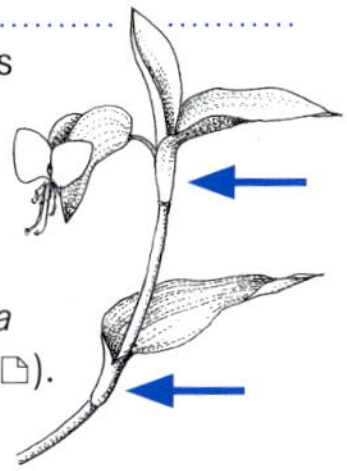

umscheidend Einen Spross oder Stiel eng umfassend, z. B. untere Blattteile, die ihren Muttерspross eng umfassen. Bsp. *Commelina communis* (Stängelblätter ◳). ⇨TAFEL 9, 10

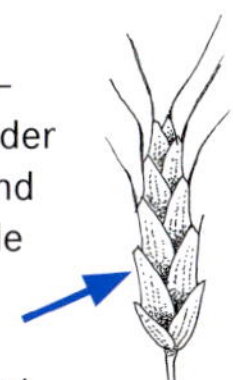

unbegrannt Ohne ⇨Granne, also ohne verlängerten borstenförmigen Fortsatz. Begrannte oder unbegrannte ⇨Deckspelzen sind wichtige Bestimmungsmerkmale bei den Süßgräsern (Poaceae). Bsp. *Bromus japonicus* (untere Deckspelzen ◳). Vgl. ⇨begrannt.

unbereift Oberfläche ohne helle und meist abwischbare Wachsschicht («Reif»). Vgl. ⇨bereift.

unbeständig Gelegentlich als Wildpflanze auftauchend und wieder verschwindend. Unbeständige Arten können keine dauerhaft selbstständigen Populationen aufbauen und sind daher nicht ⇨eingebürgert. Bsp. *Ecballium elaterium, Linum bienne*. Fachausdruck: adventiv.

unbewehrt Bezeichnung für Organe ohne Dornen oder Stacheln. ⇨TAFEL 7

ungeschlechtliche Fortpflanzung ⇨vegetative Vermehrung. Fachausdruck: Agamospermie.

ungeteiltes Blatt ⇨ganzes Blatt. Fachausdruck: indivisum. Vgl. ⇨geteiltes Blatt.

unguikulat ⇨genagelt.

unifacial Bezeichnung für ein Blatt, bei dem sich keine Ober- und Unterseite ausmachen lässt. Meist Blätter mit (fast) kreisrundem Querschnitt.

uniseriat Bezeichnung für eine Blüte mit nur einem Perigonblattkreis. Bsp. *Asarum europaeum* (Blüte 🗋). Vgl. ⇨biseriat.

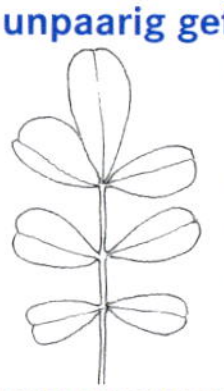

unpaarig gefiedert Bezeichnung für ein ⇨gefiedertes Blatt, das mit einem Endblatt abschließt. Die Anzahl der Teiblättchen ist daher ungerade. Bsp. *Hippocrepis emerus* (Blatt 🗋).
⇨TAFEL 11

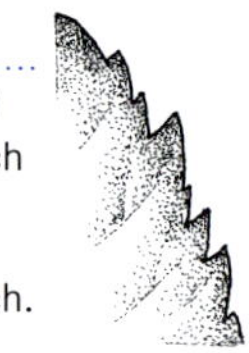

unregelmäßig gesägt Blattrand mit unregelmäßigen, oft ungleich großen, spitzen Sägezähnen.

unsymmetrisch ⇨asymmetrisch.

Unterart Systematische Abstufung unterhalb der Art. Unterarten sind morphologisch deutlich voneinander getrennt. Im Unterschied zur Art gibt es aber nicht hybridogene Zwischenformen. Unterarten sind geografisch, ökologisch oder zeitlich (saisonal) voneinander getrennt und bilden sofort (fertile) Übergangsformen in Durchmischungsgebieten. Abkürzung: subsp. oder ssp. Bsp. *Pulsatilla alpina* subsp. *alpina* (auf Kalk) und *Pulsatilla alpina* subsp. *apiifolia* (auf Silikat). Fachausdruck: Subspezies. Vgl. ⇨Art. ⇨TAFEL 38

unterbrochen gefiedert Spezialform des ⇨gefiederten Blattes: Zwischen den Fiederpaaren stehen kleinere Fiederchen. Bsp. *Agrimonia* (Blatt 🗋). Vgl. ⇨gefiedert.

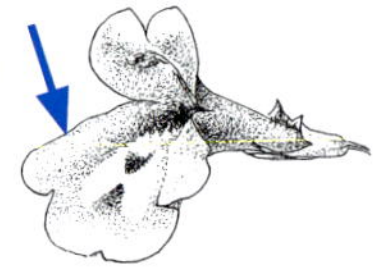

Unterlippe Unterer Kronblattzipfel einer Lippenblume, meist als Landefläche für Insekten ausgebildet und oft mit ⇨Saftmalen bedeckt. Bsp. *Acinos alpinus* (Blüte 🗋). Vgl. ⇨Oberlippe. ⇨TAFEL 20

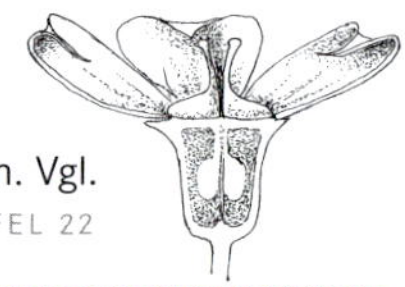

unterständig Der ⇨Fruchtknoten ist vollständig mit der becherförmigen Blütenachse verwachsen. Die übrigen Blütenteile sind an seinem oberen Rand eingefügt. Bsp. *Leontodon*, *Valeriana* (Blüte), *Cicuta* (Blüte 🗋). Fachausdruck: epigyn. Vgl. ⇨oberständig. ⇨TAFEL 22

unvollständige Blüte Blüten, bei denen mindestens eines der drei Grundelemente einer Blüte (⇨Blütenhülle, ⇨Andrözium, ⇨Gynözium) fehlt. Gegensatz zu ⇨vollständige Blüte. Bsp. *Ludwigia palustris* (Blüte ohne Kronblätter 🗋 links), *Sagina apetala* (Blüte ohne Kron- und Staubblätter 🗋 rechts).

unvollständig-einhäusig Neben eingeschlechtigen weiblichen und männlichen Blüten kommen auf dem gleichen Individuum auch zwittrige Blüten vor. Es wird unterschieden zwischen ⇨andromonözisch und ⇨gynomonözisch. Fachausdruck: unvollständig-monözisch.

unvollständig-zweihäusig Neben den auf getrennten Individuen vorkommenden eingeschlechtigen weiblichen und männlichen Blüten kommen auch zwittrige Blüten vor. Es wird unterschieden zwischen ⇨androdiözisch und ⇨gynodiözisch. Fachausdruck: unvollständig-diözisch.

urceolat ⇨urnenförmig.

urnenförmig Blüte mit verwachsener Blütenhülle (bzw. Krone), die aus kugelförmigem Grund in eine kurze Röhre übergeht, welche am Ende plötzlich verengt ist. Fachausdruck: urceolat. Vgl. ⇨krugförmig.

Utriculus ⇨Fruchtschlauch. ⇨TAFEL 32

V

Valven ⇨Fruchtklappen.

valvat Form der ⇨Knospendeckung (Aestivation), bei der die Organe eines Kreises einander berühren, ohne sich zu überlappen.

var. Abkürzung für ⇨Varietät.

Varietät Systematische Abstufung unterhalb der Art von geringerem taxonomischem Wert als die ⇨Art oder die ⇨Unterart. Bsp. *Atropa belladonna* var. *lutea*. Fachausdruck: Varietas. ⇨TAFEL 38

Vegetationskegel Kegelförmig ausgebildeter Scheitel des Sprosses oder der Wurzel, mit Scheitelbildungsgewebe (Apikalmeristem) aus dem bei fortwährendem Wachstum die Organe hervorgehen.

Vegetationspunkt Teil des ⇨Vegetationskegels, der sich oberhalb der jüngsten Blattanlagen befindet.

Vegetationsscheitel ⇨Vegetationspunkt.

vegetativ (1) Bezeichnung für die Teile der Pflanze, die nicht ihrer sexuellen Fortpflanzung dienen.
(2) Bezeichnung für den Zustand einer Pflanze vor dem Blühen bzw. nach dem Fruchten.

vegetative Vermehrung Entwicklung neuer Individuen aus besonderen, mittels ungeschlechtlicher Vermehrung entstandenen Organen (⇨Brutknöllchen, ⇨Ausläufer oder ⇨Ableger) der Mutterpflanze. Die so entstandenen Individuen sind genetisch identisch mit der Mutterpflanze (Klon). ⇨TAFEL 36

ventral An der Bauchseite, also der dem Hauptspross zugewandten Seite eines Organs sitzend. Synonym: adaxial. Gegensatz zu ⇨dorsal.

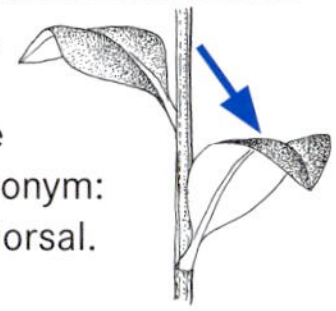

Verbreitungseinheit ⇨Diaspore.

verdornt ⇨Sprossdorn.

verholzt Verfestigt und verhärtet durch Einlagerung des Holzstoffs ⇨Lignin. Fachausdruck: lignifizieren. Vgl. ⇨krautig. ⇨TAFEL 33

verkahlend Im Alter bzw. im Laufe der Entwicklung die Haare verlierend. Bsp. *Sorbus aucuparia* (Behaarung auf Blattunterseite).

verkehrt eiförmig Bezeichnung für ein ⇨elliptisches Blatt mit der größten Breite oberhalb der Blattmitte. Bsp. *Alnus glutinosa* (Blatt). Fachausdruck: obovat. Vgl. ⇨eiförmig. ⇨TAFEL 1, 12

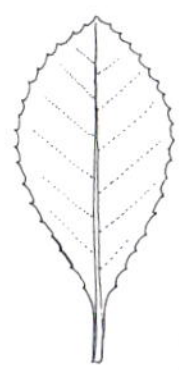

verkehrt eilanzettlich Bezeichnung für ein ⇨lanzettliches Blatt mit der größten Breite oberhalb der Blattmitte. Bsp. *Gnaphalium norvegicum* (Blatt 🗋). Fachausdruck: oblanceolat. Vgl. ⇨eilanzettlich.

verkehrt herzförmig Blattform mit herzförmiger Einbuchtung an der Blattspitze. Bsp. *Globularia cordifolia* (Blatt), *Oxalis acetosella* (Teilblatt 🗋). Fachausdruck: obcordat. Vgl. ⇨herzförmig. ⇨TAFEL 12

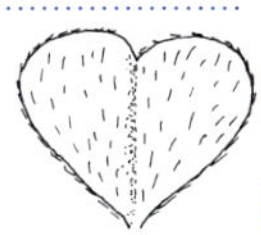

verkorkt Zu ⇨Korkgewebe umgewandelt.

verschiedenährig ⇨Heterostachyae.

verschmälert Allmählich in einem spitzen Winkel zusammengezogen, z. B. Blattränder am Blattgrund. Bei keilig ver-

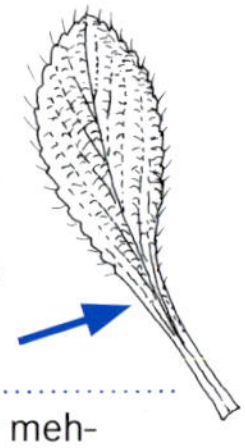

schmälerten Blättern sind zudem die Blattränder gerade. Bsp. *Arctostaphylos alpinus* (Blattgrund 🗎). Fachausdruck: angustat. ⇨TAFEL 13

verwachsenblättrig Zwei oder mehrere Blätter sind, zumindest über weite Teile, zu einer Einheit verwachsen, z. B. zwei gegenständige Blätter. Bsp. *Lonicera etrusca* (Blätter unter dem Blütenstand).

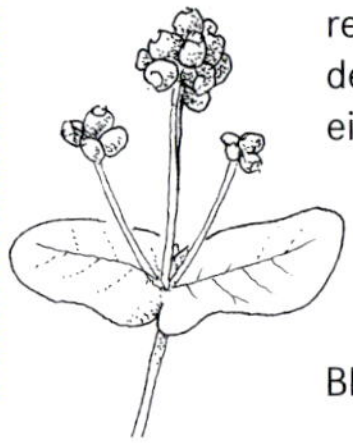

verwachsenfruchtblättrig Bezeichnung für ⇨Fruchtblätter, die zumindest am Grund miteinander verwachsen sind. Fachausdruck: synkarp.

verwachsenkronblättrig Bezeichnung für ⇨Kronblätter, die zumindest am Grund miteinander verwachsen sind. Bsp. *Primula elatior* (Blüte). Fachausdruck: sympetal. ⇨TAFEL 20

Vexillum ⇨Fahne.

vielehig Bezeichnung für Pflanzen, bei denen männliche, weibliche und zwittrige Blüten auf demselben Individuum vorkommen. Bsp. *Sanguisorba, Saponaria*. Fachausdruck: polygam.

vielstängelig Bezeichnung für Pflanzen mit vielen Stängeln. Dies kommt besonders oft bei kleinen, niederliegenden Pflanzen vor. Bsp. *Minuartia verna* (Sprosssystem).

vierfächerig ⇨-fächerig.

vierkantig Bezeichnung für (meist längliche) Pflanzenorgane, die im Querschnitt ausgeprägt viereckig sind, z. B. vierkantiger Spross. Bsp. *Lycopus europaeus* (Stängel 🗎) und andere Lamiaceae. ⇨TAFEL 8

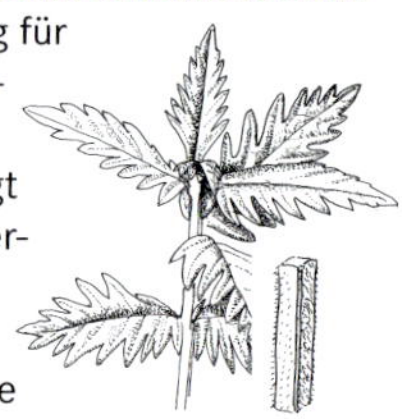

vierzählig Aus vier vergleichbaren Einzelorganen zusammengesetzt. Meist in Bezug auf die Anzahl der Glieder in Blütenkreisen verwendet. Fachausdruck: tetramer. Vgl. ⇨-zählig. ⇨TAFEL 2, 29

vierzeilig In vier Längszeilen angeordnet, also im Querschnitt mit jeweils vier voneinander abspreizenden Organen. Bsp. *Hordeum vulgare* subsp. *vulgare* (Ähre), *Selaginella* (Blätter 🗎). Vgl. ⇨zweizeilig.

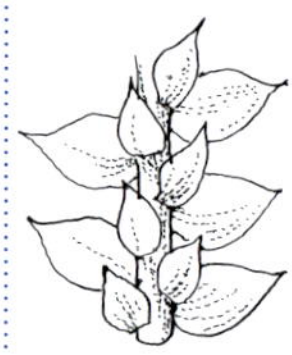

vikariierend Bezeichnung für nahe verwandte Sippen, die sich in ihren Verbreitungsarealen (geografischer Vikariismus) oder in ihren ökologischen Präferenzen (ökologischer Vikariismus) ergänzen, sich also räumlich oder ökologisch abwechseln. So gibt es beispielsweise Arten mit einer Unterart in den Westalpen und einer in den Ostalpen oder es gibt nahe verwandte Arten, die eine auf Kalk und die andere auf Silikat vorkommend. Bsp. *Pulsatilla alpina* subsp. *alpina* (auf Kalk) und *Pulsatilla alpina* subsp. *apiifolia* (auf Silikat).

Viszidium ⇨Haftscheibe.

vivipar Bezeichnung für Pflanzen, deren Samen (oder Brutknöllchen) auf der Mutterpflanze auskeimen bzw. austreiben («lebendgebärend»). Bsp. *Poa alpina* (Ährchen viviparer Formen 🗎).

vogelverbreitet ⇨ornithochor.

Volksname In der Umgangssprache des jeweiligen Sprachgebietes gebräuchlicher Pflanzenname. Bsp. Löwenzahn, Saublume, Pfaffenröhrchen usw. für *Taraxacum officinale*. Synonym: Trivialname.

Vollparasit Pflanzen, bei denen grüne Blätter gänzlich fehlen. Sie sind somit vollständig von ihrem Wirt abhängig. Bsp. *Oro-*

banche alba. Fachausdruck: Holoparasit. Vgl. ⇨Halbparasit. ⇨TAFEL 34

vollständige Blüte Blüten, bei denen alle drei Grundelemente (⇨Blütenhülle, ⇨Andrözium, ⇨Gynözium) vorhanden sind. Gegensatz zu ⇨unvollständiger Blüte.

Vorblatt Unmittelbar unter der Blüte am Blütenstiel sitzendes, reduziertes ⇨Hochblatt. Bsp. *Atriplex* (Blüte), *Convolvulus arvensis* (Blütenstiel). Fachausdruck: Brakteole, Prophyll. ⇨TAFEL 16

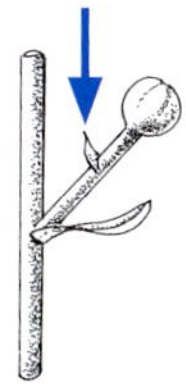

Vorkeim ⇨Prothallium.

vormännlich Reifung und Aufspringen der Staubbeutel vor der Reifung und Empfängnisbereitschaft der Narbe. Gegensatz zu ⇨vorweiblich. Bsp. *Campanula patula, Centaurea jacea*. Fachausdruck: protandrisch. Vgl. ⇨Dichogamie.

Vorspelze Schuppenförmiges, aus 2 verwachsenen Blättern (daher oft 2-zipflig) entstandenes Hüllblatt in der Grasblüte. Es wird meist als Teil des Perigons interpretiert. Fachausdruck: Palea. ⇨TAFEL 32

vorweiblich Reifung und Empfängnisbereitschaft der Narbe vor der Reifung und dem Aufspringen der Staubbeutel. Gegensatz zu ⇨vormännlich. Fachausdruck: protogyn. Vgl. ⇨Dichogamie.

W

wabenartig Oberflächenmuster aus vielen kleinen, aber etwa gleich großen, ± eckig abgegrenzten Flächen. Bsp. *Chenopodium berlandieri* (Samenoberfläche ◳).

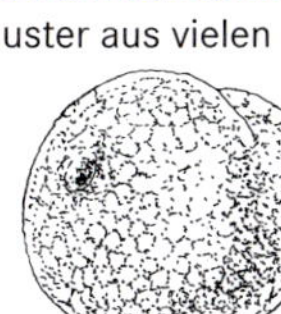

walzenförmig Längliche, 3-dimensionale Form mit rundem, etwa gleich bleibendem Querschnitt. Synonym: zylindrisch. Bsp. *Typha latifolia* (weiblicher Blütenstand ◳). ⇨TAFEL 1

walzlich ⇨walzenförmig.

wandspaltig Bezeichnung für ⇨Kapseln, die sich entlang eines Längsspalts am Rand der Fruchtfächer, also an den Scheidewänden öffnen. Fachausdruck: septizid.

wandständige Plazentation Die Samenanlagen befinden sich entlang der Fruchtblattränder zusammengewachsener Fruchtblätter, wobei die Ränder in die Höhlung des Fruchtknotens hineinragen. Fachausdruck: parietale Plazentation. Vgl. ⇨zentralwinkelständige Plazentation. ⇨TAFEL 22

Warzen Größere ⇨warzige Oberflächenstrukturen, die mindestens mehrere Millimeter groß und damit mit bloßem Auge gut sichtbar sind. ⇨TAFEL 3

warzig Mit kleinen (aber mit bloßem Auge gut sichtbaren) kugeligen oder halbkugeligen Auswüchsen auf der Oberfläche. Bei größeren Strukturen spricht man eher von ⇨höckerig. Bsp. *Euphobia palustris* (Frucht ◳). Vgl. ⇨papillös. ⇨TAFEL 3

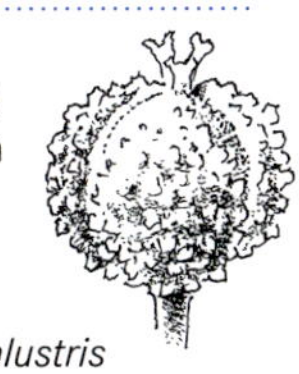

Wasserpflanze ⇨Hydrophyt.

Wasserschoss ⇨Schössling.

Wasserschweber ⇨Pleustophyt. ⇨TAFEL 34

Wassertrieb ⇨Schössling.

wasserverbreitet ⇨hydrochor.

Wasserwurzeln Wurzeln frei schwimmender Wasserpflanzen, die sich nicht im Boden des Gewässers verankern. Bsp. *Lemna minor* (Wurzeln ◳).

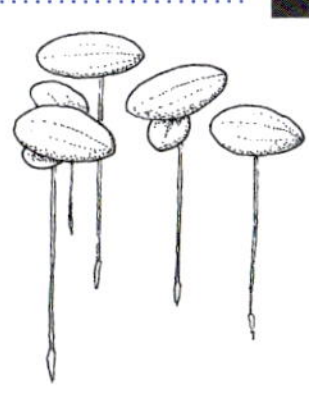

wattig Spezielle Form ⇨filziger Behaarung, bei der die Haare einen dichten Haarbausch bilden, der an Watte erinnert. Bsp. *Trifolium fragiferum* (Frucht □).

wechselfeucht Bezeichnung eines ⇨Standorts mit stark wechselnder Bodenfeuchtigkeit während der Vegetationsperiode.

Wechselfeuchtezahl Ökologischer ⇨Zeigerwert für die wechselnde Feuchtigkeit des Bodens im Jahresverlauf, die eine Pflanzenart typischerweise an ihrem Wuchsort antrifft. Hohe Wechselfeuchtezahlen bedeuten, dass die Art oft stark schwankenden Feuchtigkeitsverhältnissen ausgesetzt ist.

Wechselknolle Im Boden befindliche ⇨Sprossknollen, die alljährlich neu gebildet werden, da sie nach dem Austrieb im Frühling zusammenschrumpfen.

wechselständig Bezeichnung für zwei aufeinanderfolgende Pflanzenorgane (Blatt, Blüte, Seitenspross), die nicht auf gleicher Höhe vom Spross abgehen. An jedem ⇨Knoten befindet sich somit nur ein Seitenorgan. Bsp. *Arabis hirsuta, Campanula rhomboidalis* (Stängelblätter). Fachausdruck: alternierend. Vgl. ⇨spiralig. ⇨TAFEL 10

Wedel Bezeichnung für die ausgeprägt gefiederten Laubblätter der ⇨Farne. Bsp. *Phegopteris connectilis* (Blatt □). ⇨TAFEL 27

weichhaarig ⇨flaumhaarig. Fachausdruck: pubeszent.

Weinrot Tiefdunkler, roter Farbton. Bsp. *Sanguisorba officinalis* (Blüte). ⇨TAFEL 42

weißfilzig Dichte, ⇨filzige Behaarung aus weißen Haaren, sodass eine sehr helle, oft fast schneeweiße Oberfläche entsteht. Bsp. *Populus alba* (Blattunterseite). Vgl. ⇨graufilzig.

weitglockig Bezeichnung einer offenen, fast ⇨schüsselförmigen Variante glockenförmiger Blüten. Bsp. *Campanula persicifolia* (Blüte □).

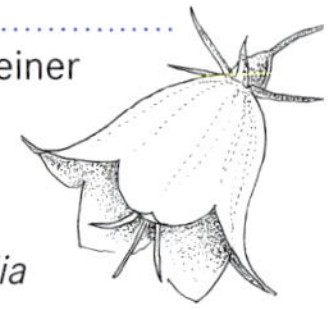

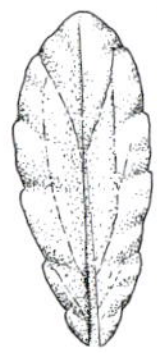

wellig Blattrand nach oben und unten gebogen. Nicht zu verwechseln mit ⇨gelappt (Blattfläche nach innen und außen gebogen!). Bsp. *Jasione montana* (Blatt □). Fachausdruck: undulat. Vgl. ⇨buchtig. ⇨TAFEL 14

Wickel Spezialform eines ⇨monochasialen Blütenstandes, bei dem die Seitenachsen abwechselnd links und rechts anzweigen. Bsp. *Heliotropium europaeum* (Blütenstand □). ⇨TAFEL 17

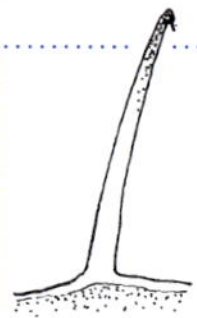

widerhakig Mit steifem, rückwärtsgerichtetem Haken am Ende (z. B. einer Borste). Bsp. *Galium rotundifolium* (Früchte).

Wimperhaare An Rändern von Blättern oder an Kanten von Stängeln abstehende, meist lückig und einreihig stehende Haare. Diese können ein- oder mehrzellig, kurz oder lang, weich oder steif sein. Bsp. *Bromus erectus* (Blattrand). Fachausdruck: Cilien.

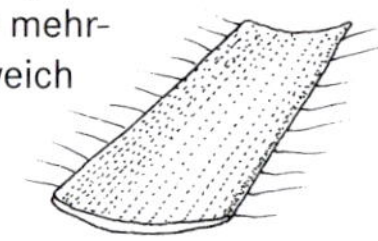

wimperig ⇨bewimpert. Fachausdruck: ciliat.

windend ⇨Windepflanze. ⇨TAFEL 33

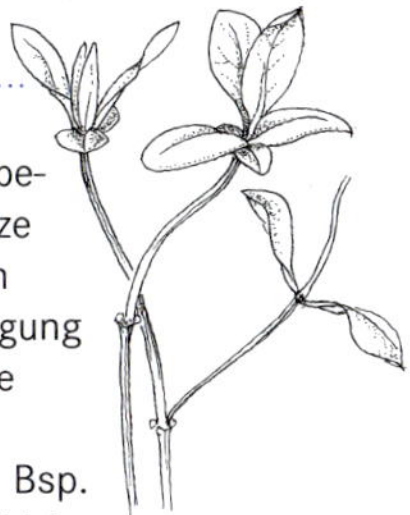

Windepflanze Sich durch kreisende Wuchsbewegungen um eine Stütze legende Pflanze. Je nach Richtung der Kreisbewegung werden ⇨linkswindende und ⇨rechtswindende Pflanzen unterschieden. Bsp. *Lonicera periclymenum*. Vgl. ⇨Kletterpflanze. ⇨TAFEL 33

windverbreitet ⇨anemochor.

winterannuell Bezeichnung für eine Pflanze, die im Herbst keimt und in der folgenden Vegetationsperiode blüht, fruchtet und abstirbt. Bsp. *Centaurea cyanus*. Vgl. ⇨sommerannuell.

wintergrün Bezeichnung für eine Pflanze, welche die Blätter nicht im Herbst, sondern erst im darauffolgenden Frühjahr verliert. Zumindest einzelne Blätter überstehen somit einen Winter. Bsp. *Ligustrum vulgare*. Vgl. ⇨sommergrün, immergrün. ⇨TAFEL 35

Winterknospe ⇨Überwinterungsknospe.

Wirtel Sprossknoten mit mehreren abgehenden Pflanzenorganen (Laubblätter, Kelchblätter, Kronblätter). Die Organe gehen auf gleicher Höhe ab und werden auch als Quirl bezeichnet.

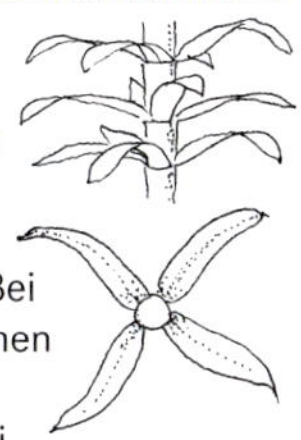

wirtelig Stellung von abgehenden Organen (z. B. Blätter, Seitensprosse) vom Spross, wobei zwei oder mehrere Organe dem gleichen Knoten entspringen. Bei nur zwei abgehenden Organen spricht man von ⇨gegenständiger, bei mehr als zwei Organen von ⇨quirlständiger Stellung. Bsp. *Elodea* (Blattstellung 🗋).

wirtelständig ⇨wirtelig.

Wirtspflanze Bezeichnung für eine Pflanze, die als Wirt für einen Organismus dient, der parasitär auf ihr oder in ihr lebt. Vgl. ⇨Halbparasit, Vollparasit. ⇨TAFEL 34

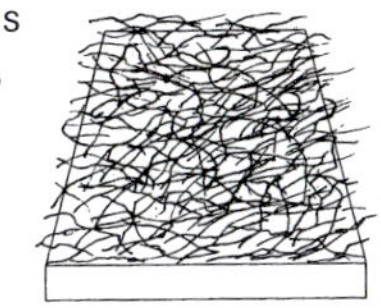

wollhaarig Behaarung aus langen, dicht stehenden, oft gekräuselten, aber nicht ineinander verflochtenen (⇨filzhaarig) Haaren. Bsp. *Oxytropis pilosa* (ganze Pflanze). Fachausdruck: lanat. Vgl. ⇨zottig behaart. ⇨TAFEL 4

wollig-zottig Behaarung aus abstehenden, langen und gekräuselten Haaren. Bsp. *Erigeron uniflorus* (Köpfchenhülle).

Wollschopf Köpfchen aus dichten Wollhaaren.

Wuchsform Morphologischer Aufbau und Ausgestaltung des Pflanzenkörpers, z. B. Baum, Kletterpflanze, Hochstaude, niederliegende Krautpflanze. Nicht zu verwechseln mit ⇨Lebensform, welche die Anpassung der Pflanze an die ungünstige Jahreszeit beschreibt (Lage der Knospen). ⇨TAFEL 33

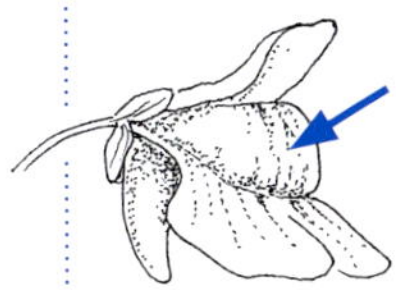

Wulst Größere, auffällige und meist unregelmäßige Ausbuchtung auf Blüten und Blättern. Bsp. *Utricularia* (Blüte 🗋).

Wundkork Korkbildung infolge einer Verletzung des Rindengewebes.

Wurzel Grundorgan der Pflanze (neben ⇨Spross und ⇨Blatt), das die Pflanze in den meisten Fällen im Boden verankert und der Wasser- und Nährstoffaufnahme dient. Wurzeln weisen vor dem sekundären Dickenwachstum radiale Leitbündel auf. Der Vegetationskegel der Wurzel ist durch ein spezielles Gewebe geschützt (⇨Wurzelhaube). Fachausdruck: Radix. ⇨TAFEL 5

Wurzelbrut ⇨Wurzelspross.

Wurzelhaare Dicht stehende, einzellige Haare an den Spitzen der Feinwurzeln, die der Aufnahme von Bodenwasser und den darin gelösten Mineralien dienen. ⇨TAFEL 5

W

Wurzelhaube Die Wurzelspitze umgebende Hülle aus verschleimten Zellen, die laufend abgestoßen und erneuert werden. Fachausdruck: Kalyptra. ⇨TAFEL 5

Wurzelknöllchen Knotige Verdickungen an den Wurzeln des Wirtes, in denen sich Bakterien befinden (v. a. aus der Gattung *Rhizobium*), die (Boden-)Luftstickstoff fixieren können und in Symbiose mit dem Wirt leben. Der Pflanzenwirt profitiert von dieser zusätzlichen Stickstoffquelle. Bsp. *Trifolium repens* (Wurzeln). ⇨TAFEL 5

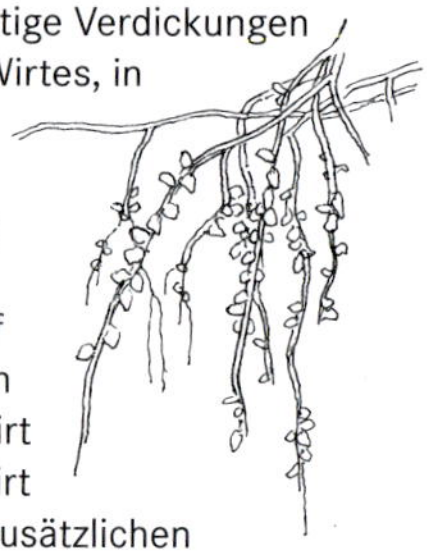

Wurzelknolle Sprossbürtige Wurzeln, die durch Speichergewebe verdickt sind. Bsp. *Ranunculus ficaria* (Wurzeln ). ⇨TAFEL 6

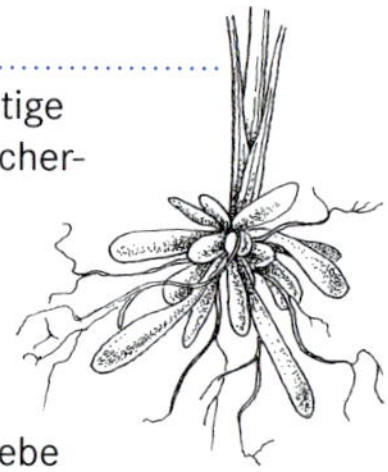

Wurzelkopf Stark gestauchtes Sprossgewebe am oberen Ende der ⇨Hauptwurzel. ⇨TAFEL 5

Wurzelpilz Symbiose aus Bodenpilzen und Feinwurzeln der Pflanzen. Dabei umspinnt das Pilzgeflecht die Feinwurzel und dringt manchmal auch in deren Gewebe ein. Die Pilzfäden entziehen der Wurzel Nährstoffe und diese erhalten im Gegenzug Wasser und gelöste Mineralien. Aus der Sicht der Pflanzen wird dies auch als myko-autotrophe Lebensweise bezeichnet. Fachausdruck: Mykorrhiza. ⇨TAFEL 5

Wurzelschössling ⇨Wurzelspross.

Wurzelspross Aus einer Wurzel entstandener, über den Boden hinauswachsender Spross. Bsp. *Prunus spinosa, Hippophaë rhamnoides*. ⇨TAFEL 36

Wurzelstock Unterirdischer, oft horizontal wachsender, verdickter und durch kurze Internodien gestauchter Spross mit Speicherfunktion. Oft mit schuppigen Niederblättern. Bsp. *Anemone nemorosa* (Wurzelstock). Fachausdruck: Rhizom. ⇨TAFEL 6

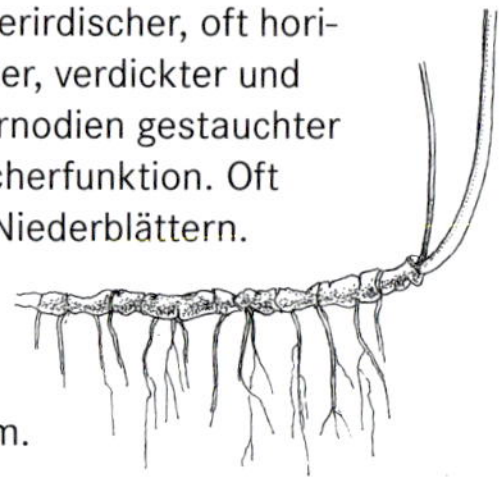

X

Xenophyt Eingeschleppte, vom Menschen absichtlich oder unabsichtlich eingebrachte Art. Synonym: Neophyt. Bsp. *Ambrosia artemisiifolia, Trachycarpus fortunei*. Vgl. ⇨angesalbt, synanthrop.

Xenogamie ⇨Fremdbestäubung.

Xerophyt Trockenpflanze, also Pflanze mit Anpassungen zum Überstehen zeitweiliger starker Trockenheit, z. B. durch ⇨sukkulente Blätter. Bsp. *Sempervivum tectorum*. Vgl. ⇨Hydrophyt, Hygrophyt.

Xylem Holzteil in den ⇨Leitbündeln bzw. (in den Wurzeln) im Zentralzylinder. Im Xylem erfolgt der Saftstrom aus Wasser und darin gelösten anorganischen Stoffen. Durch verstärkte Zellwände hat das Xylem zudem eine Stützfunktion. Vgl. ⇨Phloëm. ⇨TAFEL 9

Z

-zählig Bezeichnung für die Anzahl der Organe in den einzelnen Wirteln (Kreisen) der Blüte. Trimer = 3-zählig, tetramer = 4-zählig, pentamer = 5-zählig usw.

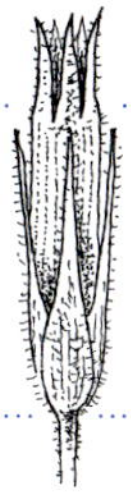

Zahnkapsel Eine an der Spitze durch Zähne sich öffnende, aus 2 oder mehreren Fruchtblättern gebildete ⇨Kapsel. Bsp. *Dianthus armeria* (Frucht 🗋).

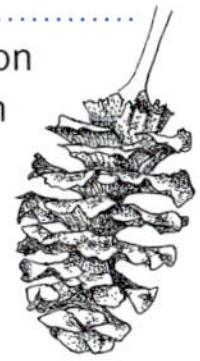

Zäpfchen (1) Kleine, von der Form her an einen ⇨Zapfen erinnernde Frucht. Bsp. *Alnus glutinosa, Humulus lupulus* (Fruchtstand). Fachausdruck: Strobilus.
(2) Junge, kleine Formen der Blütenstände bei den Nacktsamern. ⇨TAFEL 28

Zapfen Ährenförmige Blüten- bzw. Fruchtstände, mit Verholzung von Achse und Tragblättern nach der Blüte. Bsp. *Picea abies* (Fruchtstand 🗋). Fachausdruck: Conus. ⇨TAFEL 28

Zapfenschuppe Verholztes Tragblatt innerhalb von Zapfen, welches die Frucht bzw. die Samen trägt (⇨Samenschuppe) oder abdeckt (⇨Deckschuppe). Bsp. *Pinus sylvestris* (Fruchtstand). ⇨TAFEL 28

Zeigerpflanze Pflanze, die zur Beurteilung von Umweltfaktoren (z. B. der Bodenverhältnisse) verwendet werden kann. Dazu können den Pflanzen ⇨Zeigerwerte zugeordnet werden.

Zeigerwert Einer Pflanzenart zugewiesener Indikatorwert (meist zwischen 1 und 5 oder zwischen 1 und 9) für eine bestimmte Umweltvariable (z. B. Feuchtigkeitsgehalt des Bodens).

-zeilig Anordnung von Organen entlang der Achse. Zweizeilig = in 2 Reihen, vierzeilig = in 4 Reihen.

zentrale Plazentation Die ⇨Samenanlagen befinden sich entlang einer Mittelsäule innerhalb des ⇨Fruchtknotens. Vgl. ⇨marginale Plazentation. ⇨TAFEL 22

zentralwinkelständige Plazentation Die ⇨Samenanlagen befinden sich entlang einer zentralen Achse innerhalb eines gekammerten ⇨Fruchtknotens, der aus der Verwachsung mehrerer ⇨Fruchtblätter entstanden ist. Fachausdruck: axile Plazentation. Vgl. ⇨wandständige Plazentation. ⇨TAFEL 22

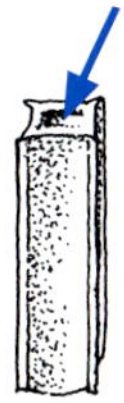

Zentralhöhle Hohlraum entlang des zentralen Stängelinnenraums. Bsp. *Scrophularia nodosa* (Stängel 🗋).

Zerfallfrucht Bezeichnung einer Frucht, die nach der Reifung in zwei oder mehrere Teile zerfällt. Je nach der Art der Scheidewände unterscheidet man zwischen ⇨Spaltfrucht (mit echten, primären Scheidewänden) und ⇨Bruchfrucht (mit falschen, sekundären Scheidewänden). Bsp. *Hedysarum hedysaroides* (Frucht 🗋).

zerfasernd Bezeichnung für Blätter oder Blattscheiden, die sich im Alter in Fasern auflösen. Bsp. *Carex umbrosa* (Grundblattscheiden 🗋).

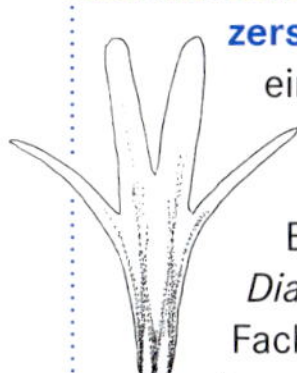

zerschlitzt Form eines Blattrandes (Laub-, Kron- oder Kelchblatt), der durch meist tiefe, unregelmäßige Einschnitte gegliedert ist. Bsp. *Dianthus superbus* (Kronblatt 🗋). Fachausdruck: laciniat. Vgl. ⇨gefranst. ⇨TAFEL 14, 20

zoochor Tierverbreitet. Zoochore Pflanzen transportieren ihre ⇨Diasporen (z. B. Samen oder Früchte) mithilfe von Tieren. Dabei wird zwischen ⇨endozoochor, ⇨epizoochor und ⇨dysochor unterschieden. Bsp. *Arctium lappa* (kugeliger, hakiger Fruchtstand), *Berberis vulgaris* (Beere). ⇨TAFEL 40

zoophil Tierbestäubt. Zoophile Pflanzen besitzen meist auffällige Blüten und Düfte, um Tiere (vorwiegend Insekten) anzulocken. Vgl. ⇨anemophil.

zottig behaart Behaarung mit weichen, langen, abstehenden Haaren. Bsp. *Trifolium arvense* (Stängelhaare). Fachausdruck: villos. Vgl. ⇨wollhaarig. ⇨TAFEL 4

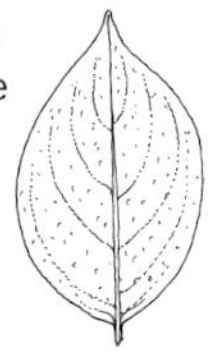

zugespitzt In ⇨konkaver Linie in einen spitzen Winkel verlaufende Form. Bsp. *Cornus sanguinea* (Blattspitze 🗋). Fachausdruck: acuminat. Vgl. ⇨bespitzt. ⇨TAFEL 13

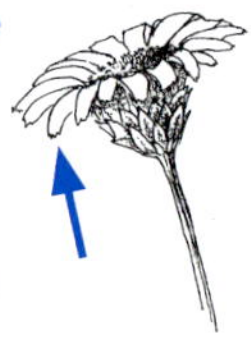

Zungenblüte, zungenförmige Blüte Bei Korbblütlern (Asteraceae) Bezeichnung für ⇨monosymmetrische Einzelblüten, deren Kronensaum zungenartig verlängert ist. Bsp. *Aster* (Randblüte im Körbchen 🗋). Vgl. ⇨Röhrenblüte. ⇨TAFEL 20, 31

zurückgeschlagen Entgegen der Wuchsrichtung abgewinkelt, stark zurückgebogen. Bsp. *Holosteum umbellatum* (Blütenstand 🗋). Vgl. ⇨rückwärts abstehend. ⇨TAFEL 10

zusammengedrückt Bezeichnung eines Organs (z. B. Sprosses) mit elliptischem oder linsenförmigem Querschnitt. Oft entstehen dadurch zwei Kanten. Bsp. *Poa compressa* (Halm 🗋). Fachausdruck: compressus. Vgl. ⇨zweischneidig.

zusammengesetztes Blatt Bezeichnung eines Blattes, das in einzelne, vollständig bis auf den Hauptnerv getrennte Spreitenteile (Teilblätter) gegliedert ist. Gegensatz zum ⇨einfachen Blatt. Bsp. *Angelica sylvestris, Clematis vitalba* (Blatt 🗋). Vgl. ⇨Teilblatt. ⇨TAFEL 11

zusammenneigend In der Wuchsrichtung aufeinander zulaufende Organe, z. B. zusammenneigende Staubblätter. Gegensatz zu: ⇨spreizend, auseinander tretend. Bsp. *Platanthera chlorantha* (Staubbeutel). ⇨TAFEL 2

zweifächerig ⇨-fächerig.

Zweig Nicht gestauchter, krautiger oder verholzter ⇨Seitenspross. Synonym: Ast. ⇨TAFEL 7

zweihäusig Bezeichnung für Pflanzen, deren Blüten eingeschlechtig sind, wobei sich die weiblichen und männlichen Blüten auf getrennten Individuen befinden. Bsp. *Humulus lupulus, Salix purpurea, Taxus baccata*. Fachausdruck: diözisch. Vgl. ⇨einhäusig. ⇨TAFEL 19

zweijährig Bezeichnung für Pflanzen, die im Frühling keimen, im ersten Jahr nur Laubblätter ausbilden und im Folgejahr blühen, fruchten und absterben. Bsp. *Echium vulgare, Verbascum thapsus*. Fachausdruck: biannuell, Bienne. Vgl. ⇨einjährig. ⇨TAFEL 35

Zweikeimblättrige ⇨Eudikotyledonen. ⇨TAFEL 37

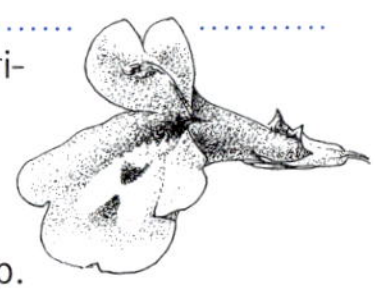

zweilippig Monosymmetrische Blüten (Blüten mit nur einer Symmetrieebene) mit einer Ober- und einer Unterlippe. Bsp. *Acinos alpinus* (Blüte 🗋). ⇨TAFEL 20

zweischneidig Spross im Querschnitt stark abgeflacht, sodass zwei scharfe Kanten entstehen. Bsp. *Dactylis glomerata* (Sprossabschnitt 🗋). Fachausdruck: bipennis. ⇨TAFEL 8

zweiseitig symmetrisch ➪monosymmetrisch.

zweizählig Blütenkreise (z. B. Kronblattkreis, Staubblattkreis) mit jeweils nur zwei Einheiten. Bsp. *Ligustrum vulgare* (mit 2 Staubblättern). Fachausdruck: dimer. ➪TAFEL 2

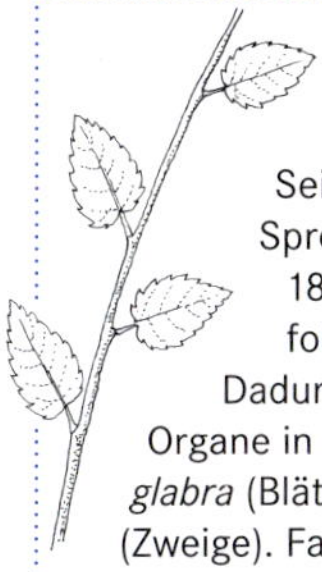

zweizeilig Wechselständige Anordnung von Organen (Blättern, Seitensprossen) an einem Spross, mit einem Winkel von 180° zwischen aufeinanderfolgenden Abzweigungen. Dadurch liegen die abzweigenden Organe in einer Ebene. Bsp. *Ulmus glabra* (Blätter), *Cotoneaster horizontalis* (Zweige). Fachausdruck: distich. Vgl. ➪vierzeilig. ➪TAFEL 10

Zwergstrauch Zumindest teilweise verholzte Pflanze, die normalerweise weniger als 1 m hoch wächst und deren Knospen im Winter vom Schnee geschützt sind. Bsp. *Polygala chamaebuxus*. Vgl. ➪Spalierstrauch. ➪TAFEL 33

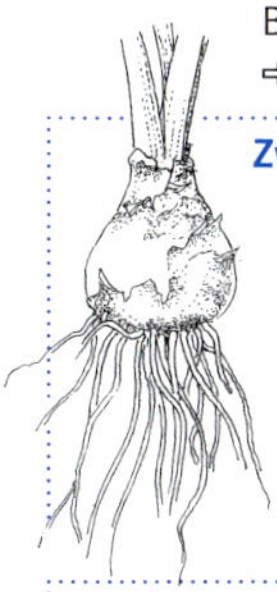

Zwiebel Speicherorgan aus kurzer, verdickter Sprossachse und mit schuppenförmigen, verdickten, rosettenförmig angeordneten ➪Niederblättern. Bsp. *Muscari comosum*. Fachausdruck: Bulbus. ➪TAFEL 6

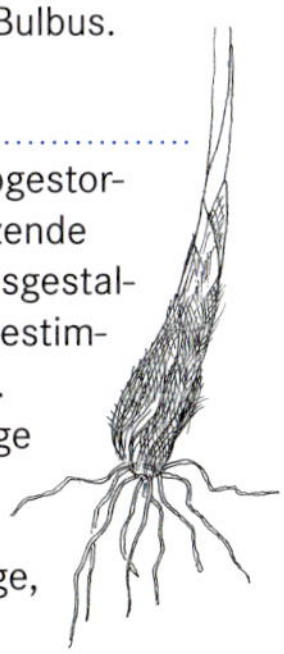

Zwiebelhülle Äußerste, oft abgestorbene, oft faserige und schützende Schicht von Zwiebeln. Die Ausgestaltung der Zwiebelhülle kann Bestimmungsmerkmale liefern. Bsp. *Allium victorialis* (stark faserige Zwiebelhülle).

Zwiebelschale Schuppenartige, verschachtelt ineinanderliegende, verdickte ➪Niederblätter, welche die Zwiebel aufbauen. In den Zwiebelschalen können Nährstoffe gespeichert werden.

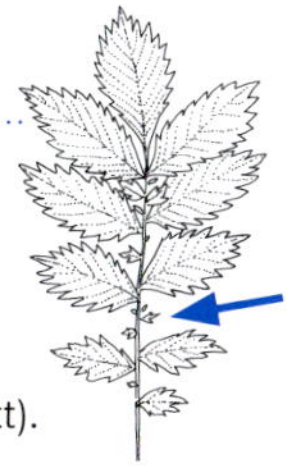

Zwischenfiedern Fiederblättchen, die an einem in Teilblätter geteilten Blatt zwischen den eigentlichen Teilblättern eingefügt sind. Bsp. *Potentilla anserina* (Blatt).

zwittrig Blüten mit funktionsfähigen (fertilen) weiblichen (➪Stempel) und männlichen (➪Staubblätter) Organen. Fachausdruck: hermaphroditisch. ➪TAFEL 19

zygomorph ➪monosymmetrisch. ➪TAFEL 20

-zyklisch Anzahl der Wirtel (Blütenkreise) in einer Blüte. Tetrazyklisch = 4 Kreise, pentazyklisch = 5 Kreise.

zylindrisch ➪walzenförmig.

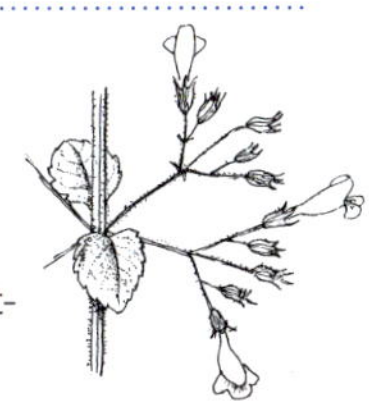

Zyme Bezeichnung eines ➪sympodialen Blütenstandes (oder Teilblütenstandes), d. h. die Hauptachse schließt früh mit einer Blüte ab und entwickelt sich nicht weiter, während jeweils eine oder mehrere Seitenachsen den Aufbau des Blütenstandes weiterführen. Man unterscheidet ➪Monochasien und ➪Dichasien. Bsp. *Calamintha nepeta* (Teilblütenstand ◳).

Zymoid Geschlossene ➪Thyrse, bei der nur ein ➪dichasialer Seitenzweig entwickelt ist.

zymös Bezeichnung für Blütenstände mit ➪sympodialen Verzweigungen. Zymöse Blütenstände enden rasch in einer Endblüte, die von 1 oder 2 Seitentrieben übergipfelt wird. Die Seitentriebe selbst sind oft wiederum zymös ausgebildet. Bsp. *Silene nutans* (Blütenstand). Vgl. ➪razemös.

Bedeutung lateinischer Artnamen

Erklärung der wichtigsten lateinischen Bezeichnungen. Auswahl der am häufigsten vorkommenden Bezeichnungen in Artnamen der mitteleuropäischen Flora.

acaulis	stängellos
acetosella	säuerlich
acris	scharf, spitz
acuminata	lang zugespitzt
affinis	verwandt, ähnlich
alba	weiß
alpestris	im Alpengebiet vorkommend
alpina	in den Alpen bzw. alpin vorkommend
alsatica	im Elsass vorkommend
alternifolia	wechselständig
altissima	sehr hoch, das höchste
amara	bitter
americana	in Amerika vorkommend
anglica	in England vorkommend
angulata	eckig, kantig
angustifolia	schmalblättrig
annua	einjährig
apenninum	im Apennin vorkommend
apetala	ohne Kronblätter
aphylla	ohne Blätter
aquatica	im Wasser vorkommend
arborescens	zu einem Baum werdend
arenaria, arenosa	auf Sand vorkommend
argentea	silbrig
aristata	begrannt
articulata	gegliedert
arundinacea	schilfartig
arvensis	im Acker vorkommend
ascendens	aufsteigend
aspera	rau
atrata	dunkel
aurea	goldfarbig
auriculata	geöhrt
australis	südlich
austriaca	in Österreich vorkommend
autumnalis	im Herbst blühend
baldensis	am Monte Baldo vorkommend
barbata	bärtig
bavarica	in Bayern vorkommend
bicolor	zweifarbig
biennis	zweijährig
biflora	zweiblütig
bifolia	zweiblättrig
bohemica	in Böhmen vorkommend
borealis	im hohen Norden vorkommend

brachypetala	mit kurzen Kronblättern
brevifolia	kurzblättrig
brunnescens	braun werdend
bulbiferum	Knöllchen tragend
bulbosa	mit Knollen
caerulea	himmelblau
caesia	blaugrün
campestris	auf dem Feld vorkommend
cana	grauweiß
canadensis	in Kanada vorkommend
canescens	grau werdend
canina	(Bezug zu) Hund
capillaris	haarfein
capitata	einen Kopf bildend
carinatum	gekielt
carinthiaca	in Kärnten vorkommend
carnica	fleischfarben
carthusiana, carthusianorum	in der Großen Kartause vorkommend (Mutterkloster der Kartäuser)
caryophyllea	an Nelken oder Gewürznelken erinnernd
cenisia	am Mont St. Denis vorkommend
cernua	herabhängend
cespitosa, caespitosa	rasig wachsend, rasenbildend
chinensis	in China vorkommend
ciliata	bewimpert
cinerea	aschgrau
collina	auf den Hügeln vorkommend
communis	gewöhnlich
commutata	verändert
comosa	schopfig
compressa	flach, zusammengedrückt
cordata	herzförmig
coronaria	kranzförmig, kronenförmig
corymbosa	doldentraubig
cretica	auf Kreta vorkommend
crispa	kraus, gekräuselt
cristata	kammförmig
curvula	leicht gebogen
decumbens	rankend oder kriechend und am Ende aufgerichtet
deflexa	zurückgekrümmt
deflorata	mit wenig Blüten
densiflorum	dichtblütig
dentata	gezähnt

dilatata	ausgebreitet
dioica	zweihäusig
distans	weit voneinander entfernt
disticha	zweizeilig
divaricata	gespreizt
domestica	ums Haus vorkommend
dubia	zweifelhaft, anders als die übrigen
dulcis	süß
dumalis, dumetorum	im Gebüsch wachsend
effusa	sich weit ausbreitend
elatior	das Höchste
elatius	aufrecht, hoch
elongata	verlängert
erecta	aufrecht
eriocaulis	mit wolligem Stängel
eriophorum	Wollhaare tragend
esculenta	essbar
europaea	in Europa vorkommend
exarata	gefurcht, eingeschnitten
falcata	sichelförmig
filiformis	fadenförmig
flava	gelb, blond
flavescens	gelb werdend, vergilbend
flexuosa	gekrümmt, hin und her gebogen
fluitans	schwimmend, flutend
foetida	stinkend
fontana	am fließenden Wasser vorkommend
fragilis	brüchig
frigida	an kalten Orten wachsend
fruticosa, fruticans	als Kleinstrauch wachsend
gallica	in Frankreich vorkommend
geniculata	gekniet
germanica	in Deutschland vorkommend
gigantea	ungewöhnlich groß
glabra	kahl
glacialis	im Gletschergebiet vorkommend
glandulifera	drüsentragend
glauca	blaugrau
glomerata	geknäuelt
glutinosa	klebrig
graminea	grasartig
grandiflora	großblütig
graveolens	stark duftend
guttata	getüpfelt
hederacea	efeuartig
hederifolia	efeublättrig
helvetica	in der Schweiz vorkommend
heterophylla	verschiedenblättrig
hirsuta	rauhaarig
hirta	behaart, haarig
hispanica	in Spanien vorkommend
hispida	borstig
hordeacea	an Gerste (Hordeum) erinnernd
humifusa	am Boden ausgebreitet
humilis	niedrig
hybrida	Hybride, Zwischenform
incana	grau
incarnata	fleischfarben
indica	in Indien vorkommend
insubrica	in Insubrien (Südtessin, Norditalien) vorkommend
integrifolia	ganzblättrig, ganzrandig
intermedia	dazwischenliegend
italica	in Italien vorkommend
japonica	in Japan vorkommend
juncea	binsenartig
laciniata	zerschlitzt
laevigata, laevis	glatt
lanata	wollhaarig
lanceolata	lanzettförmig
latifolia	breitblättrig
longifolia	langblättrig
lucida	leuchtend, schimmernd
lutea	gelb
macrophylla	großblättrig
maculata	gefleckt
majalis	im Mai blühend
major	größer
marina	am Meer vorkommend
maritima	am Meer vorkommend
maxima	das Größte
media	Mittleres, in der Mitte
micrantha	kleinblütig
minima	klein
minor	kleiner
mollis	weichhaarig
montana	im Berggebiet vorkommend
multiflora	vielblütig
muralis	an Mauern vorkommend
nana	zwergig
natans	schwimmend
neglecta	vernachlässigt, zu wenig beachtet
nemorosa	im lichten Wald vorkommend
nemorum	in feuchten Wäldern vorkommend
nigra	schwarz
nigrescens	schwarz werdend
nitida	glänzend
nivalis	in der nivalen Stufe vorkommend
nobilis	edel, vornehm
nodosa	knotig
norvegica	in Norwegen vorkommend

nudicaulis	nacktstängelig
nummularia	münzenförmig
nutans	nickend
obtusifolia	stumpfblättrig
occidentalis	westlich
ochroleuca	gelbweiß
odorata	duftend
officinalis	gebräuchlich (Heilpflanze)
oleracea	als Gemüse verwendet
oppositifolia	gegenständig
orbicularis	kugelförmig, kreisrund
orientalis	östlich
ovata	eiförmig
pallens	blass
palustris	im Moor vorkommend
paniculata	rispig
parviflora	kleinblütig
patula	sich ausbreitend
pedemontana	im Piemont vorkommend
peltata	schildartig
pendula	hängend
peregrina	fremd, ausländisch
perennis	mehrjährig
perfoliatum	mit stängelumfassenden Blättern
perforatum	durchlöchert
petraea	auf Felsen vorkommend
phaeum	dunkelblütig
picta	gemalt, gezeichnet
pilosa	mit langen, weichen Haaren
pinnata	gefiedert
platyphyllos	breitblättrig
praecox	frühblühend
pratensis	in der Wiese vorkommend
procumbens	kriechend
prostrata	niederliegend
pubescens	flaumhaarig
pulchella	hübsch
pumila	zwergwüchsig
purpurea	purpurn
pusilla	sehr klein
pyramidalis	pyramidenförmig
pyrenaicum	in den Pyrenäen vorkommend
racemosa	mit traubigem Blütenstand
ramosa	verzweigt
ranunculoides	an Hahnenfuß (Ranunculus) erinnernd
recta	aufrecht
remota	aufgelockert
repens	kriechend
reptans	kriechend
retusa	gestutzt
rhaetica	in Graubünden vorkommend
rosea	rosarot
rotundifolia	rundblättrig
rubra	rot
rugosa	runzelig
rupestris	an Felsen vorkommend
sanguinea	blutrot
sativa	kultiviert, angesät
saxatilis	an Felsen vorkommend
saxifraga	in Felsspalten vorkommend (steinsprengend)
sempervirens	immergrün
septentrionalis	nördlich
serotina	spätblühend
serpyllifolia	thymianartig, an *Thymus serpyllum* erinnernd
simplex	einfach, unverzweigt
speciosa	auffällig, speziell
spicata	ährig
spinosa	mit Dornen oder Stacheln
splendens	prächtig
sterilis	steril, unfruchtbar
stricta	aufrecht
supina	gedrungen, niederliegend
sylvatica	im Wald vorkommend
sylvestris	wild
tenella	zart
tenuis	dünn, schlank
tetragonum	vierkantig
tinctoria	zum Färben, Färbepflanze
tomentosa	filzig
trichophylla	mit haarförmigen Blättern
tricolor	dreifarbig
trivialis	gewöhnlich
tuberosa	knollig, mit Knollen
uliginosum	im Sumpf vorkommend
umbellata	doldig, mit Dolden
umbrosa	im Schatten wachsend
uniflora	einblütig
valesiaca, vallesiana	im Wallis vorkommend
varia	bunt, vielfältig
variegata	bunt, mehrfarbig
veris	echt
verna	im Frühling blühend
verticillata	quirlblättrig
vesicaria	blasenartig, mit Bläschen
villosa	haarig
virgatum	rutenförmig
viridis	grün
vulgaris	gewöhnlich
vulneraria	wundheilend

Literaturverzeichnis

Für die Erstellung des Pflanzen-Glossars wurden folgende Werke konsultiert:

Aeschimann, D., Lauber, K., Moser, D. M., Theurillat, J.-P. 2004: Flora alpina. Ein Atlas sämtlicher 4500 Gefäßpflanzen der Alpen. Haupt, Bern / Flora alpina. Atlas des 4500 plantes vasculaires des Alpes. Belin, Paris.

Beentje, H. 2016: The Kew Plant Glossary. 2. Aufl. Royal Botanic Gardens, Kew, London.

Bell, A. D. 2008: Plant Form: an illustrated Guide to Flowering Plant Morphology. Timber Press, Portland.

Binz, A., Heitz, C. 1990: Schul- und Exkursionsflora für die Schweiz mit Berücksichtigung der Grenzgebiete, 19. Aufl. Verlag Schwabe, Basel.

Eggenberg, S., Möhl, A. 2020: Flora Vegetativa. Ein Bestimmungsbuch für Pflanzen der Schweiz im blütenlosen Zustand. 4. Aufl. Haupt Verlag, Bern.

Eggenberg, S., Bornand, C., Juillerat P., Jutzi, M., Möhl, A., Nyffeler, R., Santiago, H. 2018: Flora Helvetica: Exkursionsführer. Haupt Verlag, Bern.

Fischer, M. A., Gottschlich, G. 2008: Exkursionsflora für Österreich, Liechtenstein und Südtirol, 3. Aufl. Oberösterreichisches Landesmuseum, Linz.

Fragnière, Y., Ruch, N., Kozlowski, E., Kozlowski, G. 2018: Botanische Grundkenntnisse auf einen Blick. 40 mitteleuropäische Pflanzenfamilien. Haupt Verlag, Bern.

Hess, H. E., Landolt, E., Hirzel, R. 1976: Flora der Schweiz und angrenzender Gebiete, 2. Aufl. Verlag Birkhäuser, Basel.

Landolt, E. et al. 2010: Flora indicativa: Ökologische Zeigerwerte und biologische Kennzeichen zur Flora der Schweiz und der Alpen. Haupt Verlag, Bern.

Lauber, K., Wagner, G., Gygax, A. 2018: Flora Helvetica - Illustrierte Flora der Schweiz, 6. Aufl. Haupt Verlag, Bern.

Müller, F., Ritz, C., Welk, E., Wesche, K. (Hrsg.) 2016: Rothmaler - Exkursionsflora von Deutschland. Springer Verlag, Berlin, Heidelberg.

Natho, G., Müller, Ch., Schmidt, H. (Hrsg.) 1990: Wörterbuch der Biologie. Morphologie und Systematik der Pflanzen (Teil 1 und 2). Fischer Verlag, Stuttgart.

Oberdorfer, E., Schwabe, A. 2001: Pflanzensoziologische Exkursionsflora für Deutschland und angrenzende Gebiete, 8. Aufl. Verlag Ulmer, Stuttgart.

Parolly, G., Koltzenburg, M., Fleischmann, A. 2016: Schmeil-Fitschen: Die Flora Deutschlands und angrenzender Länder, 96., vollständig neu bearbeitete und erweiterte Aufl. Quelle & Meyer Verlag, Wiebelsheim.

Rohweder, O., Endress, P. K. 1983: Samenpflanzen. Morphologie und Systematik der Angiospermen und Gymnospermen. Thieme Verlag, Stuttgart.

Schinz, H., Keller, R., Thellung, A. 1923: Flora der Schweiz: zum Gebrauche auf Exkursionen, in Schulen und beim Selbstunterricht, 4. Aufl. Verlag Raustein, Zürich.

Schneider, C., Linsbauer, K., Diels, L. 1917: C. K. Schneiders illustriertes Handwörterbuch der Botanik, 2. Aufl. Hrsg. von Karl Linsbauer. Verlag Engelmann, Leipzig.

Turland, N. J., Price, M. J. 2018: International Code of Nomenclature for algae, fungi, and plants (Shenzhen Code) adopted by the Nineteenth International Botanical Congress, Shenzhen, China, July 2017, Regnum Vegetabile. Koeltz, Glashütten.

Wagenitz, G. 1996: Wörterbuch der Botanik. Fischer Verlag, Stuttgart.

Weberling, F., Schwantes, H. O. 2000: Pflanzensystematik. Einführung in die Systematische Botanik. 7. Aufl. Ulmer Verlag, Stuttgart.

Dank

Dieses Buch ist aus der Zusammenarbeit mit dem Botanischen Garten der Universität Freiburg (CH), Info Flora und dem Haupt Verlag entstanden. In dieser Zusammenarbeit haben wir stets viel Leidenschaft und Freude erfahren, mit dem gemeinsamen Ziel, einen reich illustrierten Einstieg in eine Begriffswelt zu schaffen und dabei gleichzeitig die Vielfalt an Formen und Farben zu zeigen, die uns die Pflanzenwelt erschließt. Wir sind unseren Lektoren, Beat Bäumler (deutsche Ausgabe) und Patrice Prunier (französische Ausgabe), zu außerordentlichem Dank verpflichtet. Sie haben mit ihren kritischen Anmerkungen wesentlich zur Qualität des Werks beigetragen. Zu danken ist schließlich den vielen Menschen, die uns auf Exkursionen begleitet haben und mit denen wir über viele Jahre hinweg die botanische Fachsprache immer wieder gemeinsam üben und diskutieren konnten. Sie haben damit die eigentliche Basis dieses Werks geschaffen.

Stefan Eggenberg
Yann Fragnière
Gregor Kozlowski

Rote Liste

Abkürzung	Bedeutung Deutsch	Englisch
EX	weltweit ausgestorben	extinct
EW	in der Natur ausgestorben	extinct in the wild
RE	regional ausgestorben	regionally extinct
CR(PE)	verschollen, vermutlich in der Region ausgestorben	critically endangered, probably extinct
CR	vom Aussterben bedroht	critically endangered
EN	stark gefährdet	endangered
VU	verletzlich	vulnerable
NT	potenziell gefährdet	near threatened
LC	nicht gefährdet	least concern
DD	ungenügende Datengrundlage	data deficient
NA	nicht anwendbar	not applicable
NE	nicht beurteilt	not evaluated

Wichtige Suffixe der Taxonomie

Hierarchisch von oben nach unten geordnet.

Suffix (Endung)	Taxonomischer Rang	Beispiel
-phyta	Abteilung	Tracheophyta
-phytina	Unterabteilung	Spermatophytina
-opsida	Klasse	Magnoliopsida
-ales	Ordnung	Lamiales
-aceae	Familie	Lamiaceae
-oideae	Unterfamilie	Nepetoideae
-eae	Tribus	Mentheae
-inae	Subtribus	Menthinae
	Art	*Mentha aquatica*